"十三五"普通高等教育本科系列教材

热力系统分析与优化

主　编　张艾萍

参　编　张炳文　姜铁骝　韩　为

主　审　付忠广

中国电力出版社
CHINA ELECTRIC POWER PRESS

内 容 提 要

本书为"十三五"普通高等教育本科系列教材。

本书共分八章，主要内容包括火力发电厂经济性分析与运行优化技术现状与展望，热力系统经济性分析与诊断，数学规划及最优化计算方法，汽轮机设备及系统运行优化，汽轮机真空系统的运行优化，热电厂运行优化，单元机组的经济运行，典型火电厂运行优化系统等。全书内容丰富，论述精练，深入浅出。

本书主要作为普通高等教育能源与动力工程专业本科生教材，也可作为成人函授教育或能源动力类相关专业教材，还可作为从事火力发电机组运行、检修及管理工作的工程技术人员参考用书。

图书在版编目(CIP)数据

热力系统分析与优化/张艾萍主编. —北京：中国电力出版社，2016.10（2021.12重印）

"十三五"普通高等教育本科规划教材

ISBN 978-7-5123-9857-3

Ⅰ.①热… Ⅱ.①张… Ⅲ.①火电厂—热力系统—高等学校—教材 Ⅳ.①TM621.4

中国版本图书馆 CIP 数据核字（2016）第 238830 号

中国电力出版社出版、发行

（北京市东城区北京站西街 19 号 100005 http://www.cepp.sgcc.com.cn）

三河市百盛印装有限公司印刷

各地新华书店经售

*

2016 年 10 月第一版 2021 年 12 月北京第三次印刷

787 毫米×1092 毫米 16 开本 13.25 印张 322 千字

定价 38.00 元

前　言

为贯彻落实教育部《关于进一步加强高等学校本科教学工作的若干意见》和《教育部关于以就业为导向深化高等职业教育改革的若干意见》的精神，加强教材建设，确保教材质量，中国电力出版社制订了能源与动力工程专业"十三五"教材规划。该规划强调适应不同层次、不同类型院校，满足学科发展和人才培养的需求，坚持专业基础课教材与教学急需的专业教材并重、新编与修订相结合。本书为新编教材。

火电厂是一次能源（煤）消耗大户，而我国一次能源紧张的现状和节能减排的规划，都要求各火电厂必须节能降耗。为此，火电厂除加强各生产环节的管理、提高职工的运行和检修技能外，深入研究并完善火电厂经济运行技术，将进一步给整个火电厂带来可观的经济效益。

本书是作者根据多年从事火电厂经济性分析和运行优化技术的教学和研究所得并参考国内外相关文献资料，同时根据我国电力市场发展形势和需要而编写的。

本书共分八章，主要介绍火力发电厂经济性分析和运行优化技术现状与展望，热力系统经济性分析与诊断方法，数学规划及最优化计算方法，汽轮机设备及系统运行优化方法，汽轮机真空系统的运行优化方法，热电厂运行优化方法，单元机组的运行经济指标及运行调整和典型火电厂运行优化系统等。

本书由张艾萍主编，姜铁骝、张炳文、韩为参编，其中第一章、第二章第一～二节、第七章和第八章由张艾萍编写，第二章第三～四节和第六章由张炳文编写，第三章由韩为编写，第四章和第五章由姜铁骝编写，全书由张艾萍统稿。

华北电力大学付忠广教授对本书的编写给予大力支持和帮助，并担任本书的主审，提出了许多宝贵意见和建议，在此表示衷心感谢。

由于编者水平所限，书中难免会有不妥之处，恳请读者批评指正。

编　者

2016 年 9 月于东北电力大学

目　录

第一章 概 述

　　能源是人类文明和社会进步的强大推动力，是发展社会经济和提高人民生活水平的重要物质基础。对于正在致力于经济建设的我国来说，能源一直是制约经济发展的重要因素。解决能源问题已成为我国经济可持续发展的战略重点之一。在我国能源十分紧张，能源利用水平较低的情况下，大力提高和改善各种用能系统中能量利用的有效性，使有限的能源产生更大的经济效益，成为当前的迫切任务。

　　目前，在能源利用过程中，大约有 90% 左右的能源是以热能的形式被直接利用，或者是经过热能这个重要环节转化为其他形式的能量再使用的，例如，火力发电、核电、太阳能热发电等。因此，分析研究电厂热能的产生、转换与利用系统的性质及用能特点，对有效利用能量具有十分重要的意义。

第一节 热力系统的基本概念

　　热能工程的主要任务就是研究如何合理有效地利用热能，包括热能的产生、转换、输送、使用和回收等几个环节。各环节又是由一些基本的热工设备或热力过程构成的。所谓热力系统就是指由若干个相互作用和相互依赖的热能单元（热工设备或热力过程）按一定的规律组合而成，并具有特定功能的有机整体。热力系统与其他系统一样，具有以下几个特征：

　　一、集合性

　　热力系统是由许多热能单元按照一定的方式组合起来的，即所谓系统的"集合性"。例如，火电厂蒸汽热力循环系统是由锅炉、汽轮机、凝汽器、给水泵及加热器等热力设备组成的；余热回收系统是由各种换热器、余热锅炉、汽轮机或热泵等组成的；工厂能量利用系统是由锅炉、工业汽轮机、热交换设备、热力管网和各种用能设备组成的。随着科学技术和社会生产的发展，热力系统越来越复杂，其组成设备数目也越来越多，例如，燃气—蒸汽联合循环电厂、IGCC电厂等。

　　二、关联性

　　热力系统的各个组成部分之间是相互联系和相互制约的，即所谓的"关联性"。这种关联性是具有一定规律的，就是系统中各单元设备不是随意的组合或无序的堆积，而是按照其性能上的特点和规律匹配联结起来的。

　　三、目的性

　　热力系统总是具有其特定的功能，即所谓系统的"目的性"。按照功能的不同，可分为热能的生产、转换、输送、利用或回收系统，可以供应生产和生活所需的电力、动力、热量、冷量、工艺蒸汽、煤气或软化水等，也可以回收生产过程中的余热或工质。因此，它们可以是由少数几个设备构成的单功能的简单系统，也可以是由许多单元设备组成的多功能复杂系统。例如，锅炉房与热力管网系统用于供热，凝汽式电厂热力系统用于发电，热电厂用于发电和供热（热电联产，也有热电冷三联产），以煤为燃料的联合循环热电厂用于产生热、电和煤气，化工厂、毛纺厂和制药厂等工厂的公用工程系统需要满足生产所需要的各种能量和载能工质（水蒸气）。热力系统的目的就是要合理有效地转换和利用能量，满足不同目的的能量需要。

四、环境适应性

热力系统总是存在并活动于一个特定的环境下，与环境不断地进行物质和能量的交换，即所谓系统的"环境适应性"。热力系统都有输入和输出，外界环境向系统提供工质和能量，这些工质和能量在系统中流动，形成物流和能流，并不断被加工、转换、处理或利用。同时，系统也要向环境输出工质和能量。在热电联产系统中，外界向系统提供燃料的化学能和工质（水），系统通过锅炉先将燃料的化学能转化为蒸汽的热能，再通过汽轮机将蒸汽的部分热能转化为机械能，并进一步通过发电机转化为电能输出，此外汽轮机的排汽或抽汽同时向外界供热。系统和环境不仅有输入和输出的相互作用，而且系统在进行能量转换的整个过程中总是受到环境条件的制约。正是由于系统与环境之间的相互作用和制约，以及系统内部能量的转化和转移过程，才确定了系统的特殊功能。

五、层次性

热力系统和单元设备之间具有相对性。也就是说，一个系统总是另一个更大的系统的子系统，而子系统又是由更小的子系统构成的，即所谓系统的"层次性"。

第二节　热力系统分析与运行优化概述

一、热力系统分析与运行优化的主要内容

热力系统分析就是利用热力学分析方法，寻找系统在设计和运行中影响经济性的因素（设计参数或运行参数），以及它们的影响程度，从而为设备改造、运行调整和设备检修维护提供依据。

通常所说的最优化不外乎三者之一，即最优化设计、最优化运行和最优化管理。本书主要讨论最优化运行问题，不涉及最优化管理。最优化运行包括运行参数最优化和运行方式最优化。

系统的最优化（System Optimizing），它包括系统设计参数的最优化和系统的运行最优化。为了保证系统的某个或某几个指标最优，例如，效率最高、成本最低或能耗最小，需要确定系统的最优设计参数和最优运行参数。由于外界环境在不断地变化，系统本身的某些部分也随之不断地变化，因此还需通过改变控制变量或决策变量的方法使系统的运行状态达到最优。

本书主要介绍利用等效热降法和㶲分析方法分析热力系统在运行中影响经济性的主要因素以及它们的影响程度，然后通过系统最优化方法寻找最佳运行参数，使热力系统始终在最佳状态下运行，从而达到节能减排的目的。

二、热力系统分析与优化的方法

1. 热力学分析方法

对热力系统进行分析与优化，除了运用系统工程的方法以外，还必须掌握热力学分析方法，因为热力系统的性质和规律完全遵循热力学的基本定律。而热力学的基本理论和分析方

法也在不断地发展和完善。根据热力系统单元过程的特点，一般包含有传热、传质、流动、燃烧反应及能量的转换与利用等过程。这些过程只能在热力学第一定律和第二定律所限定的范围内进行。因此，热力学分析方法是热力系统分析与优化的重要理论基础。

热力学分析方法中的㶲分析法利用热力学第一、二定律相结合，可以揭示出能量系统中㶲的转换、传递、利用和损失的情况，确定出系统的㶲效率。该方法的突出特点是不仅从能量"量"的角度，而且从能量"质"的角度来考察热力系统的性能。本书在第二章中将介绍热力学分析的基本理论和方法。

2. 数学规划方法

前已叙及，热力系统分析与优化的核心目的是系统的最优化。也就是说，系统分析与优化的过程可以归结为一个相应的数学规划问题的求解过程。在系统优化中，利用最优化技术对已知的系统寻求最优的系统参数或运行控制参数。因此，寻求数学模型最优解的数学规划法是进行系统优化的主要手段之一，也是系统工程的基础。

数学规划作为一个研究领域，已发展成为一个独立的数学分支。简单地说，数学规划所涉及的通常是有约束的极值问题，它包括线性规划、非线性规划、整数规划、二次规划、几何规划及动态规划等。在进行系统运行优化时，要寻求系统在某一规定最佳目标下的一组决策变量值，就需要寻求或掌握行之有效的优化计算方法。这不仅要对数学规划的基本理论和基本概念有所了解，还要很好地理解一些常用的具体算法，并用来解决热力系统工程的实际问题。但由于数学规划内容十分丰富，教科书种类繁多，加之本书的篇幅所限，不可能全面地介绍，只在第三章及其他有关章节中介绍经典数学规划在热力系统运行优化中的应用。如果要了解更多数学规划的基本理论和算法，读者可以参考有关的书籍。

3. 计算机的应用

由于热力系统日趋复杂，方案众多，而每一方案中总是包含有大量的变量。因此无论是系统分析、参数优化，还是系统综合，都必须在高速计算机上才能得以实现。从这种意义上说，热力系统分析与优化相当于计算机在热能工程领域中应用的理论基础，其发展和广泛应用与计算机的出现密切相关。计算机是进行系统分析与优化的主要计算工具和手段，可以说离开计算机就无法掌握、研究和发展热力系统工程。这就要求我们不仅熟悉计算机软件系统，还应当具有计算机程序设计能力，同时还要熟悉一些适合于计算机的数学方法和数值计算技术。

三、火电厂最优化问题

我们在做一切工作时，总希望我们所选用的方案是一切可能方案中最优的方案，这就是最优化问题。

下面举一些电力生产中的实际例子来进一步说明之。

（1）电厂地址选择方面。例如，工厂如何合理布局，燃料、水如何合理调配，使运输费用为最省。

（2）交通运输方面。例如，汽车运输问题，如何选择合理的路线，使运输费用最省。

（3）在设备安装方面。如何合理组织工序，使设备安装总时间最少。

（4）混煤方面。在燃料比较紧张的情况下，混合燃料燃烧是节约能源和降低电厂发电成本的一种有效手段。如何合理将各种燃料进行搭配，在保证正常燃烧及环保要求的前提下使燃料的成本最低。

（5）设计方面。如何选择管道保温层厚度，使全年热损失价值和每年偿还的投资之和最小。在汽轮机级的设计阶段，应该保证汽轮机各级等于或接近其最佳速度比，以便保证在设计工况下，各级均具有最高的相对内效率；在汽轮机热力系统设计阶段，涉及锅炉最佳给水温度、最佳回热抽汽级数、给水在加热器内的最佳焓升等，以便保证设计工况下的汽轮机热耗率最小；在汽轮机参数选择方面，存在着最佳主蒸汽参数、再热蒸汽参数及背压问题；在凝汽器设计上，存在着最佳冷却面积、最佳冷却水流量等问题，以便保证年运行效益最大；在汽轮机调节系统设计过程中，涉及如何选择脉冲油压以便使调节系统的灵敏度最高等。

（6）在机组启停方面。在保证设备安全的条件下，使总费用最小。例如，对于汽轮机启动过程来说，在汽轮机并网之前，其输出功率为零，所消耗的能量全部是损失；并网后，汽轮机负荷较低，其效率也较低，与额定工况相比，其热耗率和煤耗率均较高，相当于产生了额外的能量损失。加快启动速度，缩短启动时间，可以使启动过程中的能量损失减少，但相应加快了汽轮机零件的加热速度，使汽缸及转子等零部件内部的热应力增大，转子相对胀差增加。热应力增加即使不超过材料强度的许用应力，也会加速材料的疲劳损伤和加快蠕变速度，缩短材料的使用寿命。相对胀差增加，可能会造成汽轮机动、静部分摩擦和机组振动，影响机组安全。因此要综合安全和经济两个方面，对汽轮机启动过程进行优化，以保证在转子允许最大热应力的条件下，合理确定启动速度，使启动时间最小。

（7）自动控制系统中参数的设定。例如，在 PID 自动调节系统中，如何合理选择 PID 调节器的参数，使自动调节系统的品质指标为最好。

（8）在机组运行方面。例如，在当时汽轮机负荷及冷却水温度条件下，如何合理选择循环水泵运行台数或转速（对于轴流式循环水泵来说是叶片角度），以便保证汽轮机运行净收益最大；当凝汽器真空降低时，投入备用抽气设备会使真空提高，但同时也使厂用电增加，如何保证备用抽气设备投入后净收益最大；煤粉细度对磨煤机出力及耗电量均产生较大的影响。一般地，煤粉越粗，其出力越大，耗电量越小，但煤粉过粗对锅炉燃烧效率、燃烧稳定性以及结渣特性等均产生不利影响。因此，煤粉存在最佳细度的问题；对于滑压运行机组，存在着在某一定负荷区域内，优化选择定压或滑压运行方式的问题；在全厂承担电负荷或热负荷一定的条件下，如何在各机组之间进行合理分配，使全厂煤耗量最小的问题。

（9）在机组检修方面。由于火力发电厂是一个包括锅炉、汽轮机、发电机及众多辅助设备的复杂大系统，各种设备的固有工作寿命及运行条件不同，导致其劣化速度不同。这样，在安排其检修周期时需要实行比其固有工作寿命短得多的间隔期来进行维修。如果检修周期定得过短，使设备尚未出现异常时便进行维修，必然导致维修"过剩"，造成不必要的人力和财力损失；反之，如果这个周期定得过长，则可能由于设备达到工作寿命极限而未及时更换或维修将使机组出现故障，同样也要产生一定的经济损失。因此，从火力发电的整个系统来看，设备维修周期存在着最佳值。而且，不同设备维修周期的最佳值是不同的。

另外，在机组检修的实施阶段，如何安排检修程序，使整个检修工期最短，以便提高设备的可用率，也是人们普遍关心的问题。

通过上述例子可以看出，最优化技术就是回答如何使操作、运行效果更好；在一定的环境、技术条件和其他因素约束下，如何使生产过程的效果更好，如能耗最少、成本最低、可靠性最大、性能最好、重量最轻、风险最小和期望寿命最长等。这种寻求最优效果的内容和愿望，几乎渗透到了电力生产过程的各个方面和各个环节。经过不断实践和提炼，产生了最优化的概念、理论和方法。最优化技术就是研究和解决最优化问题的一门学科。它研究和解决如何在一切可能的方案中寻求最优解。

最优化技术实际上体现在火电厂的各个环节。作为火电厂的一员，应该时刻树立优化意识，保证自己所从事的工作达到最优，则整个火电厂的安全运行和经济效益才能达到最好的水平。

第三节 火电厂经济性分析与运行优化技术的现状

随着各种优化算法的不断涌现和对生产工程领域经济性方面要求的提高，优化技术越来越广泛地应用于工程领域。火电厂是一次能源（煤）的消耗大户。我国一次能源紧张的现状和电力行业实施"厂网分开""竞价上网"的竞争机制，都要求各火电厂必须节能降耗。为此，火电厂除加强各生产环节的管理、提高职工的运行和检修技能外，深入研究并完善火电厂优化技术将进一步给整个火电厂带来可观的经济效益。本节内容通过对国内外火电厂优化技术理论及工程应用的分析，指出各种优化技术的特点和存在的不足，旨在寻求合理的方法来完善火电厂的优化技术。

随着计算机技术在火电厂的广泛应用和工程技术人员、电力行业专家多年研究工作的积累，优化技术在火电厂各生产环节都有不同程度的应用。

一、国内外技术现状及发展趋势

国外在电厂优化方面的研究和应用较成熟，特别是欧美的代表——德国和美国，在大型火电厂的在线运行优化管理方面已有十多年的经验。如德国斯递亚克电力公司的运行优化管理系统（简称 SR4）可实时、动态地指导工人操作，使设备在最优情况下运行。国外主要是在建设电厂时，综合考虑各方面的条件，如负荷中心位置、对环境的影响、电厂投资回收年限等，然后进行电厂的优化设计；在机组快速启动优化方面也做了较深入的研究，已有较成熟的优化模型和程序；另外在控制系统方面进行多目标优化设计和改进，在负荷预测、分配和调度优化方面作了较深入的研究。

国内火电厂发电技术的优化已有很多研究成果，从电厂筹建选址时就开始对火电厂各可行方案进行技术经济比较，选取较优的方案。选用主机和辅助设备时，厂家依据建厂地址的地理和气候环境同样进行各设备的结构和热力参数优化设计及设备的优化组合。此外，电厂运行和检修中的各种优化技术更是层出不穷（国内大部分优化技术的研究都是针对这方面的）。国内也有较成熟的应用产品，如华东电力试验研究院有限公司和西安热工研究院有限公司研制的运行优化管理系统分别应用于上海外高桥发电厂 3 号机和石洞口二厂 1 号机上。可在一定范围指导运行人员在最优参数附近运行机组，但由于运行的可达值在 2 次大修期间不能更改，因而缺少动态寻优特性。

二、火电厂运行优化技术应用现状

火电厂优化可分为设计优化、运行优化和设备改进优化。以下主要从运行角度说明优化技术的应用现状。电厂是一个大型复杂系统，如果同时考虑各方面的因素，优化问题将变得极为复杂，会带来"维数灾"和增加计算机寻优时的困难。为将优化问题简单化，一般将全厂系统分级、分层为多个层次的子系统进行优化，通过层次间协调以达到全厂的优化。主要包括机组负荷优化组合和调度、给水系统优化、循环水系统优化、锅炉受热面吹灰时间间隔优化等。

1. 机组负荷优化组合和调度

火电厂的运行优化最先运用于负荷的合理分配。依据机组特性得到具体的目标函数，依据外界总负荷和机组自身特性的约束条件得到负荷分配的数学模型；通过拉格朗日最小二乘方法求解最优解；得出按"等微增率"原则可解决并列运行的汽轮发电机组负荷经济调度和分配的问题。这种负荷优化分配的缺点是没有考虑到机组的启停费用对整个负荷分配经济性的巨大影响，因而在实际应用中存在较大的局限性。近些年已应用遗传算法来求解负荷的经济分配。值得注意的是，为适应当今电网的用电结构，并列机组启停计划和启停次序的优化也是一个很具有现实意义的研究方向。

2. 给水系统优化

运行时对给水系统的优化，关键是对给水泵运行方式的优化。电厂中给水泵在设计选型时会考虑满足特殊情况下（如在真空恶化但机组必须满发时）锅炉的最大给水量，因而会有约 10% 的富裕量。正常运行时为达到工质的进出平衡要通过给水阀进行节流调节，此举将带来节流损失，必然存在优化的可能。给水泵是电厂耗电大户，占厂用电的 1/3 左右，有很大的节能潜力。因而优化给水泵的运行可获得很明显的经济效益。单元制给水系统运行优化的目标函数就是火电厂在保持发电煤耗不变的前提下，得出供电煤耗关系式。工程上实现优化的方法就是采用变速给水泵，改变泵运行的工作点，使之在最优点运行。这样虽可减少给水出口阻力，简化给水操作台，然而改变泵转速的同时将会使泵偏离高效率点运行，因而也会引起泵单位给水的耗电量、给水泵焓升的变化，所以在改变给水泵转速的基础上还有优化的空间。对于母管制给水系统，除具有单元制系统的优化特点外，还存在给水的分配及组合。以往建模时，有的用等效热降方法列出节能量的目标函数，有的仅以减少泵出口阻力损失为目标。这些方法只看到优化问题的某一方面，较为有效的方法是综合考虑各种主要因素，力求得出一个较准确的优化模型。

3. 循环水系统优化

循环水系统是电厂的一个重要系统，它运行得好坏直接影响汽轮机真空，从而影响汽轮机出力和安全。另外，凝汽系统的用电量为发电量的 1.5%～2%，真空升高可使出力增大，但又会增大厂用电量，因而存在优化的可能。许多工程技术人员和科研工作者对该系统的优化做了很多工作，建立了一些较准确的优化模型。

循环水系统优化运行的目标函数是在汽轮机热耗量不变的前提下，汽轮发电机组发电量与循环水泵耗电量的差额达到最大。循环水系统的优化过程很复杂，应考虑的因素很多，如循环水进水温度、循环水流速（量）、蒸汽热负荷、管子清洁度、管网阻力特性、凝汽器及抽气器结构特性、海水作为循环水的电厂还与潮汐有关。对于母管制循环水系统还有优化组合的问题。

要对循环水系统建立优化数学模型，首先必须获得一些性能特性：

（1）汽轮机在一定排汽量条件下循环水量与发电机功率的特性。

（2）循环水泵流量与耗功的特性。

（3）循环水泵的扬程特性。

（4）循环水系统网管的阻力特性。

（5）凝汽器水阻力特性。

（6）凝汽器传热特性（传热系数计算方法）。

这些特性可通过试验得到数据，利用回归方法求出特性方程。在以前的优化中一般只考虑第（1）、（2）特性，得到所谓的"最佳真空"。循环水系统为母管制运行方式时，更应考虑其他的特性方可得到准确的优化数学模型，从而为运行人员提供最佳运行的理论依据。

循环水系统的优化在现场中实现的方法主要有：

（1）运行台数和叶片角度变动的配合使用。

（2）改造现有的水泵电动机，利用极数可变实现有级变速。

（3）现场允许的情况下将相邻两机组循环水系统加设一根联络母管，方便台数调度。

循环水系统的优化应包括真空抽气设备的运行优化，因抽气设备固有的抽气负荷特性会影响机组最佳真空。综合考虑诸多因素会大大增加模型的复杂度，但随着快速优化算法不断出现，相信有好的解决办法。

4. 锅炉受热面吹灰时间间隔优化

由于煤中含有灰分，在燃煤锅炉受热面上都会有不同程度的积灰，加大了换热热阻，导致排烟损失增加。为减少积灰产生的损失，电厂运行时会按一定方式和程序进行受热面吹扫。但吹灰所用的高压介质消耗一定能量，这就是一种附加损失。因而当吹灰设备和介质一定时，如何确定吹灰的时间间隔就是一个优化问题。通过建立各受热面吸热变化的数学模型，考虑系统损失和吹灰介质损失，将上述 3 项损失之和在某时间间隔段平均损失达到最小为目标函数，最后求出最优的时间间隔。如同时结合设备安全性来考虑，便成为一个多目标的优化问题。

5. 其他方面的优化

火电厂中还有其他系统的优化，如控制系统优化、燃料混合燃烧的优化组合、锅炉制粉系统优化、发电厂补水系统优化和厂用电系统优化等。此外在热电厂中，发电和供热之间存在明显的依赖和约束关系，也有许多方面的优化，如热化系数优化，热电联产多目标优化（如投资、回收年限、节能费用等）。

第四节　火电厂运行优化方法及优化技术展望

优化是一门决策学科。以前的优化一般是进行各种可行方案的比较，从中选出最好的方案，这样的优化并不一定是最优，因此也缺乏准确性。随着人们对发电技术认识的深入及优化方法的进步和电子计算机技术的发展，准确的优化技术不断应用于发电技术中。

一、优化步骤和优化方法

1. 优化步骤

火电厂生产过程最优化任务就是提高能量转换系统的效率及辅助系统的节能，并减少对环境的污染及对一些安全性、经济性问题的合理解决。这就决定了优化过程的一般步骤：

（1）依据电厂热力设备在系统中的物理化学过程特性与生产过程中的技术要求、运行状态、限制条件和安全性等，抽象出具体的数学模型（包括目标函数、约束条件）。

（2）分析模型的数学特征选用适当的优化算法，借助计算机编程求最优解。

（3）验证模型的正确性，即进行优化前后的经济性（如热耗、煤耗等）的比较。

2. 优化方法

最优化就是在一定的限定条件下求出某个函数的最大或最小值（最优值）及对应的一些参量。古典的数学方法利用变分法进行寻优，最典型的方法就是拉格朗日乘子法，这种方法远不能满足现有工程的要求。随着现代应用数学和计算机技术的发展便出现了一个解决最优问题的有效方法——数学规划法，基本的优化方法如下：

（1）线性规划法：用于目标函数和约束条件为线性的场合。

（2）整数规划法：一般用于具有离散型决策变量的场合。

（3）非线性规划法：包括无约束、有约束非线性规划法。

（4）动态规划法：可用于回热系统的参数优化和带有随机因素的优化问题。

（5）各种启发算法：主要用于机组运行优化组合。

（6）遗传算法：一种流行和有效的算法，优化时将决策变量映射为某种进制链码，依据进化论思想对决策变量进行全局寻优。

二、优化理论和算法的发展趋势

国外在进行火电厂发电技术寻优过程中不仅考虑热经济性，而且还重点考虑生态环境的约束和相关物质价格的动态变化。国内在火电厂优化运行方面的研究已越来越广泛和深入，且不同程度地应用于现场，取得了一定成绩。但现有的运行优化数学模型缺少动态寻优特点。一方面没有考虑或忽略了一些不确定的因素，如地区水价、煤价、电价、金属价格的变动；另一方面优化基准值由试验确定，没有考虑设备运行时多变的具体情况所对应的最优值；再者，有些系统的优化模型难以建立，子系统模型没有进行必要的协调。这些都是亟待解决和值得研究的问题。

随着现代应用数学的快速发展，除了传统的数学规划法应用于火电技术优化外，相信更多更好的数学方法将会陆续应用于优化领域，如灰色系统的预测理论对处理火电机组优化运行中的不确定因素将会起到很好的作用。遗传算法（GA）对处理大规模、关系复杂的离散问题显得很有效。国外已较普遍地采用遗传算法对电厂进行电网中多台机组启停的热经济优化，并取得了一定的经济效益。国内在运行优化方面也作过这样的尝试，解决了热电厂多台机组热电负荷经济调度问题。还有人工神经网络（ANNS）算法，该算法已普遍应用于设备性能预测、过程控制和故障诊断等领域，但此算法用于系统优化还不是很广泛，一般适用于目标函数为二次型的优化模型中。可以预测，人工神经网络（ANNS）算法将会在火电厂优化技术中扮演越来越重要的角色。

三、优化技术工程应用

随着国家电力运营体制改革的深入，在火电厂增强自身竞争力过程中，必将增加工人的劳动强度。因此开发优化管理系统，减轻工人工作强度很有必要，也有广阔的前景。国内电厂现有运行优化在线管理系统是在性能监测上发展起来的，其中运行优化系统中所谓的最优值一般由稳态试验结果决定，并在一段时间内不变，而在实际生产过程中各点的参数是变动的，与试验时的状态肯定有偏差，因而这些数据明显缺乏可靠性。为使优化准确，应将原来以设备生产厂家的一些特性曲线数据或试验数据变为以现场的采集分析后的动态数据作为优化时的状态变量或比较的基准值。而这些数据可通过电厂已有的数据采集和性能监测系统可靠、实时地提供，通过优化模型实时求解决策变量，借助计算机屏幕和声光系统实时指导运行人员进行最优操作，同时又可使现有的性能监测系统内容更加丰富多彩。此外，优化技术也是目前兴起的火电厂设备状态检修技术决策的依据。通过现有的性能监测软件和优化模块库，可量化设备运行状况的好坏，从而决定设备是否应进行相应项目的检修。最优化技术用于火电厂生产过程，给电厂带来了日益增长的经济效益。继续深入研究、完善并发展优化技术在发电技术中的应用是一个很有意义的课题。

四、最优化技术的发展

20世纪40年代以前，主要用微分法、变分法等古典数学方法解决最优化问题。第二次世界大战中，由于军事上的需要产生了运筹学，从而产生了无法用上述古典数学方法解决的最优化问题，出现了对解决最优化问题很有效的数学方法——最优化方法。此后，最优化的理论和方法逐步得到了丰富和发展。特别是从60年代起，随着电子计算机的发展和完善，计算技术的进步，使许多最优化方法得以实现。

促进最优化技术在火电厂中得到应用的主要因素是：

(1) 现代科技与生产发展的需要。随着电力工业的发展，火电机组向大容量、高参数、自动化及智能化方向发展。特别是随着电力工业改革的深入，经济计划与经济管理开始由粗放型向集约型方向发展。尤其是近几年随着电力供需矛盾的缓和，电力市场化的机制将逐渐形成，厂网分离、竞价上网已成为必然趋势，在这种形式下，降低发电成本、提高经济性已成为发电厂的迫切需要。电厂管理者的每一个决策、运行人员的每一种运行方式，可能都会对电厂运行的安全性和经济性产生重大的影响。因此，电厂管理人员要求寻求最优的决策、运行人员要求寻求最优的机组运行方式，以便获得最好的经济效益。这就促进了最优化技术在电厂中的应用。

(2) 电子计算机的飞速发展。电子计算机的发展，为最优化技术提供了有力的计算工具。由于最优化技术是要在一切可能的方案中寻求最优的方案，往往需要大量的计算。若没有电子计算机而采用人工进行计算，则不仅工作量较大，而且有些问题根本无法解决，而有了计算机这一有力的工具，就使得最优化技术得以迅速发展。

目前，最优化技术几乎已经渗透到国民经济的各个领域，成为促进国民经济快速发展的有利工具。有理由相信，最优化技术将为电力工业的发展提供更好的方案。

第二章 热力系统分析方法及应用

电能是最洁净、最便于使用的二次能源。生产电能要消耗大量的一次能源，目前我国电力生产消耗的一次能源以煤为主，其耗量约占全国产煤的 55%。尽管新能源及其利用技术在不断研究和开发中，但我国电力工业在今后相当长的一段时间内仍然将以燃煤的火力发电为主。电站节煤是关系节能全局以及可持续性发展的大事，是我国经济由粗放型向集约型转变必须解决的问题，也是热能动力工作者面临的严肃课题之一。

火力发电厂既是产能大户，又是能耗大户。对作为其运行经济性考核工具的热力系统分析计算方法进行研究，具有十分重要的理论和现实意义。它既是热力系统设计、技术改造的理论基础，又是火力发电厂热力设备经济运行在线分析的实用技术。对火电厂各个机组间的热、电负荷进行最佳分配，以保证全厂的煤耗量最小是一个不断向纵深发展的节能研究领域，是进行单机经济性诊断的前提，是火电厂经济性诊断和经济运行不可分割的重要组成部分。本章主要围绕火力发电厂热力系统分析方法及其在经济性诊断方面的应用加以介绍，重点介绍以热力学第一定律为基础的等效热降法和以热力学第二定律为基础的㶲分析法。

第一节 热力系统分析方法概述

火电机组热力系统定量分析计算方法种类繁多，目前常用的有常规热平衡法、等效热降法、㶲析法、循环函数法、常规热平衡法简捷算法、热力系统广义数学模型、热力系统平衡的拓扑算法、自由路径法、热耗变换系数法、热量品味系数法、质量单元矩阵分析法等。另外，流程图理论、人工神经网络等在热力系统定量分析计算中也有所应用。其中前几种分析方法比较成熟，被广大使用者广为接受，并应用于研究及生产领域。

一、热力系统分析方法概况

1. 常规热平衡法

常规热平衡法是最基本的热力系统分析计算方法，是热力学第一定律在火电厂热力系统计算中的直接表述，是一种单纯的汽水流量平衡和能量平衡方法。理论上其他各种分析方法都可以由它推导出来，它以单个加热器为研究对象，通过逐级列写各个加热器的汽水质量平衡和能量平衡方程，以得到各级加热器抽汽系数，并利用功率方程和吸热方程最终求解系统的热经济指标。近几年来，在我国逐渐重视节能的大环境下，对火电机组节能要求的提高，客观上对火电机组热力系统分析计算方法的计算精度有了较高的要求。特别是随着火电机组单机容量和总体容量的增大，由于热力系统计算模型误差带来的煤耗计算偏差不容小视。一次常规热平衡方法计算结果的高精度，越来越显示出其优势。以常规热平衡法为基础，结合矩阵思想逐渐成为一种新的研究热点。

2. 等效热降法

作为一种热工理论，其前提是假定新蒸汽流量不变，循环的初终参数和汽态线不变，而以内功率的变化（等效热降）来分析热力系统的热经济效益。对于确定的热力系统，汽水等参数均为已知时，等效热降和抽汽效率均随之确定，作为一次性参数给出。等效热降法既可以用于整体热力系统的计算，也可用于热力系统局部定量分析。它摒弃了常规热平衡法的缺点，不需要全盘重新计算就能查明系统变化的经济效益。即用简捷的局部运算代替整个系统的复杂运算。另外，在考虑了附加因素后，该方法可单独求出这些附加因素对整个系统热效率的影响。这样运用等效热降提出的小指标耗差分析计算模型，可节省大量的复杂运算，基本满足现场热经济性分析的要求，对火电厂深入开展运行经济性分析和节能降耗工作具有实用价值。但目前的研究表明，等效热降法在以下两方面存在着不足：一方面是等效热降法将再热器吸热的做功效率取为汽轮机装置的效率，由其他热力系统计算方法计算获得，即在等效热降法中所用到的重要数据需要通过其他的分析方法来获得，因此动摇了等效热降法；另一方面，一般认为基于等效热降法的分析模型是精确的。但最新研究表明：在局部定量分析中，部分模型具有一定的近似性。

3. 循环函数法

循环函数法是另外一种热力系统计算方法。该方法根据热力学第二定律，提出用循环不可逆性来定性分析，用循环函数式来定量计算蒸汽循环的经济性。这不仅简化了电厂热力系统的整体计算，而且解决了辅助用汽、用水的单项热经济指标计算。该方法能够较好地适应计算复杂热力系统，也适用于局部定量分析。它采用单元进水系数来计算凝汽系数，无须联立求解（$Z+1$）元方程，只要给定循环参数和热力系统，就可根据相应的通式直接列出其函数方程。将有关的汽水参数值代入方程即可求出，简化了计算。在作不同热力系统方案选择时，如不同的方案仅涉及某一加热单元的变化，只需重新计算该单元的进水系数。方案中未变化的其他加热单元的进水系数不必再计算，使计算工作量大为减少，功能与等效热降法相似，与常规的热力计算方法相比，此点尤为突出。该方法对概念的理解要求比较高，推导烦琐。因此，在实际生产领域，相比等效热降法而言，该方法应用较少。

4. 质量单元矩阵分析法

矩阵分析法只是一个泛称，并不特指某种具体的分析方法。一般而言，只要计算方法采用矩阵形式表达，即可划为这一范畴。随着计算机的普及和计算机技术的发展，这类分析方法是当前热力系统分析计算方法的主流研究方向。公开发表见诸各学术期刊的有常规热平衡简捷算法、火电厂热力系统平衡的拓扑算法、热力系统广义数学模型、循环组合法以及热力单元矩阵分析法等。其中以常规热平衡简捷算法研究较为广泛。这类分析方法的共性在于模型均采用矩阵形式表达，突出特点是"数"与"形"的结合，即，矩阵结构与热力系统结构一一对应，矩阵中矩阵元素数值与热力系统中相关热力参数一一对应。当热力系统结构或参数发生改变时，只需调整矩阵的结构和矩阵元素数值即可，使系统的计算通用性更佳，非常适合于编制通用计算程序。

5. 㶲分析法

热力学第一定律"能量守恒定律"只是从数量上说明了能量在转化过程中的总量守恒关系，它可以发现装置或循环中哪些设备、部位能量损失大，但未顾及能量质量的变化，不能发现耗能的真正原因。而热力学第二定律阐述了孤立系统熵增原理，从能的本性的高度，规定过程发生的方向性与限制，特别是指出了能量转化的条件和限制，指出能量在转移过程中具有部分地乃至全部地失去其使用价值的客观规律。㶲分析方法是建立在热力学第一定律的平衡思想和第二定律的㶲概念的基础上的，它以㶲平衡为工具，通过研究循环中能量转换与利用的效果，分析其影响因素，揭示产生㶲损失的部位、分布与大小，找出薄弱环节，探讨提高能量转换与利用效果的途径。㶲分析法是西班牙学者提出的"㶲成本理论"应用的直接结果。㶲分析法是在寻根问底的探索中建立的，其中心思想是由热力学第二定律为基础所定义的㶲效率，提出了㶲成本的概念。

二、热力系统分析方法特点及发展趋势

为了实现电能的连续生产，实际热力系统的结构都是非常复杂的，如果不加区别地去笼统分析，不仅会使热力系统的分析方法显得十分烦琐，而且很难探求其内在的规律性。通常的方法均是将实际热力系统分解为主系统和辅助系统，或主循环和辅助循环。主系统是指由汽轮机主凝结水和加热它的各级回热抽汽所构成的封闭系统；除此之外的各种辅助汽水成分则被划归为辅助系统。这种处理方法，可以深入到热力系统的内部结构，明晰地知晓各种辅助成分对于热经济性的影响程度，非常符合热经济性分析的要求，具有主系统计算的统一性、精确性和辅助系统计算的多样性、近似性并存的突出特点。

在当前重视节能工作的大环境下，特别是随着火电机组单机容量和总装机容量的日益增大，常规分析方法的通用性不足和精确度低的缺点表现得也日益明显。随着计算数学特别是计算机技术的飞速发展，机组热力系统分析计算方法中计算工作量的大小已不再作为衡量某一种方法优劣的尺度。相反，在计算机计算时，我们使热力系统尽量的复杂，以保证计算的精确性。因此，通用性、智能化（傻瓜化）、精确度高、适于计算机编程的计算成为热力系统分析计算方法发展的新趋势。

（1）通用性。通用性主要体现在两个方面，一是要求分析方法能够适应火电机组各种类型的热力系统定量分析；二是要求分析方法的计算形式具有普适性，以利于开发计算机通用程序。

（2）智能化。智能化主要体现在热力系统的定量分析上，使用者不需要具有很深的专业理论知识，只需要根据分析方法所确定的规则，对计算形式做简单修改即可完成热经济性的定量分析，即傻瓜化。

（3）精确度。火电机组单机容量和总装机容量的日益增大客观上要求提高分析方法的精确性，而计算数学和计算机技术的发展使这种要求成为可能。

（4）适于计算机编程计算。分析方法中计算手段可以复杂，但是要适合于计算机编程。因此，适于计算机计算和编程的热力系统分析方法（主要是矩阵分析法）研究较为活跃，也取得了一定的成果。

第二节　等效热降法

等效热降法也叫等效焓降法，是根据热力学第一定律，用热量平衡和质量平衡的基本方法，对热功转换过程及其变化规律推导出一个很有用的参量——等效热降 H，用于分析热力系统的设备和系统的经济性。该方法简便精确，与常规热平衡法的结果相同。若用常规热平衡法分析时，每次都需要全面重新计算整个热力系统，而用等效热降法，则只需计算热力系统变化的部分，而不必涉及整个系统，就能得出变化所引起的影响。

等效热降法主要用于分析蒸汽动力装置和热力系统。在热力发电厂的设计中，用以论证

设计方案的技术经济性，探讨热力系统和设备中各种因素的影响以及局部变动后的经济效益，是热能工程和热力系统优化设计的有力工具。对于运行的电厂，可以用等效热降法分析技术改造收到的效益，为改造提供确切的技术经济依据。还可以借用等效热降法分析电厂能量损耗的场所和设备，查明能量损耗的大小，发现机组存在的缺陷和问题，指出节能改造的途径和措施。在评定机组的完善程度和挖掘节能潜力等方面也能发挥重要作用。

此外，等效热降法还是管理电厂运行经济性的好办法，它为小指标的定量计算提供了简捷方法，为制定指标定额和管理措施，以及改进运行操作提供了依据。

一、等效热降的概念

在回热抽汽汽轮机中 1kg 新蒸汽的实际焓降

$$H = (h_0 - h_c)(1 - \sum_1^z \alpha_r Y_r) \tag{2-1}$$

式中：h_0 为新蒸汽的焓值，kJ/kg；h_c 为排汽焓，kJ/kg；z 为抽汽级数；r 为任意抽汽级的编号；α_r 为关于新蒸汽流量的抽汽份额；Y_r 为抽汽做功不足系数。

H 等效于 $(1 - \sum_1^z \alpha_r Y_r)$ kg 蒸汽在相同初终参数下的纯凝汽式汽轮机的实际焓降，称为新蒸汽的等效热降。

在第 j 级（从低压侧排序）抽汽中，因额外加入热量排挤 1kg 抽汽返回汽轮机得到的实际内功量，称为第 j 级抽汽的等效热降 H_j（kJ/kg）。H_j 与第 j 级抽汽的放热量 q_j（kJ/kg）的比值称为第 j 级的抽汽效率 η_j。第 j 级的抽汽压力越高，H_j 的值越大，η_j 的值越高。所以，H_j 和 η_j 的数值标志着第 j 级抽汽的能级高低。

二、H_j 和 η_j 的计算

1. 数据的整理

把热力系统的热力参数整理为三类：其一是给水在加热器中的焓升（kJ/kg），用 τ_j 表示，按加热器的编号有（从最低抽汽压力开始排序）τ_1、τ_2、τ_3、…、τ_z；其二是蒸汽在加热器中的放热量（kJ/kg），用 q_j 表示，按加热器的编号有 q_1、q_2、q_3、…、q_z；其三是疏水在加热器中的放热量（kJ/kg），用 γ_j 表示，按加热器的编号有 γ_1、γ_2、γ_3、…、γ_z。根据加热器类型的不同，其加热器的 τ_j、q_j、γ_j 的计算规则也各不相同，对疏水自流式加热器（如图 2-1 所示）：

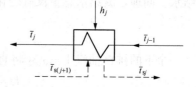

图 2-1　疏水自流式加热器

$$\tau_j = \bar{t}_j - \bar{t}_{j-1} ; \quad q_j = h_j - \bar{t}_{sj} ; \quad \gamma_j = \bar{t}_{s(j+1)} - \bar{t}_{sj} \tag{2-2}$$

对于汇集式加热器（如图 2-2 所示）：

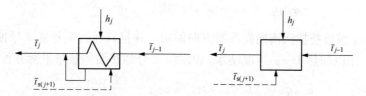

图 2-2　汇集式加热器

$$\tau_j = \bar{t}_j - \bar{t}_{j-1}; \quad q_j = h_j - \bar{t}_j; \quad \gamma_j = \bar{t}_{s(j+1)} - \bar{t}_j \tag{2-3}$$

2. H_j 的计算

以如图 2-3 所示的回热系统为例，在汽轮机进汽量、热力参数不变和仅考虑热力系统变化部分的原则下，分析导出 H_j 的计算表达式。

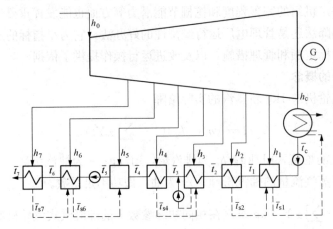

图 2-3　汽轮机组局部热力系统

（1）第 1 级抽汽等效热降。如果 1 号加热器获得额外纯热量 q_1（kJ/kg），有 1kg 蒸汽排挤返回汽轮机继续做功，所以，第 1 级抽汽等效热降等于这 1kg 蒸汽的实际焓降，即

$$H_1 = h_1 - h_c \tag{2-4}$$

除此以外，其他加热器的相关流量均没有变化，因为，汽轮机排汽增加 1kg 蒸汽，1 号加热器疏水减少 1kg，凝结水总量没有变化，不引起抽汽量的其他关联变化。

（2）第 2 级抽汽等效热降。如果 2 号加热器获得额外纯热量 q_2（kJ/kg），恰好使其抽汽减少 1kg，这时进入 1 号加热器的疏水也将相应减少 1kg，因而疏水在 1 号加热器中的放热量将减少 γ_1，1 号加热器将增加抽汽 α_{1-2} 自动补偿这个加热不足。抽汽 α_{1-2} 量也最终进入凝结水。同理，凝结水总量没有变化，不引起抽汽量的其他关联变化。

$$\alpha_{1-2} = \frac{\gamma_1}{q_1} \tag{2-5}$$

余下的排挤抽汽 $1 - \alpha_{1-2}$ 将直达凝汽器。因此，第 2 级抽汽的等效热降为

$$H_2 = (h_2 - h_c) - \alpha_{1-2}(h_1 - h_c) \tag{2-6}$$

这里，抽汽份额第二个下标的含义是当前计算等效热降的抽汽序号。

（3）第 3 级抽汽等效热降。如果 3 号加热器获得额外纯热量 q_3（kJ/kg），恰好使其抽汽减少 1kg。但是，其中的 α_{3-3} 被用来加热从 2 号加热器返回的凝结水，其热量平衡方程为

$$\alpha_{3-3} q_3 = (1 - \alpha_{3-3})\tau_3 \text{ 或 } \alpha_{3-3} = \frac{\tau_3}{q_3 + \tau_3} \tag{2-7}$$

只有 $1 - \alpha_{3-3}$ 被排挤抽汽流向凝汽器方向做功，并且，经过 1 号或 2 号抽汽口时还要按比例抽出回热，用以加热 $1 - \alpha_{3-3}$ 凝结水。因而，2 号加热器的热量平衡方程为

$$\alpha_{2-3} q_2 = (1 - \alpha_{3-3})\tau_2 \text{ 或 } \alpha_{2-3} = \frac{(1 - \alpha_{3-3})\tau_2}{q_2} \tag{2-8}$$

2 号加热器增加的抽汽份额 α_{2-3} 的疏水将在 1 号加热器中放出热量 $\alpha_{2-3}\gamma_1$，因此，1 号

加热器的热量平衡方程为

$$\alpha_{1-3}q_1 + \alpha_{2-3}\gamma_1 = (1 - \alpha_{3-3})\tau_1 \ \text{或} \ \alpha_{1-3} = \frac{(1 - \alpha_{3-3})\tau_1 - \alpha_{2-3}\gamma_1}{q_1} \tag{2-9}$$

第 3 级抽汽的等效热降为

$$H_3 = (h_3 - h_c) - \alpha_{3-3}(h_3 - h_c) - \alpha_{2-3}(h_2 - h_c) - \alpha_{1-3}(h_1 - h_c) \tag{2-10}$$

（4）第 4 级抽汽等效热降。如果 4 号加热器获得额外纯热量 q_4，将产生 1kg 排挤抽汽，这时进入 3 号加热器的疏水也将相应减少 1kg，因而疏水在 3 号加热器中的放热量将减少 γ_3，3 号加热器将增加抽汽 α'_{3-4} 自动补偿这个加热不足。

$$\alpha'_{3-4} = \frac{\gamma_3}{q_3} \tag{2-11a}$$

另外，3 号加热器还需要提供回热抽汽量 α''_{3-4} 加热其进水。从系统连接可以看出，3 号加热器进口水量等于 1kg 排挤抽汽扣除上述两部分抽汽量，即 $1 - \alpha'_{3-4} - \alpha''_{3-4}$。因而 3 号加热器的回热抽汽量 α''_{3-4} 由其热平衡求得到。

$$\alpha''_{3-4}q_3 = (1 - \alpha'_{3-4} - \alpha''_{3-4})\tau_3 \ \text{或} \ \alpha''_{3-4} = \frac{(1 - \alpha'_{3-4})\tau_3}{q_3 + \tau_3} \tag{2-11b}$$

3 号加热器抽汽量是两部分之和，即

$$\alpha_{3-4} = \alpha'_{3-4} + \alpha''_{3-4} \tag{2-11}$$

经过 1、2 号加热器水量也是 $1 - \alpha_{3-4}$，因而 2 号加热器的抽汽量 α_{2-4} 为

$$\alpha_{2-4} = \frac{(1 - \alpha_{3-4})\tau_2}{q_2} \tag{2-12}$$

考虑到 2 号加热器抽汽量 α_{2-4} 的疏水在 1 号加热器中放出热量 $\alpha_{2-4}\gamma_1$，因此，1 号加热器的抽汽量 α_{1-4} 为

$$\alpha_{1-4} = \frac{(1 - \alpha_{3-4})\tau_1 - \alpha_{2-4}\gamma_1}{q_1} \tag{2-13}$$

第 4 级抽汽的等效热降为

$$H_4 = (h_4 - h_c) - \alpha_{3-4}(h_3 - h_c) - \alpha_{2-4}(h_2 - h_c) - \alpha_{1-4}(h_1 - h_c) \tag{2-14}$$

（5）第 5 级抽汽等效热降。如果 5 号加热器获得额外纯热量 q_5，将产生 1kg 排挤抽汽，但是，其中 α_{5-5} 蒸汽仍然需要在 5 号加热器中被用来加热从 4 号加热器返回的 $1 - \alpha_{5-5}$ 凝结水，其热量平衡方程为

$$\alpha_{5-5}q_5 = (1 - \alpha_{5-5})\tau_5 \ \text{或} \ \alpha_{5-5} = \frac{\tau_5}{q_5 + \tau_5} \tag{2-15}$$

5 号加热器是汇集式加热器，实际被排挤抽汽 $1 - \alpha_{5-5}$，进口凝结水增加 $1 - \alpha_{5-5}$，所以 5 号加热器出口水量没有变化。

实际被排挤的且流向 4 号加热器方向的 $1 - \alpha_{5-5}$ 蒸汽每次经过 1、2、3 号和 4 号加热器时，都要按一定比例被抽出用于回热，剩余的直达凝汽器。

4 号加热器抽出 α_{4-5} kg 蒸汽回热 $1 - \alpha_{5-5}$ 凝结水，其热量平衡方程为

$$\alpha_{4-5}q_4 = (1 - \alpha_{5-5})\tau_4 \ \text{或} \ \alpha_{4-5} = \frac{(1 - \alpha_{5-5})\tau_4}{q_4} \tag{2-16}$$

3 号加热器为汇集式加热器，三股流入一股流出。由热力系统图和质量平衡方程导出进入 3 号加热器的凝结水量为 $1 - \alpha_{5-5} - \alpha_{4-5} - \alpha_{3-5}$。由热量平衡方程得到 3 号加热器的回热抽汽量 α_{3-5}：

$$\alpha_{3-5}q_3 + \alpha_{4-5}\gamma_3 = (1 - \alpha_{5-5} - \alpha_{4-5} - \alpha_{3-5})\tau_3$$

$$或\ \alpha_{3-5} = \frac{(1 - \alpha_{5-5} - \alpha_{4-5})\tau_3 - \alpha_{4-5}\gamma_3}{q_3 + \tau_3} \tag{2-17}$$

由热力系统图可见，通过 2 号和 1 号加热器的凝结水量均为 $1 - \alpha_{5-5} - \alpha_{4-5} - \alpha_{3-5}$。2 号加热器的回热抽汽量 α_{2-5} 为

$$\alpha_{2-5}q_2 = (1 - \alpha_{5-5} - \alpha_{4-5} - \alpha_{3-5})\tau_2$$

$$或\ \alpha_{2-5} = \frac{(1 - \alpha_{5-5} - \alpha_{4-5} - \alpha_{3-5})\tau_2}{q_2} \tag{2-18}$$

1 号加热器的回热抽汽量 α_{1-5} 为

$$\alpha_{1-5}q_1 + \alpha_{2-5}\gamma_1 = (1 - \alpha_{5-5} - \alpha_{4-5} - \alpha_{3-5})\tau_1$$

$$或\ \alpha_{1-5} = \frac{(1 - \alpha_{5-5} - \alpha_{4-5} - \alpha_{3-5})\tau_1 - \alpha_{2-5}\gamma_1}{q_1} \tag{2-19}$$

因此，第 5 级抽汽的等效热降为

$$
\begin{aligned}
H_5 &= (h_5 - h_c) - \alpha_{5-5}(h_5 - h_c) - \alpha_{4-5}(h_4 - h_c) - \alpha_{3-5}(h_3 - h_c) \\
&\quad - \alpha_{2-5}(h_2 - h_c) - \alpha_{1-5}(h_1 - h_c) \\
&= (1 - \alpha_{5-5})(h_5 - h_c) - \alpha_{4-5}(h_4 - h_c) - \alpha_{3-5}(h_3 - h_c) \\
&\quad - \alpha_{2-5}(h_2 - h_c) - \alpha_{1-5}(h_1 - h_c)
\end{aligned} \tag{2-20}
$$

（6）第 6 级抽汽等效热降。如果 6 号加热器获得额外纯热量 q_6，将产生 1kg 排挤抽汽，该排挤抽汽将依次被 1、2、3、4 号和 5 号加热器按比例抽出一部分完成回热，剩余的直达凝汽器。

由于 6 号加热器的疏水减少 1kg 使得 5 号加热器的热量减少 γ_5，5 号加热器将自动抽出蒸汽 α'_{5-6} 以补充热量

$$\alpha'_{5-6} = \frac{\gamma_5}{q_5} \tag{2-21a}$$

5 号加热器还要提供凝结水的回热抽汽量 α''_{5-6} 由热平衡求得：

$$\alpha''_{5-6}q_5 = (1 - \alpha'_{5-6} - \alpha''_{5-6})\tau_5 \quad 或\ \alpha''_{5-6} = \frac{(1 - \alpha'_{5-6})\tau_5}{q_5 + \tau_5} \tag{2-21b}$$

5 号加热器的抽汽量 α_{5-6} 为两部分抽汽之和

$$\alpha_{5-6} = \alpha'_{5-6} + \alpha''_{5-6} \tag{2-21}$$

4 号加热器抽出 α_{4-6} 蒸汽回热 $1 - \alpha_{5-6}$ 凝结水，其热量平衡方程为

$$\alpha_{4-6}q_4 = (1 - \alpha_{5-6})\tau_4 \quad 或\ \alpha_{4-6} = \frac{(1 - \alpha_{5-6})\tau_4}{q_4} \tag{2-22}$$

3 号加热器为汇集式加热器，三股流入一股流出。由系统图和质量守恒原理导出，通过 3 号加热器的凝结水量为 $1 - \alpha_{5-6} - \alpha_{4-6} - \alpha_{3-6}$。由热量平衡方程得到 3 号加热器的回热抽汽量 α_{3-6}：

$$\alpha_{3-6}q_3 + \alpha_{4-6}\gamma_3 = (1 - \alpha_{5-6} - \alpha_{4-6} - \alpha_{3-6})\tau_3$$

$$或\ \alpha_{3-6} = \frac{(1 - \alpha_{5-6} - \alpha_{4-6})\tau_3 - \alpha_{4-6}\gamma_3}{q_3 + \tau_3} \tag{2-23}$$

通过 2 号和 1 号加热器的凝结水量均为 $1 - \alpha_{5-6} - \alpha_{4-6} - \alpha_{3-6}$。2 号加热器的回热抽汽量 α_{2-6} 为

$$\alpha_{2-6}q_2 = (1 - \alpha_{5-6} - \alpha_{4-6} - \alpha_{3-6})\tau_2 \quad \text{或} \quad \alpha_{2-6} = \frac{(1 - \alpha_{5-6} - \alpha_{4-6} - \alpha_{3-6})\tau_2}{q_2} \quad (2\text{-}24)$$

1 号加热器的回热抽汽量 α_{1-6} 为

$$\alpha_{1-6}q_1 + \alpha_{2-6}\gamma_1 = (1 - \alpha_{5-6} - \alpha_{4-6} - \alpha_{3-6})\tau_1$$

$$\text{或} \quad \alpha_{1-6} = \frac{(1 - \alpha_{5-6} - \alpha_{4-6} - \alpha_{3-6})\tau_1 - \alpha_{2-6}\gamma_1}{q_1} \quad (2\text{-}25)$$

因此，第 6 级抽汽的等效热降为

$$H_6 = h_6 - h_c - \alpha_{5-6}(h_5 - h_c) - \alpha_{4-6}(h_4 - h_c)$$
$$\quad - \alpha_{3-6}(h_3 - h_c) - \alpha_{2-6}(h_2 - h_c) - \alpha_{1-6}(h_1 - h_c) \quad (2\text{-}26)$$

（7）第 7 级抽汽等效热降。如果 7 号加热器获得额外纯热量 q_7，将产生 1kg 排挤抽汽，该排挤抽汽将依次被 1、2、3、4、5 号和 6 号加热器按比例抽出一部分完成回热，剩余的直达凝汽器。

由于 7 号加热器的疏水减少 1kg 使得 6 号加热器的热量减少 γ_6，因而 6 号加热器的抽汽量会增加 α_{6-7}，即

$$\alpha_{6-7} = \frac{\gamma_6}{q_6} \quad (2\text{-}27)$$

由于 7 号加热器的疏水减少 1kg 和 6 号加热器抽汽量增加 α_{6-7}，使得 5 号加热器的热量减少 $(1 - \alpha_{6-7})\gamma_5$，因而 5 号加热器的抽汽量会增加 α'_{5-7}，即

$$\alpha'_{5-7} = \frac{(1 - \alpha_{6-7})\gamma_5}{q_5} \quad (2\text{-}28a)$$

考虑排挤抽汽的 $1 - \alpha_{6-7} - \alpha'_{5-7} - \alpha''_{5-7}$ 凝结水在 5 号加热器的回热需要，因而 5 号加热器的回热抽汽量 α''_{5-7} 由热平衡求得：

$$\alpha''_{5-7}q_5 = (1 - \alpha_{6-7} - \alpha'_{5-7} - \alpha''_{5-7})\tau_5$$

$$\text{或} \quad \alpha''_{5-7} = \frac{(1 - \alpha_{6-7} - \alpha'_{5-7})\tau_5}{q_5 + \tau_5} \quad (2\text{-}28b)$$

5 号加热器的抽汽量为

$$\alpha_{5-7} = \alpha'_{5-7} + \alpha''_{5-7} \quad (2\text{-}28)$$

4 号加热器抽出 α_{4-7} kg 蒸汽回热 $1 - \alpha_{6-7} - \alpha_{5-7}$ 凝结水，其热量平衡方程为

$$\alpha_{4-7}q_4 = (1 - \alpha_{6-7} - \alpha_{5-7})\tau_4$$

$$\text{或} \quad \alpha_{4-7} = \frac{(1 - \alpha_{6-7} - \alpha_{5-7})\tau_4}{q_4} \quad (2\text{-}29)$$

3 号加热器为汇集式加热器，三股流入一股流出。由质量平衡方程导出进入 3 号加热器的凝结水量为 $1 - \alpha_{6-7} - \alpha_{5-7} - \alpha_{4-7} - \alpha_{3-7}$。由热量平衡方程得到 3 号加热器的回热抽汽量 α_{3-7}：

$$\alpha_{3-7}q_3 + \alpha_{4-7}\gamma_3 = (1 - \alpha_{6-7} - \alpha_{5-7} - \alpha_{4-7} - \alpha_{3-7})\tau_3$$

$$\text{或} \quad \alpha_{3-7} = \frac{(1 - \alpha_{6-7} - \alpha_{5-7} - \alpha_{4-7})\tau_3 - \alpha_{4-7}\gamma_3}{q_3 + \tau_3} \quad (2\text{-}30)$$

通过 2 号和 1 号加热器的凝结水量均为 $1 - \alpha_{6-7} - \alpha_{5-7} - \alpha_{4-7} - \alpha_{3-7}$，2 号加热器的回热抽汽量 α_{2-7} 为

$$\alpha_{2-7}q_2 = (1 - \alpha_{6-7} - \alpha_{5-7} - \alpha_{4-7} - \alpha_{3-7})\tau_2$$

$$或 \quad \alpha_{2-7} = \frac{(1 - \alpha_{6-7} - \alpha_{5-7} - \alpha_{4-7} - \alpha_{3-7})\tau_2}{q_2} \tag{2-31}$$

1 号加热器的回热抽汽量 α_{1-7} 为

$$\alpha_{1-7} q_1 + \alpha_{2-7} \gamma_1 = (1 - \alpha_{6-7} - \alpha_{5-7} - \alpha_{4-7} - \alpha_{3-7})\tau_1$$

$$或 \quad \alpha_{1-7} = \frac{(1 - \alpha_{6-7} - \alpha_{5-7} - \alpha_{4-7} - \alpha_{3-7})\tau_1 - \alpha_{2-7}\gamma_1}{q_1} \tag{2-32}$$

因此，第 7 级抽汽的等效热降为

$$H_7 = h_7 - h_c - \alpha_{6-7}(h_6 - h_c) - \alpha_{5-7}(h_5 - h_c) - \alpha_{4-7}(h_4 - h_c)$$

$$- \alpha_{3-7}(h_3 - h_c) - \alpha_{2-7}(h_2 - h_c) - \alpha_{1-7}(h_1 - h_c) \tag{2-33}$$

3. H_j 的计算通式及 η_j 的计算

从上述分析可以看出，第 j 级抽汽的等效热降 H_j 的计算公式的规律是从排挤 1kg 抽汽的焓降中减去做功不足部分，因此可归纳为下列通用表达式：

$$H_j = (1 - \alpha)(h_j - h_c) - \sum_{r=1}^{j-1} \alpha_{r-j}(h_r - h_c) \tag{2-34}$$

式中：α 为加热器 j 为汇集式加热器 $\alpha = \tau_j/(q_j + \tau_j)$，加热器 j 为非汇集式加热器 $\alpha = 0$；r 为加热器 j 后更低压力抽汽口角码；α_{r-j} 为在汽轮机进汽量、热力参数不变和仅考虑热力系统变化部分的原则下，加热器 j 后更低压力各级回热抽汽份额。如果加热器 j 为疏水自流式加热器，还包括由于疏水减少增加的抽汽份额。

各抽汽的等效热降 H_j 算出后，相应的抽汽效率 η_j 即可求得

$$\eta_j = \frac{H_j}{q_j} \tag{2-35}$$

4. 新蒸汽的等效热降

1kg 新蒸汽的实际做功即为其等效热降。因此，不考虑辅助成分做功损耗的新蒸汽的毛等效热降为

$$H_M = (h_0 - h_c) - \alpha_1(h_1 - h_c) - \alpha_2(h_2 - h_c) - \cdots - \alpha_z(h_z - h_c)$$

$$= (h_0 - h_c) - \sum_{r=1}^{z} \alpha_r(h_r - h_c) \tag{2-36}$$

式中：z 为回热级数。

考虑辅助成分做功损耗的新蒸汽的净等效热降为

$$H = H_M - \sum \Pi \tag{2-37}$$

式中：$\sum \Pi$ 为门杆漏汽、轴封漏汽、加热器散热、抽气器用汽、水泵耗功、加热器的散热损失等辅助成分的做功损失。

汽轮机装置的效率（绝对内效率）可由新蒸汽的等效热降 H 与吸热量 Q 求得，即

$$\eta_i = \frac{H}{Q} \tag{2-38}$$

三、等效热降的条件及应用的基本原则

（一）等效热降条件

等效热降的计算是以新蒸汽流量保持不变为前提条件。此外，还认为新蒸汽参数、再热参数、终参数（排汽参数）以及各抽汽参数均为已知，且保持不变，即汽轮机膨胀过程的热

力过程线是不变的。

（二）应用等效热降的基本原则

来自热力系统内部的工质和热量称为内部热源，来自热力系统外部的工质和热量称为外部热源。比如轴封漏汽、锅炉排污水、抽气器排汽、除氧器余汽、发电机散热、锅炉烟气余热以及给水泵在泵内的焓升等属于热力系统内部热量和工质，其定界特征是这些热源都来自于热力系统消耗的燃料；而热电厂或发电厂外来蒸汽或热水、钢厂高炉的高温烟气等的利用属于外部热量和工质，其定界特征是这些热源都不是来自于热力系统消耗的燃料。

对于内部热源利用，热力系统耗热量 Q 不增加，但使循环做功增加 ΔH，其装置效率为

$$\eta_i = \frac{H + \Delta H}{Q} \tag{2-39}$$

由此可知，内部热源的利用，由于燃料消耗量没有增加，都使装置效率得以提高。

对于外部热源的利用，首先要明确，分析的目的是热能利用率的诊断，还是燃料利用率的诊断。如果是前者，热力系统消耗的热能为全部热能，不但包括燃料提供的热能，而且包括废热；如果是后者，热力系统消耗的热能只包括燃料提供的热能。煤炭、石油、天然气、生物质为工业常用的燃料。为了利于推动节能，鼓励余热利用，本书以燃料利用率的诊断为主。

外部热源的利用，并且分析的目的是热能利用率的诊断，则除循环做功增加 ΔH 外，热力系统消耗热量 Q 也将增加 ΔQ，故装置效率为

$$\eta = \frac{H + \Delta H}{Q + \Delta Q} \tag{2-40}$$

外部热源的利用通常使热能利用率降低，因为，外部热源利用通常是引入了较低参数的热量，其热功转换效率较低。如果分析的目的是燃料利用率的诊断，则 ΔQ 应该取为零。

局部定量分析时，无论是内部热源还是外部热源出入系统，都要根据有无工质出入系统而予以区分。对无工质出入系统的热量，简称"纯热量"，对有工质出入系统的热量，简称"带工质热量"。

1. 内外纯热量出入系统

（1）外部热源利用于系统。当有外部热源的纯热量引入系统，其数量相对于汽轮机进汽量为 q_w（kJ/kg），并且该热量在第 j 级加热器中被利用，分析目的为燃料利用率的诊断，则新蒸汽等效热降的增量为

$$\Delta H = q_w \eta_j \tag{2-41}$$

该热量利用后的新蒸汽等效热降为 $H' = H + \Delta H$，故装置效率相对提高为

$$\delta \eta_i = \frac{\eta_i' - \eta_i}{\eta_i} = \frac{\dfrac{H'}{Q} - \dfrac{H}{Q}}{\dfrac{H}{Q}} = \frac{H + \Delta H - H}{H} = \frac{\Delta H}{H} \tag{2-42}$$

（2）内部热源出入系统。例如，给水泵焓升 τ_b（kJ/kg），若该给水泵在第 j 级和 $j-1$ 级加热器之间，则该热量被利用在第 j 级加热器，新蒸汽等效热降的增量为

$$\Delta H = \tau_b \eta_j \tag{2-43}$$

装置效率相对提高为

$$\delta\eta_i = \frac{\Delta H}{H} \tag{2-44}$$

2. 携带工质的内外热源进入系统

(1) 蒸汽携带热量进入系统。假设焓值为 h_f、份额为 α_f 的蒸汽，从第 j 级加热器进入系统（例如，轴封漏汽回收利用）。为了确定该热量引起做功和装置经济性的变化，把这个热量分成两部分：一部分为纯热量 $\alpha_f(h_f - h_j)$；另一部分为带工质的热量 $\alpha_f h_j$。由于这个热量利用于抽汽效率为 η_j 的加热器中，因而该纯热量做功为 $\alpha_f(h_f - h_j)\eta_j$；剩余的带工质的热量正好与该级抽汽焓一致，因此恰好排挤 α_f 的抽汽，不产生疏水的变化，为了保持系统工质的平衡，进入凝汽器的化学补充水量相应减少 α_f，这样主凝结水量不变。因而，如果不考虑化学补充水的回热加热，不影响各加热器的抽汽量，所以所有排挤抽汽均做功到凝汽器，其做功量为 $\alpha_f(h_j - h_c)$。蒸汽携带热量的全部做功为

$$\Delta H = \alpha_f[(h_f - h_j)\eta_j + (h_j - h_c)] \tag{2-45}$$

装置经济性的相对变化 $\delta\eta_i = \dfrac{\Delta H}{H}$。

上述结论不仅适用于 $h_f > h_j$，而且适用于 $h_f \leqslant h_j$。

(2) 热水携带热量进入系统。热水进入系统的方式有两种：一是从主凝结水管路进入，二是从疏水管路进入。由于热水进入地点不同，产生的经济效果和计算方法也不相同。

1) 热水从主凝结水管路进入系统。若有焓值为 $\bar{t}_f$、份额为 α_f 的热水从第 j 级加热器后进入凝结水管路，其所携带的热量被利用在第（$j+1$）级加热器。把这个热量分成两部分：一部分是纯热量 $\alpha_f(\bar{t}_f - \bar{t}_j)$，其做功为 $\alpha_f(\bar{t}_f - \bar{t}_j)\eta_{j+1}$；另一部分是带工质的热量 $\alpha_f \bar{t}_j$，正好与混合点凝结水焓相同，因此恰好顶替 α_f 的主凝结水。为了保持工质平衡，需减少进入凝汽器的化学补充水，从而使第 1 到第 j 级加热器中流过的主凝结水量减少 α_f，因而多做功 $\alpha_f \sum\limits_{r=1}^{j} \tau_r \eta_r$。综合上述两部分热量的做功，得到热水从主凝结水管路进入系统的全部做功为

$$\Delta H = \alpha_f\left[(\bar{t}_f - \bar{t}_j)\eta_{j+1} + \sum_{r=1}^{j} \tau_r \eta_r\right] \tag{2-46}$$

装置经济性的相对变化 $\delta\eta_i = \dfrac{\Delta H}{H}$。

2) 热水从疏水管路进入系统。若有焓值为 $\bar{t}_f$、份额为 α_f 的热水从第 j 级加热器的疏水管路进入系统，其所携带的热量被利用在第（$j-1$）级加热器。把这个热量分成两部分：一部分是纯热量 $\alpha_f(\bar{t}_f - \bar{t}_{sj})$，其做功为 $\alpha_f(\bar{t}_f - \bar{t}_{sj})\eta_{j-1}$；另一部分带工质的热量 $\alpha_f \bar{t}_{sj}$ 沿疏水管路逐级自流，在第 $j-1$ 到 m 级加热器中分别放出热量 $\alpha_f \gamma_r$，做功 $\alpha_f \sum\limits_{r=m}^{j-1} \gamma_r \eta_r$。当该热水进入汇集式加热器 m 后，正好顶替 α_f 的主凝结水。为了保持工质平衡，需减少进入凝汽器的化学补充水，从而使第 1 到第（$m-1$）级加热器中流过的主凝结水量减少 α_f，因而多做功 $\alpha_f \sum\limits_{r=1}^{m-1} \tau_r \eta_r$。综合上述两部分热量的做功，得到热水从疏水管路进入系统的全部做功为

$$\Delta H = \alpha_f\left[(\bar{t}_f - \bar{t}_{sj})\eta_{j-1} + \sum_{r=m}^{j-1} \gamma_r \eta_r + \sum_{r=1}^{m-1} \tau_r \eta_r\right] \tag{2-47}$$

装置经济性的相对变化 $\delta\eta_i = \dfrac{\Delta H}{H}$。

上述结论不仅适用于 $\bar{t}_f > \bar{t}_j (\bar{t}_f > \bar{t}_{sj})$，而且适用于 $\bar{t}_f \leqslant \bar{t}_j (\bar{t}_f \leqslant \bar{t}_{sj})$。

3. 带工质的热量出系统（泄漏）

（1）蒸汽携带热量出系统。假设焓值为 h_0、份额为 α_f 的新蒸汽携带热量出系统。为了保持系统工质的平衡，必须增加凝汽器中的补充水。如果不计算补充水引起各段回热抽汽量的变化，则损失做功为

$$\Delta H = \alpha_f (h_0 - h_c) \tag{2-48}$$

同理，在汽轮机的任意部位有焓值为 h_f、份额为 α_f 的蒸汽携带热量出系统，它的损失做功为

$$\Delta H = \alpha_f (h_f - h_c) \tag{2-49}$$

装置经济性的相对变化 $\delta\eta_i = -\dfrac{\Delta H}{H}$。

（2）给水携带热量出系统。假设加热器 j 后发生给水出系统，其份额为 α_f，为了保持工质平衡，需增加补充水。因此，从补水点到发生给水出系统处，沿途流经各加热器的被加热水量增加了 α_f，消耗纯热量 $\alpha_f \displaystyle\sum_{r=1}^{j} \tau_r$，故损失做功为

$$\Delta H = \alpha_f \sum_{r=1}^{j} \tau_r \eta_r \tag{2-50}$$

装置经济性的相对变化 $\delta\eta_i = -\dfrac{\Delta H}{H}$。

（3）疏水携带热量出系统。假设加热器 j 的疏水出系统，其份额为 α_f，疏水焓值为 $\bar{t}_{sj}$。由于疏水出系统，从第 $(j-1)$ 级至汇集式加热器 m，均损失热量 $\alpha_f \gamma_r$，做功损失为 $\alpha_f \displaystyle\sum_{r=m}^{j-1} \gamma_r \eta_r$。为了保持工质平衡，需增加补充水。因此，从补水点到汇集式加热器 m，沿途流经各加热器的被加热水量增加了 α_f，消耗纯热量 $\alpha_f \displaystyle\sum_{r=1}^{m} \tau_r$，故损失做功为 $\alpha_f \displaystyle\sum_{r=1}^{m} \tau_r \eta_r$。所以疏水携带热量出系统损失的全部做功为

$$\Delta H = \alpha_f \left(\sum_{r=m}^{j-1} \gamma_r \eta_r + \sum_{r=1}^{m} \tau_r \eta_r \right) \tag{2-51}$$

装置经济性的相对变化 $\delta\eta_i = -\dfrac{\Delta H}{H}$。

4. 补水地点引起的做功差异

化学补充水的补水地点如果从凝汽器改为除氧器（m 号加热器），引起的做功差异为

$$\Delta H_{bs} = \alpha_{bs} \left[-(t_{m-1} - \bar{t}_{bs})\eta_m + \sum_{r=1}^{m-1} \tau_r \eta_r \right] \tag{2-52}$$

前一项是由于补水进入除氧器增加抽汽而减少的做功；而后一项是由于补水不在低压加热器中吸热而多做的功。两者之和就是补水地点变化引起的做功差异。

四、再热机组的等效热降

在再热机组的热系统中，其高压缸的排汽，在流经再热器之前称为再热冷段，经再热器加热升温后叫再热热段。由于有再热吸热量 σ 的存在，其等效热降的计算有别于非再热机组。其计算方法如下：

（1）再热热段以后的等效热降 H_j^r

$$H_j^0 = H_j \tag{2-53}$$

（2）再热冷段及其以前的等效热降 H_j^0

$$H_j^0 = H_j + \sigma \tag{2-54}$$

（3）抽汽效率 η_j^0

$$\eta_j^0 = \frac{H_j^0}{q_j} \tag{2-55}$$

（4）新蒸汽等效热降 H

$$H = (h_0 + \sigma - h_c)(1 - \sum_1^z \alpha_r Y_r) \tag{2-56}$$

式中：h_0 为新蒸汽的焓值，kJ/kg；h_c 为排汽焓，kJ/kg；z 为抽汽级数；r 为任意抽汽级的编号；α_r 为关于新蒸汽流量的抽汽份额；σ 为再热焓升，kJ/kg；Y_r 为抽汽做功不足系数，对于再热前的抽汽

$$Y_r = \frac{h_j + \sigma - h_c}{h_0 + \sigma - h_c} \tag{2-57}$$

对于再热后的抽汽

$$Y_r = \frac{h_j - h_c}{h_0 + \sigma - h_c} \tag{2-58}$$

五、供热抽汽的做功损失

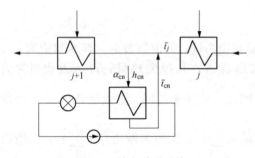

图 2-4　热水采暖系统

如图 2-4 所示的热水采暖系统，供热抽汽份额 α_{cn} 进入热网加热器凝结放热，其凝结水全部回收（即供热回水率 $\varphi = 1$）并从 j 号加热器后返回热系统。

对外供热抽汽的做功损失 $\prod_{cn}^0$，按照有工质携带的热量出系统计算。

$$\prod_{cn}^0 = \alpha_{cn}(h_{cn} - h_c) \tag{2-59}$$

式中：h_{cn} 为供热抽汽焓。

供热回水返回热系统，按照有工质携带的热量进入系统计算，其回收功 ΔH_{cn} 为

$$\Delta H_{cn} = \alpha_{cn}[(\bar{t}_{cn} - \bar{t}_j)\eta_{j+1} + \sum_{r=1}^j \tau_r \eta_r] \tag{2-60}$$

式中：$\bar{t}_{cn}$ 为供热的回水焓，kJ/kg；$\bar{t}_j$ 为 j 号加热器出口水焓，kJ/kg；η_{j+1} 为 $j+1$ 号能级的抽汽效率；τ_r 水任意加热器中的焓升，kJ/kg；η_r 任意能级的抽汽效率。

供热抽汽的实际做功损失等于供热抽汽损失做功减去回水返回热系统的回收功，即

$$\prod_{cn} = \prod_{cn}^0 - \Delta H_{cn} = \alpha_{cn}\{(h_{cn} - h_c) - [(\bar{t}_{cn} - \bar{t}_j)\eta_{j+1} + \sum_{r=1}^j \tau_r \eta_r]\} \tag{2-61}$$

第三节　㶲　分　析　法

在能量合理利用和节约能源的工作中，人们常用热效率（或热能利用系数）表达、分析热能利用系统的总体或各个组成部分的完善程度。但是，在热能利用的主要目的之一——热

功转换的技术领域中，仅仅使用热效率评价热力系统的完善程度是明显不够的，甚至会对热功转换系统给出不切合实际的评价。例如，将热效率高达 90％的热水锅炉，生产压力为 1.0MPa 温度为 95℃的热水，应用于供暖系统。采用热效率的评价方法对该供暖系统进行分析评价总可以得到令人满意的结论。但是，若将这种热水锅炉安装在热力发电厂里，利用它生产的热水通过扩容闪蒸技术产生蒸汽，拖动汽轮发电机发电。经过计算，燃料的热量最多只能有 15％被转换成电能，与现代热力发电技术达到的水平（43％～45％）相差很远。虽然热水锅炉以 90％的高效率将燃料中的绝大部分化学能转换为热能又传递给水，但是到达热水中的热能品位已经是很低了，致使可以被转换为机械能的热量减少到很低的水平。所以，锅炉技术应用在热力发电厂中，不仅要求锅炉的热效率高，更重要且关键的是要求锅炉能够生产出高温高压的蒸汽来，使高品位热能在热力循环中占更大的比例，技术经济上才是更合理的。

对于在交通运输和其他工农业领域使用的热力发动机，例如，柴油机、汽油机，气缸里的燃烧产物同样是温度压力越高，从燃烧产生的热能中转换得到的机械能就越多，发动机的输出功率就越大，发动机的用途就越广。

所以，热功转换过程中追求热能的高品位是非常重要的。工程热力学的卡诺定理也已经证明，在热功转换过程中，工质吸热时的温度越高，也就是工质得到的热能品位越高，转换得到的机械能就越多；反之，得到的机械能就越少。至此可见，在采用热效率方法的同时，再考虑一种衡量热能品位的评价指标，热功转换系统的技术评价方法就更完善了。

按照转换为机械能的能力可以将自然界存在的能量分为三类：

（1）可以完全转换为机械能的能量。这是理论上可以百分之百地转换为其他能量形式的能量，是"高级能量"，或者说是高品位的能量。如机械能和电能，是人类社会使用最多，也是使用起来最方便的能量。

（2）仅可以部分地转换为机械能的能量。这种能量即使在极限理想情况下，也只能有一部分转换为可以被人类利用的机械能。例如，压力、温度高于环境的热能。热能是当代人类为了获得机械能和电能使用最广泛的能量。

（3）不可以转换为机械能的能量。这种能量，在环境的条件下，无法用来转换成机械能。例如，环境大气中的热能（热力学能），虽然数量巨大，无论如何也没有办法将其转换成机械能。

可见各种形态的能量，包括不同等级的热能，转换为机械能的能力是不相同的。如果以这种转换能力为尺度，就可以计算和评价能量在热功转换过程中的优劣。工程热力学已经将能量的这种"能力"定义为"㶲"。"火"表示热能，"用"表示能量中可以转换为机械能的可用部分。

当今世界上，绝大部分电能是从热能转换来的，中国的情况更是如此。本章主要讨论热力发电厂中热能转换为机械能过程的等级评价方法。实际上，火电工程技术研究的重点就是如何提高热力发电厂热力系统㶲的利用率。

一、㶲的基本概念及主要表达式

能量转换能力的大小与环境条件有关，还与转换过程的不可逆程度有关，也就是，还与转换设备的技术完善程度有关。作为能量品位的评价尺度，当然要抛开具体设备的技术水平。因此，应该采用在给定的环境条件下，理论上最大可能的转换能量作为度量能量品位高低的衡量尺度。注意，专业著作中关于㶲的基本概念略有文字上的差别。

㶲的基本概念：在热力系统由某状态可逆变化到与所在环境相平衡的状态过程中，理论上可以转换为机械能的能量，称为㶲。或者表述为，在周围环境条件下，能量中理论上能够转换为有用功的部分，称为该能量的㶲。

虽然表述方式略有不同，但核心含义是一致的，即在所处的环境条件下，经过可逆过程转换的有用功就是㶲。"环境条件"即代表了热机的工作背景，也代表热功转换的极限状态；"可逆过程"指的是，转换过程没有任何损失，例如，散热、摩擦、泄漏、流动阻力等。

如此，任何能量均可以分为由两部分组成，一部分是㶲，另一部分是不能转换为机械能的能量，称为㷶。即

$$能量＝㶲＋㷶 \tag{2-62}$$

㷶的基本概念：能量中不能转换为有用机械能的那部分能量，称为㷶。或者表述为，一切不能转换为㶲的能量，称为㷶。

根据㶲和㷶的定义，电能和机械能的全部是㶲，㷶为零；环境大气中包含的能量全部是㷶，㶲为零。

从㶲和㷶的观点看，能量的转换规律可以归纳为

（1）㶲与㷶的总量保持守恒——能量守恒。

（2）㷶不能转换为㶲，㶲可以转换为㷶。

（3）可逆过程不出现能量的贬值和变质，㶲的总量保持守恒。

（4）不可逆过程必然发生能量贬值，㶲将部分地转变为㷶，产生㶲损失。

（5）孤立系统的㶲不会增加，只能减少或不变——孤立系统㶲减少原理。㶲与熵一样，可以作为自然过程进行方向性的判据。

下面分别讨论热力发电厂技术涉及的两种㶲表达式——热量㶲和焓㶲。

1. 热量中可以转换为机械能的极限——热量㶲

热量是工质在温差作用下通过边界与热源或环境交换的能量。热量中的一部分可以转换为机械能，即热量包括㶲和㷶两部分。根据㶲的基本概念可以写出热量㶲的定义，虽然不同的专著说法不尽相同，含义是一样的。以下举两例：

热量㶲的定义：将系统所接受的热量 Q 在给定环境状态下用可逆方式转换得到的最大功，称为热量 Q 的热量㶲。或表述为，在给定环境状态下，采用可逆的转换过程，将工质从高温热源吸收的热量 Q 转换为功的那部分能量，称为热量 Q 的热量㶲。

根据卡诺定理可以给出热量㶲的表达式。在温度为 T_0 的环境中，系统（工质）以温度 T 的状态从恒温热源吸入热量 Q，并且在 T 与 T_0 之间建立卡诺循环，转换得到的功（用 E_q 表示）显然已达到极限。因为，一则卡诺循环的低温热源温度不可能比 T_0 再低，二则卡诺机已经是最为完善的理想热机了。根据热量㶲的定义 E_q 就是热量 Q 的热量㶲，其表达式根据卡诺定理为

$$E_q = Q\left(1 - \frac{T_0}{T}\right) \tag{2-63}$$

可见，在给定的环境温度 T_0 和吸入同样热量 Q 的条件下，系统（工质）的吸热温度 T 不同，热量 Q 的可用部分与不可用部分的比例也不同，即热量 Q 的㶲与㷶的比例也不同。更具体地讲，工质吸热时温度越高，热量㶲就越大，热量㷶就越小；反之，工质吸热时温度

越低，热量㶲就越小，热量㶲就越大。

用 A_q 表示热量㶲，其表达式：

$$A_q = Q - E_q = T_0 \frac{Q}{T} = T_0 \Delta S \qquad (2\text{-}64)$$

从式（2-64）看出，热量㶲与系统的熵增量成正比，比例系数为 T_0。因为这里考虑的是恒温热源，过程之后热源没有变化，所以"系统的熵增量"仅指工质而言。

热量㶲和热量㶲的数量关系还可以用图 2-5 表示。

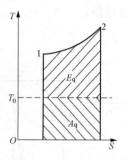

图 2-5　热量㶲和热量㶲的数量关系

工质吸热时温度是变化的情况是常见的。设工质初参数为（T_1、S_1），参考图 2-5，经过一系列准可逆状态变化到状态（T_2、S_2）。根据卡诺循环和卡诺定理，相对于温度为 T_0 的环境的热量㶲为

$$\begin{aligned}
E_q &= \int_1^2 \left(1 - \frac{T_0}{T}\right) \delta Q \\
&= \int_1^2 (T - T_0) \frac{\delta Q}{T} \qquad (2\text{-}65) \\
&= \int_1^2 (T - T_0) \mathrm{d}S
\end{aligned}$$

热量㶲为

$$\begin{aligned}
A_q &= Q - E_q \\
&= Q - \int_1^2 \delta Q + \int_1^2 T_0 \frac{\delta Q}{T} \\
&= \int_1^2 T_0 \frac{\delta Q}{T} \qquad (2\text{-}66) \\
&= T_0 \int_1^2 \mathrm{d}S \\
&= T_0 \Delta S_{12}
\end{aligned}$$

例 2-1　某恒温热源向热力系统放出 3000kJ 的热量。设环境温度 $t_0 = 27\text{℃}$。试计算热力系统分别以温度 300、500℃ 和 900℃ 等温吸热时，所吸热量的热量㶲和热量㶲分别为多少？

解：（1）热力系统温度 $t = 300\text{℃}$ 时，所吸收热量的热量㶲和热量㶲分别为

$$E_q = Q\left(1 - \frac{T_0}{T}\right) = 3000\left(1 - \frac{273 + 27}{273 + 300}\right) = 1429.3(\text{kJ})$$

$$A_q = Q - E_q = 3000 - 1429.3 = 1570.7(\text{kJ})$$

（2）热力系统温度 $t = 500\text{℃}$ 时，所吸收热量的热量㶲和热量㶲分别为

$$E_q = Q\left(1 - \frac{T_0}{T}\right) = 3000\left(1 - \frac{273 + 27}{273 + 500}\right) = 1835.7(\text{kJ})$$

$$A_q = Q - E_q = 3000 - 1835.7 = 1164.3(\text{kJ})$$

（3）热力系统温度 $t = 900\text{℃}$ 时，所吸收热量的热量㶲和热量㶲分别为

$$E_q = Q\left(1 - \frac{T_0}{T}\right) = 3000\left(1 - \frac{273 + 27}{273 + 900}\right) = 2232.7(\text{kJ})$$

$$A_q = Q - E_q = 3000 - 2232.7 = 767.3(\text{kJ})$$

吸热温度分别为 $t = 500\text{℃}$、$t = 900\text{℃}$ 的热量㶲与吸热温度 $t = 300\text{℃}$ 的热量㶲相比较有如

下比值：

$$\frac{1835.7}{1429.3} = 1.28, \quad \frac{2232.7}{1429.3} = 1.56$$

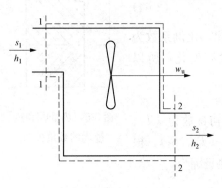

图 2-6　稳定流动开口系统

可见，热量㶲随着热力系统吸收热量时温度的升高而增大，热量炕则减小。换言之，对于热力发电厂中的热功转换过程，消耗一定的燃料，锅炉产生的蒸汽温度越高，转换所得到的机械能越多，发电的燃料热能利用率越高。

2. 稳定流动工质中包含的最大有用功——焓㶲

工程上大多数热工设备属于开口热力系统，如图 2-6 所示，例如，热力发电厂使用的汽轮机、燃气轮机属于开口热力设备。在稳定工况下，工质连续不断地稳定地流过设备，将工质包含的热量中的一部分转换为机械能。开口热力系统中用焓表示每千克工质包含的热能，所以这里将开口热力系统的㶲称为焓㶲。

稳定流动开口系统工质焓㶲的定义：稳定流动工质从给定状态流经开口热力系统，以可逆方式过渡到与环境相平衡的状态时，系统做出的最大有用功（最大轴功）称为稳定流动工质的焓㶲，用 E_h 表示。对于 1kg 工质的焓㶲称为比焓㶲，用 e_h 表示。

按照热力学第一和第二定律的原则可以推导出焓㶲的表达式。设工质在某一设备中进行着稳定流动的热功转换过程（工质参数与时间无关）。则根据热力学第一定律，进入系统的能量等于流出系统的能量。如果忽略流动过程与外界的热交换，并且忽略工质的动能差和位能差，对于 1kg 的工质可以写出能量平衡方程式

$$h_1 = h_2 + w_u \tag{2-67}$$

式中：h_1、h_2 为设备入口、设备出口的工质比焓，kJ/kg；w_u 为系统输出的比轴功，kJ/kg。

因为要导出焓㶲的表达式，过程须要考虑是可逆的，所以系统入口和出口的熵不变，如式（2-68）所示

$$s_1 = s_2 \tag{2-68}$$

以环境温度 T_0 乘以方程式的两边，如式（2-69）

$$T_0 s_1 = T_0 s_2 \tag{2-69}$$

从式（2-67）减去式（2-69）得

$$h_1 - T_0 s_1 = h_2 - T_0 s_2 + w_u$$

整理后

$$w_u = (h_1 - h_2) - T_0(s_1 - s_2) \tag{2-70}$$

如果令状态 2 就是环境状态 0，则系统输出的轴功达到最大值。再对照稳定流动工质焓㶲的定义，此时用式（2-70）计算所得就是工质处于状态 p、T 时，并且处在环境 p_0、T_0 中拥有的比焓㶲 e_h。所以比焓㶲的表达式为

$$e_h = (h_1 - h_0) - T_0(s_1 - s_0) \tag{2-71}$$

或去掉下标 1 更具有一般性

$$e_h = (h - h_0) - T_0(s - s_0)$$
$$= (h - T_0 s) - (h_0 - T_0 s_0) \tag{2-72}$$

式（2-72）表明，除了环境状态参数，工质的焓㶲仅是流动工质状态参数的函数。而环境状态参数 p_0、T_0 在这里常常又是不变的参数，所以当环境的温度和压力为定值时，工质焓㶲如同焓、熵一样也是状态参数。

对于质量流量为 m 的稳定流动工质的焓㶲表达式为

$$E_h = m e_h$$
$$= m[(h - h_0) - T_0(s - s_0)]$$
$$= m[(h - T_0 s) - (h_0 - T_0 s_0)] \tag{2-73}$$

工质焓㶲既然是状态参数，其数值的大小就与状态变化过程的路径没有关系。因此，在给定的环境状态 p_0、T_0 中，如果质量流量为 m 的开口系统从状态 1 过渡到状态 2，系统所能完成的最大有用功 $(W_{u,max})_{12}$ 就等于两个状态工质焓㶲的差，或者说等于焓㶲的减少量，即

$$(W_{u,max})_{12} = (E_h)_1 - (E_h)_2$$
$$= m[(h_1 - h_2) - T_0(s_1 - s_2)]$$
$$= (H_1 - H_2) - T_0(S_1 - S_2)$$
$$= (H_1 - T_0 S_1) - (H_2 - T_0 S_2) \tag{2-74}$$

3.㶲效率与㶲损失系数

根据㶲的定义可以知道，在可逆过程中，㶲不会转变为炕，过程中没有㶲的损失。但是在不可逆过程中，也就是在任何实际过程中，一定有㶲转变为炕的现象，必然引起㶲损失。不可逆性越大，㶲损失越大，能够转换为机械能的部分就越少。㶲的数量随着不可逆过程的进行总是不断地减少，并且㶲一旦转变为炕，就没有可能再转变为㶲。这样，在热功转换过程进行之前，热能中必须拥有足够数量的㶲，过程才能进行下去。所以，㶲是非常宝贵的，在热力设备中实施某种过程（传热、混合、流动、热功转换）时要设法尽量减少㶲的损失。如此，在评价热功转换系统的优劣时，使用㶲效率的概念和计算方法是必要的。

（1）热力过程的㶲效率

效率的定义：收益㶲与支付㶲的比值，或被利用的㶲与消耗的㶲的比值，称为㶲效率，用 η_e 表示。

$$\eta_e = \frac{E_g}{E_p} \tag{2-75}$$

式中：E_g 为收益㶲（被利用的㶲）；E_p 为支付㶲（消耗的㶲）。

（2）热力过程的㶲损失系数。损失的定义：支付㶲与收益㶲之差，或消耗的㶲与被利用的㶲之差，就是设备装置或系统中进行的过程引起的㶲损失，用 E_l 表示。

$$E_l = E_p - E_g \tag{2-76}$$

㶲损失系数的定义：㶲的损失量与㶲的消耗量（㶲的支付量）之比，称为㶲损失系数，用 ζ 表示。

$$\zeta = \frac{E_l}{E_p} \tag{2-77}$$

㶲效率与㶲损失系数的和显然等于 1，如式（2-78）所示。

$$\eta_e + \zeta = 1 \tag{2-78}$$

煜效率是消耗煜的利用份额，煜损失系数是消耗煜的损失份额。由于理想可逆过程是热力学上最完善的过程，所以，理想可逆过程的煜效率恒等于 1，煜损失系数恒等于 0；而实际的不可逆过程，煜效率总小于 1，煜损失系数总大于 0。

（3）稳定流动过程的煜效率与煜损失。在汽轮机制造技术中常用相对内效率（实际焓降与理想焓降之比）评价汽轮机制造技术的完善程度，也可以用煜效率（实际功与理想功之比）来评价汽轮机的制造技术水平。根据稳定流动开口系统工质焓煜的定义，工质从状态 1 进入汽轮机，具有的焓煜为

$$
\begin{aligned}
(e_\mathrm{h})_1 &= (h_1 - h_0) - T_0(s_1 - s_0) \\
&= h_1 - T_0 s_1 - (h_0 - T_0 s_0)
\end{aligned}
\tag{2-79}
$$

同样可以写出以状态 2 离开汽轮机时具有的焓煜为

$$
(e_\mathrm{h})_2 = h_2 - T_0 s_2 - (h_0 - T_0 s_0)
\tag{2-80}
$$

在给定的环境状态 p_0、T_0 中，开口系统从状态 1 过渡到状态 2 的过程中，系统所能完成的最大有用功等于两个状态工质焓煜的差，用 $(w_\mathrm{u,max})_{12}$ 表示，宜称为理想功，用 w_ide 表示。有的著作还称为可逆功，用 w_rev 表示。

$$
\begin{aligned}
(w_\mathrm{u,max})_{12} &= (e_\mathrm{h})_1 - (e_\mathrm{h})_2 \\
&= h_1 - h_2 - T_0(s_1 - s_2) \\
&= T_0 \Delta s - \Delta h \\
&= w_\mathrm{ide} = w_\mathrm{rev}
\end{aligned}
\tag{2-81}
$$

在式（2-81）中按照热力学的统一约定，参数增量一律等于状态 2 参数减状态 1 参数，即

$$
\Delta s = s_2 - s_1
\tag{2-82}
$$

$$
\Delta h = h_2 - h_1
\tag{2-83}
$$

稳定流动开口热力系统的热功转换煜效率定义为实际功与理想功之比，即

$$
\eta_\mathrm{e} = \frac{w_\mathrm{s}}{w_\mathrm{ide}}
\tag{2-84}
$$

式中：w_s 为实际功。

对于汽轮机来讲，实际功 w_s 相当于收益煜，理想功 w_ide 相当于支付煜。按照式（2-76）的原则，这里煜的损失量（用 w_1 表示）自然应该表示为

$$
w_1 = w_\mathrm{ide} - w_\mathrm{s}
\tag{2-85}
$$

例 2-2　某汽轮机进口的蒸汽参数为 $p_1 = 1.35\mathrm{MPa}$、$t_1 = 370℃$，排汽的蒸汽参数为 $p_2 = 0.008\mathrm{MPa}$ 的饱和水蒸气（如图 2-7 所示）；环境温度为 $t_0 = 20℃$。试计算汽轮机的相对内效率、煜效率和比煜损失。

解：（1）汽轮机的相对内效率。

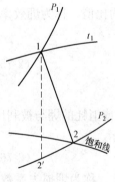

图 2-7　例 2-2 的图

由水蒸气表查得汽轮机进口蒸汽参数：

$$
h_1 = 3194.7 \ (\mathrm{kJ/kg})
$$

$$
s_1 = s_{2'} = 7.2244 \ [\mathrm{kJ/(kg \cdot K)}]
$$

由水蒸气表查得汽轮机排汽蒸汽参数：

$$
h_2 = h''_2 = 2576.7 \ (\mathrm{kJ/kg})
$$

同样可以查得排汽压力下的饱和水焓：$h'_2 = 173.9$（kJ/kg）

还查得排汽压力下的饱和水熵、饱和汽熵：

$$s'_2 = 0.5926 \ [\text{kJ/(kg·K)}]$$
$$s''_2 = 8.2289 \ [\text{kJ/(kg·K)}]$$

等熵过程排汽点（2'点）干度计算如下：

$$x'_2 = \frac{s'_2 - s'_2}{s''_2 - s'_2} = \frac{7.2244 - 0.5926}{8.2289 - 0.5926} = 0.868$$

等熵过程排汽点（2'点）焓：

$$h'_2 = h'_2 + x'_2(h''_2 - h'_2)$$
$$= 173.9 + 0.868(2576.7 - 173.9)$$
$$= 2260.6(\text{kJ/kg})$$

等熵过程排汽点焓也可以从焓熵图上直接查出来。查图的结果是 2280kJ/kg，这里用通过干度计算的结果进行下面的计算。

汽轮机的相对内效率：

$$\eta_s = \frac{w_s}{\text{定熵焓降}} = \frac{h_1 - h_2}{h_1 - h'_2} = \frac{3194.7 - 2576.7}{3194.7 - 2260.6} = \frac{618}{934.1} = 0.662$$

（2）汽轮机的㶲效率。

$$w_{\text{ide}} = h_1 - h'_2 - T_0(s_1 - s_2)$$
$$= 3194.7 - 2260.6 - 293(7.2244 - 7.2244)$$
$$= 934.1(\text{kJ/kg})$$

$$\eta_e = \frac{w_s}{w_{\text{ide}}} = \frac{h_1 - h_2}{w_{\text{ide}}} = \frac{3194.7 - 2576.7}{934.1} = 0.662$$

可见汽轮机相对内效率与汽轮机㶲效率是相等的。

（3）汽轮机的比㶲损失（用 w_1 表示）。

$$w_1 = w_{\text{ide}} - w_s = 934.1 - 618 = 316.1(\text{kJ/kg})$$

4. 热力过程的㶲平衡方程

任何自发的实际过程都是不可逆的，必然引起㶲的损失。建立㶲平衡方程式的目的是计算㶲的损失，以研究热功转换过程中各个环节的完善程度。对于稳态、稳流的过程，所谓㶲平衡方程式指的是，进入该系统的各种㶲之总和等于离开系统的各种㶲与该系统内产生的各种㶲损失的总和。即

进入系统的㶲总和＝离开系统的㶲总和＋系统内的㶲损失

或者

$$\sum E_{\text{in}} = \sum E_{\text{out}} + \sum \prod_i \tag{2-86}$$

式中：$\sum E_{\text{in}}$ 为进入系统的各种㶲之总和；$\sum E_{\text{out}}$ 为离开系统的各种㶲之总和；$\sum \prod_i$ 为系统内各种㶲损失之和。

还以热力发电厂中最常见的稳定流动开口系统为例。首先将热力发电厂中由燃烧设备、传热元件、热功转换装置、冷却设备等组成的复杂热力系统或系统中的某一部分抽象成如图2-8 所示的开口系统。当然这里还是仅研究稳定流动过程。根据上述原则写出适合于稳定流动开口系统的㶲平衡方程式为（忽略势能和动能）

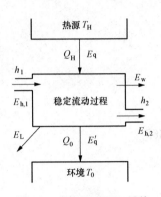

图 2-8 稳定流动开口系统
的㶲平衡

$$E_q + E_{h,1} = E_{h,2} + E_w + E'_q + E_1 \tag{2-87}$$

式中：E_q、E'_q 为热源提供的热量㶲和系统向环境排出的热量㶲；$E_{h,1}$、$E_{h,2}$ 为系统进、出口处工质或其他物流携带的焓㶲，由式（2-72）确定；E_w 为系统转换得到的有用功；E_1 为系统中各种㶲损失总和。

如果所研究的过程是理想可逆过程，并且系统的放热温度与环境温度相同（等温放热），则 $E_1 = 0$，$E'_q = 0$，于是此时输出的可用功 E_w 达到最大值（用 $W_{u,max}$ 表示）。㶲平衡方程简化为

$$W_{u,max} = E_q + E_{h,1} - E_{h,2} \tag{2-88}$$

5. 热力发电厂典型不可逆过程的㶲损失计算式

（1）燃烧过程的㶲损失。燃烧是典型的不可逆过程。燃料㶲指的是燃料化学能的可用部分，以 E_f 表示。对于 1kg 燃料的燃料㶲（用 e_f 表示）可以如下估计：

气体燃料：　　　　　　　　　$e_f = 0.95Q_h \tag{2-89}$

液体燃料：　　　　　　　　　$e_f = 0.97Q_h \tag{2-90}$

固体燃料：　　　　　　$e_f = Q_1 + rW_{ar}/100 = Q_h \tag{2-91}$

式中：Q_h、Q_1 为燃料的高位发热量、低位发热量，kJ/kg；r 为水的汽化潜热，kJ/kg；W_{ar} 为燃料的收到基水分百分数，%。

从式（2-89）、式（2-90）看出，气体燃料和液体燃料的燃料㶲约等于燃料的高位发热量 Q_h，作为估计可以写出 $E_f \approx Q_h$。固体燃料的燃料㶲就等于燃料的高位发热量 Q_h。

燃料燃烧过程将燃料的化学能转换为热能并且包含在燃烧产物中，但是这些热能只有部分热能是可用的，用 E_q 表示。由变温度吸热过程的热量㶲计算方法有

$$E_q = \int_0^{Q_h} \left(1 - \frac{T_0}{T}\right)\delta Q \tag{2-92}$$

式中：T 为燃烧产物温度，K。

其余部分是燃烧高位发热量 Q_h 的㶲 A_q，即

$$\begin{aligned}
A_q &= Q_h - E_q \\
&= \int_0^{Q_h} T_0 \frac{\delta Q}{T} \\
&= T_0 \Delta s_{12}
\end{aligned} \tag{2-93}$$

式中：Δs_{12} 为燃烧过程燃烧产物的熵增。

（2）绝热节流过程的㶲损失。稳定流体流过孔板、阀门等的流动过程是绝热节流过程，是典型的不可逆过程，使系统的熵增加，做功能力减少，造成㶲损失。绝热节流过程的散热量一般忽略不计，因为时间极短，也不产生功和消耗功，所以节流前后的焓相等。从而在稳定流动开口系统的㶲平衡方程式中 E_q、E'_q、E_w 均等于零。㶲平衡方程式简化为

$$\begin{aligned}
E_1 &= E_{h,1} - E_{h,2} \\
&= H_1 - H_2 - T_0(S_1 - S_2) \\
&= T_0(S_2 - S_1) \\
&= T_0 \Delta S_{12}
\end{aligned} \tag{2-94}$$

式中：ΔS_{12} 为过程的系统熵增。

对于 1kg 的工质

$$e_1 = T_0 \Delta s_{12} \tag{2-95}$$

对于理想气体的节流过程，节流前后的焓不变，温度也不变，系统熵增的计算可以根据理想气体状态方程导出

$$\Delta s_{12} = R\ln\frac{v_2}{v_1} = R\ln\frac{p_1}{p_2} \tag{2-96}$$

所以

$$e_1 = T_0\Delta s_{12} = T_0 R\ln\frac{v_2}{v_1} = T_0 R\ln\frac{p_1}{p_2} \tag{2-97}$$

式中：v_1、v_2 为理想气体的比体积；p_1、p_2 为理想气体的压力。

（3）温差传热过程的㶲损失。热力发电厂锅炉中烟气对工质的传热过程以及各种用途的换热器，全无例外地进行着有温差的传热过程，产生着㶲损失。设在温度为 T_0 的环境中，有两个温度不同的热源 A、B，温度分别为 T_A、T_B，并且 $T_A > T_B > T_0$。从热源 A 传出的热量 Q 的热量㶲为

$$E_{q,A} = Q\left(1 - \frac{T_0}{T_A}\right)$$

热量 Q 传递到热源 B 后的热量㶲为

$$E_{q,B} = Q\left(1 - \frac{T_0}{T_B}\right)$$

因为 $T_A > T_B$，有温差的传热使做功能力减少，形成的㶲损失为传热前后热量㶲的差。即

$$
\begin{aligned}
E_1 &= E_{q,A} - E_{q,B} \\
&= Q\left(1 - \frac{T_0}{T_A}\right) - Q\left(1 - \frac{T_0}{T_B}\right) \\
&= T_0 Q\left(\frac{1}{T_B} - \frac{1}{T_A}\right) \\
&= T_0\Delta S_{tot}
\end{aligned}
\tag{2-98}
$$

式中：ΔS_{tot} 为包含两个热源在内的孤立系统的熵增量。

热力发电厂中表面式回热加热器是利用蒸汽加热凝结水或给水，传热是在温度变化的情况下进行的，如图 2-9 所示。1-2-3-4 代表带有疏水冷却段的汽－水加热器蒸汽的放热过程。如果没有疏水冷却段，过程线变为 1-2-3。被加热水的过程线是 $w_1 - w_2$。温度分别为 T_A、T_B，并且 $T_A > T_B > T_0$。这里，T_A 与 T_B 是按照一定规律变化的函数。

对应于微元传热面积 ΔF，蒸汽（热介质）放出热量 dQ_A 的热量㶲为

$$dE_{q,A} = dQ_A\left(1 - \frac{T_0}{T_A}\right)$$

水（冷介质）吸收热量 dQ_B 的热量㶲为

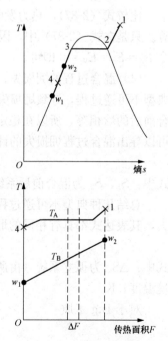

图 2-9 加热器热力过程曲线

$$\mathrm{d}E_{q,B} = \mathrm{d}Q_B\left(1 - \frac{T_0}{T_B}\right)$$

由于加热器都存在着表面散热损失，冷介质的吸热量小于热介质的放热量，所以采用不同的热量符号 $\mathrm{d}Q_A$ 和 $\mathrm{d}Q_B$。现在可以写出温差传热形成的微量㶲损失

$$\mathrm{d}E_l = \mathrm{d}E_{q,A} - \mathrm{d}E_{q,B}$$
$$= \mathrm{d}Q_A\left(1 - \frac{T_0}{T_A}\right) - \mathrm{d}Q_B\left(1 - \frac{T_0}{T_B}\right)$$

利用关于传热面积的积分计算可以得到加热器的㶲损失计算式，并且作如下推导：

$$E_l = \int_F \mathrm{d}E_l$$
$$= \int_F \mathrm{d}Q_A\left(1 - \frac{T_0}{T_A}\right) - \int_F \mathrm{d}Q_B\left(1 - \frac{T_0}{T_B}\right)$$
$$= \left[Q_A - T_0\int_F \mathrm{d}S_A\right] - \left[Q_B - T_0\int_F \mathrm{d}S_B\right]$$
$$= \left[H_1 - H_4 - T_0(S_1 - S_4)\right] - \left[H_{w_2} - H_{w_1} - T_0(S_{w_2} - S_{w_1})\right]$$
$$= m_A\left[h_1 - h_4 - T_0(s_1 - s_4) - (h_0 - T_0 s_0) + (h_0 - T_0 s_0)\right]$$
$$\quad - m_B\left[h_{w_2} - h_{w_1} - T_0(s_{w_2} - s_{w_1}) - (h_0 - T_0 s_0) + (h_0 - T_0 s_0)\right]$$
$$= \left\{m_A\left[h_1 - T_0 s_1 - (h_0 - T_0 s_0)\right] + m_B\left[h_{w_1} - T_0 s_{w_1} - (h_0 - T_0 s_0)\right]\right\}$$
$$\quad - \left\{m_A\left[h_4 - T_0 s_4 - (h_0 - T_0 s_0)\right] + m_B\left[h_{w_2} - T_0 s_{w_2} - (h_0 - T_0 s_0)\right]\right\}$$
$$= E_{h,1} - E_{h,2}$$

比较式（2-87），热力发电厂中表面式回热加热器的㶲损失也可以使用㶲平衡的方法计算。只是在式（2-87）中，因为没有热源的加热也不向冷源放热，更没有功的产生或消耗，令 $E_q = E_q' = E_w = 0$ 即可。

（4）混合过程的㶲损失。混合（例如，喷水减温器）也是热力发电厂热功转换系统中的典型不可逆过程，导致㶲损失。混合过程也是绝热过程，没有热量损失，不产生功，并且混合前后的焓相等，所以在稳定流动开口系统的㶲平衡方程式中 E_q、E_q'、E_w 均等于零。同样可以导出混合过程㶲损失的计算式

$$E_l = T_0\Delta S_{12} = T_0(S_2 - S_1) \tag{2-99}$$

式中：S_1、S_2 为混合前后系统中各种成分熵的总和。

总结几种典型不可逆过程的㶲损失计算方法的推导过程，可见无论什么原因产生的㶲损失，其表达式都具有相同的形式

$$E_l = T_0\Delta S_{tot} \tag{2-100}$$

式中：ΔS_{tot} 为孤立系统（由所涉及的工质、物流、设备等组成）的熵增量，kJ/K；T_0 为环境温度，K。

对于 1kg 工质

$$e_l = T_0\Delta s_{tot} \tag{2-101}$$

式中：Δs_{tot} 为孤立系统的比熵增量，kJ/(kg·K)。

需要说明的是，一个复杂设备或系统的总㶲损失是各个组成部分㶲损失的和。

二、300MW 煤粉锅炉单元机组额定工况的㶲分析计算

为了说明㶲评价方法在热力发电厂热功转换系统的使用过程，现以 300MW 煤粉锅炉单

元机组为例，进行额定工况的㶲数值计算分析。

现有一套 300MW 煤粉锅炉单元机组，配有 SG1025-18.28/540/540 型一次中间再热强制循环汽包锅炉和 N300-16.65/537/537 型亚临界压力一次中间再热凝汽式汽轮机组。原则性热力系统如图 2-10 所示。机组的主要额定参数见表 2-1。

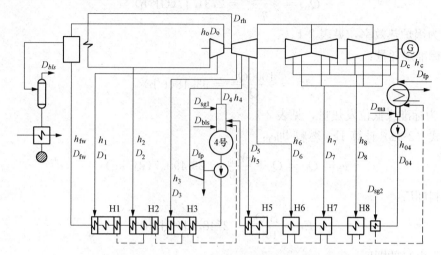

图 2-10   N300-16.67/537/537 型汽轮发电机组原则热力系统

表 2-1 300MW 机组的主要额定参数

参数	符号	单位	数值	参数	符号	单位	数值
锅炉出口蒸汽焓	h_b	kJ/kg	3396.2	锅炉热效率	η_b	%	91.12
给水焓	h_{fw}	〃	1195.4	汽包压力		MPa	18.64
锅炉排污水焓	h_{bl}	〃	1761.6	给水温度	t_{fw}	℃	278
锅炉再热蒸汽焓升	Δq_{rh}	〃	491.9	汽轮机初压力	P_0	MPa	16.65
汽轮机主蒸汽焓		kJ/kg	3393.41	汽轮机初温度	T_0	℃	537
汽轮机主蒸汽熵		kJ/(kg·K)	6.408	发电功率	N_{el}	kW	300000
汽轮机进口再热汽焓		kJ/kg	3515.13	供电功率	N_s	kW	282000
元轮机进口再热汽熵		kJ/(kg·K)	7.3066	厂用电率	ε	%	6
汽轮机凝结水焓	h_{cw}	kJ/kg	145.2	标准煤低位发热量	Q_l	kJ/kg	29310
汽轮机凝结水熵	s_{cw}	kJ/(kg·K)	0.5008	煤收到基水分	W_{ar}	%	8
汽轮机排汽焓	h_c	kJ/kg	2359.8	水汽化潜热	r	kJ/kg	2258.2
汽轮机排汽熵	s_c	kJ/(kg·K)	7.7009				

根据机组的主要额定参数可以计算发电系统的㶲效率和㶲损失。以下计算不加说明时统一使用的计算单位包括：蒸汽或水流量（t/h），热流量或㶲流量（GJ/h），比焓或比㶲（kJ/kg），比熵 [kJ/(kg·K)]。

单元机组的锅炉设计热负荷 Q_b：

$$Q_b = D_b(h_b - h_{fw}) + D_{rh}\Delta q_{rh} + D_{bl}(h_{bl} - h_{fw})$$
$$= 2488.64(GJ/h)$$

式中：h_b、h_{fw}、h_{bl}、Δq_{rh} 为锅炉出口蒸汽焓、给水焓、锅炉排污水焓、锅炉再热蒸汽焓升，kJ/kg，见表 2-1；D_b、D_{rh}、D_{bl} 为锅炉蒸发量、再热蒸汽量、锅炉排污量，t/h，见表 2-1。

锅炉耗热量 Q_{bc}：

$$Q_{bc} = \frac{100 Q_b}{\eta_b} = 2731.17 (GJ/h)$$

式中：η_b 为锅炉热效率，见表 2-1。

锅炉标准煤耗量：

$$B^s = \frac{1000 Q_{bc}}{Q_l} = 93.18 (t/h)$$

式中：Q_l 为标准煤低位发热量，见表 2-1。

根据式（2-91）计算 1kg 燃料㶲 e_f：

$$e_f = Q_h = Q_l + \frac{r W_{ar}}{100} = 29\,490.7 (kJ/kg)$$

总燃料㶲 E_f：

$$E_f = \frac{B^s Q_h}{1000} = 2748.01 (GJ/h)$$

额定发电量的㶲 E_w：

$$E_w = \frac{3600 \times 300}{1000} = 1080 (GJ/h)$$

额定供电量的㶲 E_{ws}：

$$E_{ws} = E_w \left(1 - \frac{\varepsilon}{100} \right) = 1015.2 (GJ/h)$$

式中：ε 为厂用电率，见表 2-1。

发电系统的㶲损失：

$$E_l = E_f - E_{ws} = 1732.81 (GJ/h)$$

燃料㶲 E_f 就是热力发电系统的支付㶲，机组的供电量是收益㶲。

供电㶲效率（净效率）η_e：

$$\eta_e = \frac{E_{ws}}{E_f} = 0.369\,4$$

从以上计算看出，半数以上的燃料㶲 E_f 在热功转换过程中各个环节损失掉了，仅有 36.94％的燃料㶲被转换成电能供出电厂。下面按照工质在热功转换过程中的工艺流程计算分析各主要设备产生的㶲损失。

1. 锅炉装置的㶲分析计算

（1）燃烧过程的㶲损失。燃烧过程将燃料的化学能转换成热能，并且将热能交给了烟气。设燃烧温度 $T_1 = 2100K$，环境温度 $T_0 = 293K$，烟气中拥有的热量 㶲 $E_{q,gas}$：

$$E_{q,gas} = E_f \left(1 - \frac{T_0}{T_1} \right) = 2364.59 (GJ/h)$$

燃烧过程的㶲损失 $E_{l,gas}$：

$$E_{l,gas} = E_f - E_{q,gas} = 383.41 (GJ/h)$$

燃烧过程㶲损失系数 ζ_{burn}：

$$\zeta_{\text{burn}} = \frac{E_{\text{l,gas}}}{E_{\text{f}}} = 0.139\ 5$$

（2）锅炉传热过程的㶲损失。锅炉存在热损失（锅炉热效率 $\eta_b = 91.12\%$），并且锅炉内传热是在不等温的情况下进行的，如图 2-11 所示表示了锅炉内传热过程中工质（水、蒸汽）温度的变化情况。其中，1～2 是锅炉给水（排污水）的加热过程，1～4 是锅炉主蒸汽的加热过程线，5～6 是再热蒸汽的加热过程线。由锅炉额定参数得知各点的温度和熵，见表 2-1。

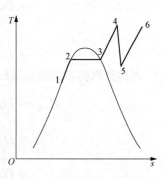

图 2-11 热力过程曲线

为了简化计算，用直线温度变化代替曲线温度变化。根据表 2-2 的数据可以写出这些直线方程。

1～2 之间直线温度变化曲线：

$$T = 308.24 + 82.9s\ (\text{K})$$

3～4 之间直线温度变化曲线：

$$T = -64.2 + 138s\ (\text{K})$$

5～6 之间直线温度变化曲线：

$$T = -1319.9 + 293.55s\ (\text{K})$$

表 2-2   **锅炉内传热过程特征点的工质温度和熵**

	1 点	2 点	3 点	4 点	5 点	6 点
温度（℃）	278	359.8	359.8	540	316.4	540
温度（K）	551	632.8	632.8	813	589.4	813
熵 [kJ/(kg·K)]	2.93	3.9173	5.0614	6.37	6.4	7.3066

排污水拥有的热量㶲 $E_{\text{q,sewage}}$：

$$\begin{aligned}
E_{\text{q,sewage}} &= D_{\text{bl}} \int_1^2 (T - T_0)\,\mathrm{d}s \\
&= D_{\text{bl}} \left[\int_1^2 (308.24 + 82.9s)\,\mathrm{d}s - T_0 \int_1^2 \mathrm{d}s \right] \\
&= D_{\text{bl}} \left[(308.24 - 293)s + 82.9\,\frac{s^2}{2} \right]_{s_1^2 = 2.93}^{s_2 = 3.9173} \\
&= 2.79(\text{GJ/h})
\end{aligned}$$

新蒸汽拥有的热量 㶲 $E_{\text{q,NewSteam}}$：

$$\begin{aligned}
E_{\text{q,NewSteam}} &= D_{\text{b}} \int_1^4 (T - T_0)\,\mathrm{d}s \\
&= D_{\text{b}} \left[\int_1^4 T\,\mathrm{d}s - T_0 \int_1^4 \mathrm{d}s \right] \\
&= D_{\text{b}} \left[\int_1^2 T\,\mathrm{d}s + \int_2^3 T\,\mathrm{d}s + \int_3^4 T\,\mathrm{d}s - T_0 \int_1^4 \mathrm{d}s \right] \\
&= D_{\text{b}} \left[\begin{aligned} &\int_1^2 (308.24 + 82.9s)\,\mathrm{d}s + (273 + 359.8)\Big|_2^3 \mathrm{d}s \\ &+ \int_3^4 (-64.2 + 138s)\,\mathrm{d}s - T_0 \int_1^4 \mathrm{d}s \end{aligned} \right]
\end{aligned}$$

$$= D_{\mathrm{b}}\left\{\begin{array}{l}\left[308.24s + 82.9\dfrac{s^2}{2}\right]_{s_1=2.93}^{s_2=3.9173} + \left[632.8s\right]_{s_2=3.9173}^{s_3=5.0614} \\[2mm] + \left[-64.2s + 138\dfrac{s^2}{2}\right]_{s_3=5.0614}^{s_4=6.37} - \left[293s\right]_{s_1=2.93}^{s_4=6.37}\end{array}\right\}$$

$$= 1191.35(\mathrm{GJ/h})$$

再热蒸汽拥有的热量㶲$E_{\mathrm{q,rh}}$：

$$E_{\mathrm{q,rh}} = D_{\mathrm{rh}}\int_5^6 (T - T_0)\mathrm{d}s$$

$$= D_{\mathrm{rh}}\left[\int_5^6 (-1319.9 + 293.55s)\mathrm{d}s - T_0\int_5^6 \mathrm{d}s\right]$$

$$= D_{\mathrm{rh}}\left[-1319.9s + 293.55\frac{s^2}{2} - 293s\right]_{s_5=6.4}^{s_6=7.30658}$$

$$= 284.04(\mathrm{GJ/h})$$

传热过程的㶲损失 $E_{\mathrm{l,Conduct}}$：

$$E_{\mathrm{l,Conduct}} = E_{\mathrm{q,gas}} - E_{\mathrm{q,sewage}} - E_{\mathrm{q,NewSteam}} - E_{\mathrm{q,rh}} = 886.42(\mathrm{GJ/h})$$

传热过程的㶲损失系数 ζ_{Conduct}：

$$\zeta_{\mathrm{Conduct}} = \frac{E_{\mathrm{l,Conduct}}}{E_{\mathrm{f}}} = 0.3226$$

2. 汽轮发电机的㶲分析计算

汽轮机的㶲损失：

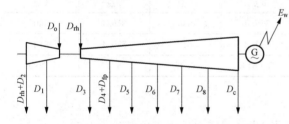

$$E_{\mathrm{l,Turbine}} = E_{\mathrm{q}} + E_{\mathrm{h,1}} - E_{\mathrm{h,2}} - E_{\mathrm{W}} - E'_{\mathrm{q}}$$

其中，因为汽轮机不受热，$E_{\mathrm{q}} = 0$。E_{W} 是发电功率对应的㶲

$$E_{\mathrm{W}} = 3.600 \times 300 = 1080(\mathrm{GJ/h})$$

$E_{\mathrm{h,1}}$ 是进入汽轮机的蒸汽量带入的焓㶲，其中包括主蒸汽（Main）的焓㶲和再热蒸汽（Reheated）的焓㶲两部分，汽

图 2-12　汽轮发电机㶲平衡分析图

轮发电机㶲平衡分析图如图 2-12 所示。采用式（2-73）计算 $E_{\mathrm{h,1}}$

$$E_{\mathrm{h,1}} = (me_{\mathrm{h}})_{\mathrm{Main}} + (me_{\mathrm{h}})_{\mathrm{Reheated}}$$

$$= D_0\left[(h - T_0s) - (h_0 - T_0s_0)\right]_{\mathrm{Main}} + D_{\mathrm{rh}}\left[(h - T_0s) - (h_0 - T_0s_0)\right]_{\mathrm{Reheated}}$$

$$= 2674.04(\mathrm{GJ/h})$$

式中：$(h_0 - T_0s_0)$ 为通过环境参数计算的水的热力参数，$-2.82\mathrm{kJ/(kg \cdot K)}$；$h$、$s$ 为蒸汽的焓与熵，在 Main 的括号中带入汽轮机的主蒸汽数据，在 Reheated 的括号中带入汽轮机的再热蒸汽数据，见表 2-1。

$E_{\mathrm{h,2}}$ 是流出汽轮机的蒸汽量（不包含汽轮机排汽）带出的焓㶲，包括 8 段回热抽汽、给水泵（Feed Water Pump）用汽、再热蒸汽（Reheated）。

$$E_{\mathrm{h,2}} = \left\{m\left[(h - T_0s) - (h_0 - T_0s_0)\right]\right\}_{\mathrm{Reheated}} + \left\{m\left[(h - T_0s) - (h_0 - T_0s_0)\right]\right\}_{\mathrm{FeedWaterPump}}$$

$$+ \sum_{i=1}^8 \left\{m\left[(h - T_0s) - (h_0 - T_0s_0)\right]\right\}_i$$

$$= 1237.59(\mathrm{GJ/h})$$

式中：m、h、s 为蒸汽量、焓、熵，见表 2-1、表 2-2 和表 2-3。

E'_q 是汽轮机排汽的焓㶲

$$E'_q = me_h$$
$$= D_c[(h_c - T_0 s_c) - (h_0 - T_0 s_0)]$$
$$= 59.02(GJ/h)$$

带入以上计算得到汽轮机的㶲损失：

$$E_{l,Turbine} = E_q + E_{h,1} - E_{h,2} - E_W - E'_q$$
$$= 297.43(GJ/h)$$

汽轮机过程的㶲损失系数 $\zeta_{Turbine}$：

$$\zeta_{Turbine} = \frac{E_{l,Turbine}}{E_f} = 0.1082$$

3. 凝汽器的㶲分析计算

凝汽器的㶲损失也可以利用式（2-87）计算。其中，$E_q = E_W = 0$，E'_q 为凝汽器向环境放出的热量㶲，是凝汽器㶲损失的一部分。凝汽器㶲平衡分析图如图 2-13 所示。公式简化为

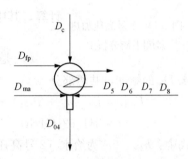

$$E_{l,Condenser} = E_{h,1} - E_{h,2}$$

式中：$E_{h,1}$ 为进入凝汽器的焓㶲，其中包括汽轮机排汽 D_c 的焓㶲、低压加热器疏水（D_5、D_6、D_7、D_8）的焓㶲、给水泵汽轮机排汽 D_{fp} 的焓㶲和补充水 D_{ma} 的焓㶲，但补充水的焓㶲因为其温度等于环境温度略掉了

图 2-13　凝汽器㶲平衡分析图

$$E_{h,1} = (D_c + D_{fp})[(h_c - T_0 s_c) - (h_0 - T_0 s_0)]$$
$$+ (D_5 + D_6 + D_7 + D_8)[(h_{8j} - T_0 s_{8j}) - (h_0 - T_0 s_0)]$$
$$= 63.53(GJ/h)$$

式中：h_c、s_c 为汽轮机排汽的焓和熵，见表 2-1；h_{8j}、s_{8j} 为低压加热器疏水焓和熵，见表 2-3。

表 2-3　　　　　　　　　　N300-16.67/537/537 型汽轮发电机组各部分流量

技术参数	符号	数值（t/h）	技术参数	符号	数值（t/h）
汽轮机做功进汽量	D_0	933.86	进除氧器的轴封汽量	D_{sg1}	12.14
高压加热器 1 用汽量	D_1	71.81	进轴封加热器的轴封汽量	D_{sg2}	1.31
高压加热器 2 用汽量	D_2	76.59	汽水损失量	D_{lo}	6.68
高压加热器 3 用汽量	D_3	40.11	排污扩容水量	D_{blw}	2.49
除氧器用汽量	D_4	31.99	排污扩容汽量	D_{bls}	2.28
低压加热器 5 用汽量	D_5	40.75	补充水量	D_{ma}	9.17
低压加热器 6 用汽量	D_6	18.26	进除氧器凝结水量	D_{04}	723.85
低压加热器 7 用汽量	D_7	33.08	锅炉蒸发量	D_b	953.98
低压加热器 8 用汽量	D_8	30.37	再热蒸汽量	D_{rh}	785.47
给水泵用汽量	D_{fp}	35.49	锅炉排污量	D_{bl}	4.77
汽轮机排汽量	D_c	555.43	给水量	D_{fw}	958.75
除氧器排汽量	D_{ox}	0.016			

$E_{h,2}$ 是流出凝汽器的凝结水的焓㶲

$$E_{h,2} = (D_c + D_{fp} + D_5 + D_6 + D_7 + D_8 + D_{ma})[(h_{cw} - T_0 s_{cw}) - (h_0 - T_0 s_0)]$$
$$= 0.93(GJ/h)$$

式中：h_{cw}、s_{cw} 为凝结水焓和熵，见表 2-1。

$$E_{l,\text{Condenser}} = E_{h,1} - E_{h,2} = 62.61(GJ/h)$$

凝汽器过程的㶲损失系数 $\zeta_{\text{Condenser}}$：

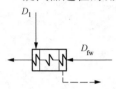

图 2-14　1 号高压加热器㶲平衡分析图

$$\zeta_{\text{Condenser}} = \frac{E_{l,\text{Condenser}}}{E_f} = 0.0228$$

4. 表面式回热换热器的㶲分析计算

1 号高压加热器（如图 2-14 所示）的㶲损失也可以利用式（2-87）计算。其中，$E_q = E'_q = E_w = 0$，公式简化为

$$E_{l,\text{HHeater1}} = E_{h,1} - E_{h,2}$$

$E_{h,1}$ 是进入高压加热器的焓㶲，包括加热蒸汽 D_1 的焓㶲和进口给水 D_{fw} 的焓㶲，共两部分

$$E_{h,1} = D_1[(h_1 - T_0 s_1) - (h_0 - T_0 s_0)] + D_{fw}[(h_{2fw} - T_0 s_{2fw}) - (h_0 - T_0 s_0)]$$
$$= 341.63(GJ/h)$$

式中：h_{2fw}、s_{2fw} 为给水（2 号高压加热器的出水）焓和熵，见表 2-4。

表 2-4　　　　　　　　　　汽轮发电机组回热抽汽热力学参数　　　　　　[kJ/kg，kJ/kg·K]

	抽汽焓	疏水焓	出水焓	抽汽熵	出水熵	疏水熵
高压加热器 1	3145.1	1079.6	1195.4	6.497	3.0066	2.780
高压加热器 2	3027.9	890.5	1043.8	6.504	2.6740	2.400
高压加热器 3	3333.1	761.8	862.6	7.378	2.3067	2.140
除氧器	3135.0		710.2	7.390	2.0400	
低压加热器 5	2939.7	570.5	559.8	7.523	1.6600	1.690
低压加热器 6	2762.7	440.2	429.1	7.517	1.3250	1.380
低压加热器 7	2664.7	374.7	364.5	7.492	1.1500	1.190
低压加热器 8	2522.0	267.0	256.7	7.528	0.8300	0.900

$E_{h,2}$ 是流出高压加热器的焓㶲，包括加热蒸汽的疏水焓㶲和出口给水的焓㶲，共两部分。

$$E_{h,2} = D_1[(h_{1j} - T_0 s_{1j}) - (h_0 - T_0 s_0)] + D_{fw}[(h_{1jw} - T_0 s_{1jw}) - (h_0 - T_0 s_0)]$$
$$= 323.43(GJ/h)$$

$$E_{l,\text{HHeater1}} = E_{h,1} - E_{h,2} = 18.20(GJ/h)$$

1 号高压加热器过程的㶲损失系数 $\zeta_{\text{Hheater 1}}$：

$$\zeta_{\text{HHeater1}} = \frac{E_{l,\text{HHeater1}}}{E_f} = 0.0066$$

对于 2 号高压加热器，由于采用了逐级自流疏水回收系统（如图 2-10 所示），入口焓㶲 $E_{h,1}$ 多了 1 号高压加热器的疏水焓㶲；对于 3 号高压加热器，入口焓㶲 $E_{h,1}$ 就多了 1 号和 2 号两级高压加热器的疏水焓㶲；其他计算原则不变。

低压加热器㶲损失的计算方法与高压加热器相同，这里不再重复说明，计算结果列于表

2-5 中。

表 2-5 损失计算结果汇总

	产生损失的设备或过程	㶲损失（GJ/h）	㶲损失系数
1	厂用电	64.8	0.0236
2	锅炉燃烧过程	383.4	0.1395
3	锅炉传热过程	886.4	0.3226
4	汽轮机	297.4	0.1082
5	凝汽器	62.6	0.0228
6	高压加热器 1	18.2	0.0066
7	高压加热器 2	6.6	0.0024
8	高压加热器 3	4.5	0.0016
9	除氧器	21.2	0.0077
10	低压加热器 5	3.3	0.0012
11	低压加热器 6	1.5	0.0006
12	低压加热器 7	5.1	0.0019
13	低压加热器 8	0.7	0.0003
14	连续排污扩容器	0.6	0.0002
15	合计	1756.6	0.6392
16	通过宏观㶲平衡方程计算	1732.8	0.6306
17	计算误差（%）	1.4	1.3710

5. 除氧器的㶲分析计算

对于除氧器（如图 2-15 所示），可以利用式（2-87）的简化式计算。$E_{h,1}$ 包括排污二次蒸汽量 D_{bls} 的焓㶲、轴封蒸汽量 D_{sg1} 的焓㶲、除氧加热蒸汽量 D_4 的焓㶲、凝结水量 D_{04} 的焓㶲、高压加热器疏水量（D_1、D_2、D_3）的焓㶲。有如下的形式：

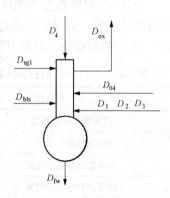

图 2-15 除氧器㶲平衡分析图

$$E_{h,1} = D_{bls}[(h_{bls} - T_0 s_{bls}) - (h_0 - T_0 s_0)] + D_{sg1}[(h_{sg1} - T_0 s_{sg1})$$
$$- (h_0 - T_0 s_0)] + D_4[(h_4 - T_0 s_{4h}) - (h_0 - T_0 s_0)]$$
$$+ D_{04}[(h_{5jw} - T_0 s_{5jw}) - (h_0 - T_0 s_0)] + (D_1 + D_2$$
$$+ D_3)[(h_{3j} - T_0 s_{3j}) - (h_0 - T_0 s_0)]$$
$$= 131.80(GJ/h)$$

$E_{h,2}$ 是流出除氧器的焓㶲，包括给水量 D_{fw} 的焓㶲和排气量 D_{ox} 的焓㶲。

$$E_{h,2} = D_{fw}[(h_{4j} - T_0 s_{4j}) - (h_0 - T_0 s_0)] + D_{ox}[(h_{ox} - T_0 s_{ox}) - (h_0 - T_0 s_0)]$$
$$= 110.55(GJ/h)$$

除氧器的㶲损失 $E_{l,ox}$：

$$E_{l,ox} = E_{h,1} - E_{h,2} = 21.24(GJ/h)$$

除氧器的㶲损失系数 ζ_{ox}：

$$\zeta_{ox} = \frac{E_{l,ox}}{E_f} = 0.0077$$

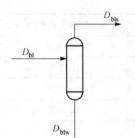

D_{bls}

D_{bl}

D_{blw}

图 2-16　连续排污扩
容器㶲平衡分析图

6. 连续排污扩容器的㶲分析计算

对于连续排污扩容器（如图 2-16 所示），$E_{h,1}$ 仅包括锅炉排污水焓㶲。

$$E_{h,1} = D_{bl}[(h_{bl} - T_0 s_{bl}) - (h_0 - T_0 s_0)] = 2.94(GJ/h)$$

$E_{h,2}$ 是流出连续排污扩容器的焓㶲，包括排污二次蒸汽量 D_{bls} 的焓㶲和排污二次水量 D_{blw} 的焓㶲。

$$E_{h,2} = D_{bls}[(h_{bls} - T_0 s_{bls}) - (h_0 - T_0 s_0)] + \\ D_{blw}[(h_{blw} - T_0 s_{blw}) - (h_0 - T_0 s_0)] \\ = 2.32(GJ/h)$$

连续排污扩容器的㶲损失 $E_{l,ext}$：

$$E_{l,ext} = E_{h,1} - E_{h,2} = 0.62(GJ/h)$$

连续排污扩容器的㶲损失系数 ζ_{ext}：

$$\zeta_{ext} = \frac{E_{l,ext}}{E_f} = 0.0002$$

对以上各设备的损失计算结果进行简单的总结分析，见表 2-5。

从表 2-5 可以得到以下几点结论：

（1）锅炉的㶲损失（燃烧过程和传热过程产生的㶲损失）最大，约占燃料㶲的 46.21%。

（2）凝汽器的㶲损失约占燃料㶲的 2.28%，与热效率方法的评价结果完全不同。

三、回热加热器端差增大对机组经济性的影响

仍以 300MW 机组为例计算分析，回热加热器端差增大（相对于设计端差而言）对机组经济性的影响。假设机组经过一段时间运行后，高压加热器和低压加热器的端差平均增大 3℃。配合机组的热力计算看到汽轮机的各段蒸汽量和㶲效率均有所变化见表 2-6。

表 2-6　　　　　　回热加热器端差增大 3℃ 后的各段汽量和㶲效率变化（t/h）

技 术 参 数	符 号	端差增大后	端差增大前
汽轮机做功进汽量	D_0	931.20	933.86
高压加热器 1 用汽量	D_1	70.99	71.81
高压加热器 2 用汽量	D_2	76.42	76.59
高压加热器 3 用汽量	D_3	34.90	40.11
除氧器用汽量	D_4	35.88	31.99
低压加热器 5 用汽量	D_5	40.72	40.75
低压加热器 6 用汽量	D_6	18.25	18.26
低压加热器 7 用汽量	D_7	33.06	33.082 2
低压加热器 8 用汽量	D_8	26.24	30.37
给水泵用汽量	D_{fp}	35.39	35.49
汽轮机排汽量	D_c	559.35	555.43
给水量	D_{fw}	956.02	958.75

续表

技 术 参 数	符 号	端差增大后	端差增大前
锅炉标准耗煤量	Bs	93.46	93.18
锅炉标准煤量增加	ΔB^s	0.27	
增加标准煤量费用（万元/年）	M	57.52	
总的燃料㶲（GJ/h）	E_f	2756.08	2748.01
供电㶲效率	η_e	0.368 3	0.369 4
供电㶲损失系数	ζ	0.631 7	0.630 6

对表 2-6 所示的变化情况分析如下：

（1）由于低压加热器的端差增大，使加热器的换热能力降低，消耗的加热蒸汽均有所减少。

（2）由于低压加热器的端差增大，进入除氧器的凝结水温度也有所降低，使除氧器的蒸汽消耗量增加。

（3）由于高压加热器的端差增大，使加热器的换热能力降低，消耗的加热蒸汽也有所减少。

（4）综合以上因素，汽轮机需要蒸汽量有所降低。

（5）由于高压加热器的端差增大，使给水温度降低，虽然锅炉的蒸发量有所降低，但是锅炉的燃料消耗量还是增加了。从图 2-17 可以看出，每年燃料费用的增加随加热器的端差增量基本上呈直线关系上升。当加热器的端差增量在 1~4℃ 变化时，每年燃料费用的增加将达到 19.2 万~76.7 万元/年的水平。从而，适时消除加热器的端差增量有利于发电厂的经济运行。

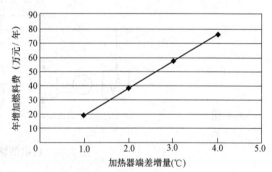

图 2-17 年燃料费增加量关于加热器端差增量的关系曲线

（6）由于锅炉燃料消耗量的增加，总的燃料㶲有所增加，见表 2-6；因为发电功率没变化，导致供电㶲效率有所降低，供电㶲损失系数有所增加。

第四节 热力系统的经济性诊断

热力发电机组热力系统通常包括回热系统、补充水系统、排污及其利用系统、轴封渗漏及其利用系统、自动轴封和抽气器系统、厂用蒸汽系统、减温减压系统、喷水减温系统、蒸发器系统、除氧器的连接系统等。所有这些系统及系统中的热力设备性能都将对机组热经济性产生影响，有的甚至影响很大。热力系统经济性诊断就是要定量分析这些系统和设备的运行性能对机组经济性指标的影响。这样就为正确、合理选择热力系统，指导热力系统的正确运行和倒换以及热力设备的维护、检修提供了依据，使系统和设备的作用与效果得以充分发挥，并使潜力获得有效利用。这就是本章所要讨论的目的和任务。下面针对具体的系统和设备，介绍利用等效热降法对其经济性进行定量诊断。

一、轴封渗漏及其利用系统的经济性诊断

轴封渗漏及其利用系统是指门杆漏汽、轴封漏汽及其回收利用的系统。门杆漏汽、轴封漏汽不仅损失了工质，还伴随有热量损失，必然降低机组的热经济性。为了减少工质和热量的损失，通常汽轮机的轴封漏汽、门杆漏汽都回收利用于回热系统，用以加热主凝结水或给水，达到提高经济性的目的。

如图 2-18 所示是一个机组的轴封系统示意图。调速汽门的门杆漏汽 α_{fm} 被引入 m 级加热器中；轴封 A 处漏汽 α_{fA} 被利用于 j 级加热器中；轴封 B 处漏汽 α_{fB} 进入 1 级加热器；轴封 C 处漏汽 α_{fC} 被利用于轴封加热器中。这样的轴封渗漏及其利用系统，从热平衡角度分析，如果忽略轴封管道系统的散热损失，则各处渗漏的工质和热量将全部得到回收利用，没有热量损失。显然，这样的分析不反映系统的完善程度。经济性诊断的目的就是确定这种连接系统对经济指标的影响和回收利用系统的完善程度。下面以轴封 A 处漏汽 α_{fA} 被利用于 j 级加热器中为例研究其经济性诊断模型。

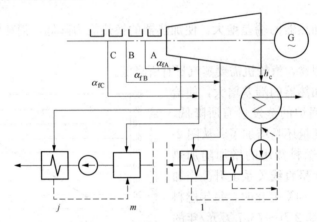

图 2-18   机组的轴封系统示意图

轴封渗漏相当于带热量的蒸汽出系统，其做功能力损失为

$$\Delta H_{f1} = \alpha_{fA}(h_{fA} - h_c) \tag{2-102}$$

轴封渗漏被引入 j 号加热器中，属于带热量蒸汽进系统，其回收功为

$$\Delta H_{f2} = \alpha_{fA}\left[(h_{fA} - h_j)\eta_j + (h_j - h_c)\right] \tag{2-103}$$

如果诊断轴封漏汽对机组经济性的影响，则装置经济性相对降低为

$$\delta\eta_i = -\frac{\Delta H_{f1}}{H} \tag{2-104}$$

如果诊断轴封漏汽回收对机组经济性的影响，则装置经济性相对提高为

$$\delta\eta_i = \frac{\Delta H_{f2}}{H} \tag{2-105}$$

轴封渗漏及利用系统对装置热经济性的影响为

$$\delta\eta_i = \frac{\Delta H_{f2} - \Delta H_{f1}}{H} \tag{2-106}$$

以上给出的轴封漏汽及其利用系统的经济性诊断模型具有通用性，适用于轴封漏汽回收进入加热器汽侧的系统。

二、喷水减温系统的经济性诊断

由于喷水调温结构简单、调温幅度大和惰性小等优点，在现代锅炉机组的过热器上得到广泛应用。但是，再热器汽温的调节原则上不使用喷水方法。因为那样将大大降低装置的热经济性。通常再热器设置喷水调温仅作为辅助性细调或事故喷水。

喷水减温是热力系统的一个重要组成部分，它的连接方式直接改变热力循环的状态，影响整个装置的热经济性，尤其是再热器喷水减温只相当于一个中压循环，故对机组的经济性影响很大。因此，喷水减温系统的定量诊断是指导系统设计运行及合理改造的技术依据，也是经济性诊断的一个重要方面，在此只对过热器喷水减温系统进行分析。

过热器喷水调温系统，按减温水来源可分为给水泵出口分流和最高加热器出口分流两种系统，如图 2-19 中 a、b 所示。前者，减温水不流经高压加热器，故减少回热抽汽，降低回热程度，使热经济性降低；后者，由于不影响热力循环，如果忽略锅炉内部的微小变化，则对热经济性不产生任何影响。

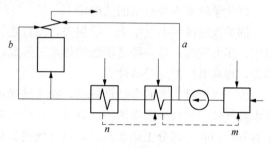

图 2-19　过热器喷水调温系统

过热器喷水调温系统的经济性诊断就是定量分析减温水来自给水泵出口时，对机组经济性的影响大小。如图 2-19 中 a 所示。由于喷水减温，分流量 α_{ps} 不经过高压加热器，减少了除氧器之后的高压加热器的回热抽汽，增加的做功为

$$\Delta H = \alpha_{ps}\left(\sum_{r=m+1}^{n} \tau_r \eta_r - \tau_b \eta_{m+1} \right) \tag{2-107}$$

式中：τ_b 为给水泵焓升，kJ/kg；m 为除氧器的编号。

与此同时，1kg 新蒸汽吸热量的增加值为

$$\Delta Q = \alpha_{ps}\left(\sum_{r=m+1}^{n} \tau_r - \tau_b \right) \tag{2-108}$$

因而，喷水减温后的新蒸汽等效热降及新蒸汽的吸热量分别为

$$H' = H + \Delta H$$
$$Q' = Q + \Delta Q \tag{2-109}$$

式中：H 为无喷水减温时的新蒸汽等效热降，kJ/kg；Q 为无喷水减温时的新蒸汽吸热量，kJ/kg。

减温水来自给水泵出口和来自最高加热器出口的装置效率分别为

来自给自给水泵：

$$\eta'_i = \frac{H'}{Q'} = \frac{H + \Delta H}{Q + \Delta Q} \tag{2-110}$$

来自最高压加热器出口：

$$\eta_i = \frac{H}{Q} \tag{2-111}$$

因此，喷水减温使装置效率的相对降低

$$\delta\eta_i = \frac{\eta'_i - \eta_i}{\eta_i} = \frac{\dfrac{H+\Delta H}{Q+\Delta Q} - \dfrac{H}{Q}}{\dfrac{H}{Q}} = \frac{\Delta H - \Delta Q \eta_i}{H + \Delta Q \eta_i} \approx \frac{\Delta H - \Delta Q \eta_i}{H} \tag{2-112}$$

正确的诊断结果是 $\delta\eta_i < 0$。

三、排污及其利用系统的经济性诊断

现代大型机组，为了保证机组的安全以及运行的经济性，对蒸汽的清洁度提出了严格要求。为此，汽包式自然循环锅炉均有连续排污装置。我国《电力工业技术管理法规》规定，汽包锅炉的排污率不得低于 0.3%，但也不得超过下列数值：

以化学除盐水或蒸馏水为补给水的凝汽式电厂　　　　　1%
以化学软水为补给水的凝汽式电厂　　　　　　　　　　2%
以化学除盐水或蒸馏水为补给水的热电厂　　　　　　　2%
以化学软水为补给水的热电厂　　　　　　　　　　　　5%

锅炉连续排污不仅带来工质损失，而且还伴随有热量损失。连续排污不仅数量大，而且温度、压力较高，是一种高能级的热水。因此，应当充分予以回收利用，以减少工质和热量损失，提高电厂的热经济性。

由于锅炉排污水的含盐量较高，通常是通过排污扩容器系统给予回收利用。扩容器是基于水蒸气性质和盐分携带的特性进行工作的，对锅炉排污水进行扩容回收利用。排污水经过扩容器后回收一部分工质和热量，以达到提高热经济性的目的。

连续排污的热水属带工质的热水出系统。如图 2-20 所示，排污份额 α_{pw} 的热力过程是从补充水开始进入热力系统，沿凝结水和给水加热路线，经过加热器逐级升温，最后在锅炉中加热到汽包饱和温度出系统。由此可以得出其做功损失为

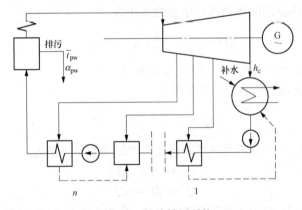

图 2-20　锅炉排污系统

$$\Delta H = \alpha_{pw} \sum_{r=1}^{n} \tau_r \eta_r \tag{2-113}$$

同时，循环吸热量增加：

$$\Delta Q = \alpha_{pw}(\bar{t}_{pw} - \bar{t}_{gs}) \tag{2-114}$$

式中：$\bar{t}_{pw}$ 为锅炉排污水焓，kJ/kg；$\bar{t}_{gs}$ 为锅炉给水焓，kJ/kg。

那么，锅炉连续排污对装置效率的降低为

$$\delta\eta_i = -\frac{\Delta H + \Delta Q\eta_i}{H + \Delta Q\eta_i} \approx -\frac{\Delta H + \Delta Q\eta_i}{H} \tag{2-115}$$

正确的诊断结果是 $\delta\eta_i < 0$。

为了回收排污的部分工质，利用其热量，一般通过排污扩容器利用系统实现，如图 2-21

所示。它包括一级或多级排污扩容器。排污水经减压后，在扩容器里进行扩容蒸发，产生的蒸汽通常引入回热系统进行回收利用。为了稳定扩容器的压力，采用一级扩容时多数是将扩容蒸汽引入定压除氧器中；采用多级扩容器时，均将扩容蒸汽引入不同的回热加热器中。首先研究采用一级扩容回收的经济性诊断模型。显然，扩容蒸汽是以带工质的热量进入系统，其回收功为

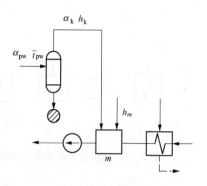

$$\Delta H = \alpha_k \big[(h_k - h_m) \eta_m + (h_m - h_c) \big] \qquad (2\text{-}116)$$

图 2-21　排污扩容利用系统

式中：α_k、h_k 分别为扩容蒸汽份额和焓，kJ/kg；h_m 为扩容蒸汽引入的回热加热器抽汽焓，kJ/kg；h_c 为汽轮机排汽焓，kJ/kg。

如果采用多级扩容回收利用，则为多股扩容蒸汽携带热量进系统，其回收功为

$$\Delta H = \sum_{r=1}^{n} \alpha_{kr} \big[(h_{kr} - h_{pr}) \eta_{pr} + (h_{pr} - h_c) \big] \qquad (2\text{-}117)$$

式中：h_{kr} 为第 r 级扩容蒸汽焓，kJ/kg；h_{pr} 为第 r 级扩容蒸汽引入的回热加热器抽汽焓，kJ/kg；n 为排污扩容的总级数；α_{kr} 为第 r 级扩容蒸汽量。

排污扩容回收利用系统的热经济效果为

$$\delta \eta_i = \frac{\Delta H}{H} \qquad (2\text{-}118)$$

通过排污扩容利用系统的经济性分析，可以选择单级扩容系引入的最优回热加热器，还可探讨多级扩容回收利用的经济合理性。

四、再循环系统的经济性诊断

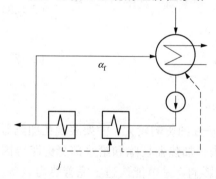

图 2-22　凝结水再循环系统

在热力系统的低压凝结水管道上，经常设有再循环系统，如图 2-22 所示。它是将部分凝结水返回凝汽器，使之再次流经凝汽器、轴封加热器、蒸汽抽汽加热器，有的系统还包括部分低压加热器，从而形成一个环路系统，故称凝结水再循环系统。目的是为了调节流经轴封加热器、蒸汽抽汽加热器的凝结水量或改变送往除氧器的凝结水量以适应系统运行中某些工况的需要。

凝结水再循环系统投入运行时，由于它不断将加热后的热水返回凝汽器，并在那里放热，无疑增加了冷源损失，降低了热经济性。这在某些工况下，作为短期暂时运行以确保系统正常运行、设备安全工作是必要的。但如果将它作为经常性、较长时期的正常运行使用就欠妥当了。有的电厂由于忽视对再循环管路阀门的检修，导致其内漏，从而降低了运行经济性。其经济性诊断模型如下。

如图 2-22 所示，如果有 α_f 的主凝结水经过再循环，则做功能力损失为

$$\Delta H = \alpha_f \sum_{r=1}^{j} \tau_r \eta_r \qquad (2\text{-}119)$$

装置热经济性相对降低：

$$\delta\eta_i = -\frac{\Delta H}{H} \times 100\% \tag{2-120}$$

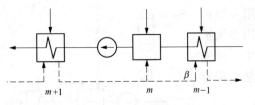

图 2-23　高压加热器疏水切换系统

五、高压加热器疏水切换的经济性诊断

一般回热系统的高压加热器疏水是逐级自流并最终汇集于除氧器中的。但在负荷低到一定程度时，高压加热器疏水排入除氧器发生困难。为此，高压加热器疏水将切换转排入低压加热器中，如图 2-23 的密虚线所示。

有一些电厂由于外界热源引入除氧器过多，导致除氧器抽汽量很少时，也将高压加热器疏水切换入低压加热器；还有一种情况是疏水切换阀长久失修，导致发生内漏，也可使部分疏水进入低压加热器。这时，由于疏水进入低压加热器并逐级流动，排挤了低压加热器部分抽汽量，使得汽轮机排汽量增加并且冷源热损失增加，从而降低了装置的运行热经济性。

高压加热器疏水切换进入低压加热器的经济性诊断模型如下：把疏水当成带热量的热水进入不同位置进行处理。这样当份额为 β 的高压加热器疏水进入 m 级除氧器时，如图 2-23 虚线所示。做功增加为

$$\Delta H_1 = \beta\left(\gamma_m\eta_m + \sum_{r=1}^{m-1}\tau_r\eta_r\right) \tag{2-121}$$

当疏水切入低压加热器时，做功增加为

$$\Delta H_2 = \beta\left[(\bar{t}_{s(m+1)} - \bar{t}_{s(m-1)})\eta_{m-1} + \sum_{r=j}^{m-2}\gamma_r\eta_r + \sum_{r=1}^{j-1}\tau_r\eta_r\right] \tag{2-122}$$

切换疏水系统的做功损失应为上述两种回收方式的做功差，即：

$$\Delta H = \Delta H_1 - \Delta H_2 \tag{2-123}$$

装置热经济性的相对变化为

$$\delta\eta_i = -\frac{\Delta H}{H} \times 100\% \tag{2-124}$$

六、加热器的经济性诊断

1. 概述

回热加热器是热力系统的重要设备之一。它对热经济性的影响较大，主要表现在加热器的端差（包括运行中的加热不足）、抽汽压损、散热损失、加热器切除和给水部分旁路等因素对热经济性的影响。定量分析这些因素对热经济性的影响，是节能改造、完善热力设备、改进运行操作和管理的一项重要技术工作，对提高装置热经济性具有十分现实的意义。

2. 加热器端差的诊断模型

加热器端差是指加热器进口蒸汽的饱和温度与加热器出口水温之差。如图 2-24 所示为加热器热交换过程在 T-S 图上的表示。过程线 1-2 是给水被加热的升温过程；3-4 是加热蒸汽凝结放热过程；Δt 是加热器端差。在设计中有技术经济性选定的端差；在运行设备中，由于各种原因产生给水加热不足谓之运行端差。端差的存在和变化，虽没有发生直接的明显热损失，但是增加了热交换的不可逆性，产生了热能贬值和额外的冷源损失，降低了装置的热经济性。加热器端差的运行经济性诊断就是确定运行端差超标时对经济性影响的大小。

图 2-25 是以焓表示的端差 $\Delta\tau_j$（kJ/kg）超标的 j 级加热器示意图。显然，这个加热不足

或端差必然伴随 j 级加热器抽汽热量相应减少，与此同时，将使 $(j+1)$ 级加热器的抽汽热量增加。下面针对不同种类加热器端差超标对经济性影响的诊断模型进行介绍。从下面的分析还可以看到，端差超标诊断模型与端差诊断模型是一样的。

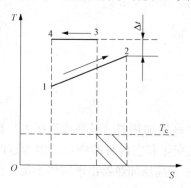

图 2-24　加热器端差的 T-S 图

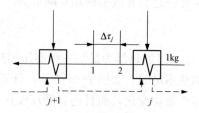

图 2-25　j 级加热器的端差

（1）$(j+1)$ 级加热器为不带疏水冷却器的自流式加热器。端差 $\Delta\tau_j$ 超标的存在对 j 级加热器和 $(j+1)$ 级加热器相当于纯热量的进出，因此做功能力的损失为

$$\Delta H = \alpha_H \Delta\tau_j (\eta_{j+1} - \eta_j) \tag{2-125}$$

式中：α_H 为流经加热器的给水份额。

由此引起装置效率的相对降低为

$$\delta\eta_i = \frac{\Delta H}{H} \times 100\% \tag{2-126}$$

（2）$(j+1)$ 级加热器为带疏水冷却器的自流式加热器。当 $(j+1)$ 级加热器有疏水冷却器时，j 级加热器出现加热不足 $\Delta\tau_j$，如图 2-26 所示。这时它不仅使加热器之间的热量分配发生改变，还将使 $(j+1)$ 级加热器的疏水放热产生变化。当疏水冷却器冷端端差不变时，可以得到 $(j+1)$ 级加热器的疏水放热量变化 $\Delta\gamma_j$。显然，这时疏水在 $(j+1)$ 级加热器中的放热量增加了，而在 j 级加热器中的放热相应

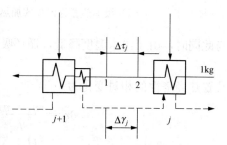

图 2-26　$j+1$ 级加热器带疏水冷却器

减少。因此端差引起的做功能力变化应由两部分组成，一部分是由 $\Delta\tau_j$ 产生的做功减少量［由于抽汽效率不同，热量 $\alpha_H \Delta\tau_j$ 在 $(j+1)$ 级加热器耗用蒸汽的损失功量大于在 j 级加热器耗用蒸汽的损失功量］，其值为

$$\Delta H_1 = \alpha_H \Delta\tau_j (\eta_{j+1} - \eta_j) \tag{2-127}$$

另一部分由 $\Delta\gamma_j$ 产生的做功增加量［由于抽汽效率不同，热量 $\beta\Delta\gamma_j$ 在 $(j+1)$ 级加热器排挤抽汽做功量大于在 (j) 级加热器排挤抽汽做功量］，其值为

$$\Delta H_2 = \beta\Delta\gamma_j (\eta_{j+1} - \eta_j) \tag{2-128}$$

式中：β 为 $(j+1)$ 级加热器的疏水份额。

由于端差引起的做功能力总变化为

$$\Delta H = \Delta H_1 - \Delta H_2 \tag{2-129}$$

由此引起装置效率的相对降低为

$$\delta\eta_i = \frac{\Delta H}{H} \tag{2-130}$$

（3）$(j+1)$ 级加热器为汇集式。当 $(j+1)$ 级加热器是汇集式加热器时，j 级加热器出现加热不足 $\Delta\tau_j$，如图 2-27 所示。这时做功的减少为

$$\Delta H = \alpha_H \Delta\tau_j(\eta_{j+1} - \eta_j) \tag{2-131}$$

式中：α_H 为流经加热器的给水份额。

由此引起装置效率的相对降低为

$$\delta\eta_i = \frac{\Delta H}{H} \tag{2-132}$$

（4）j 级加热器为最后一级高压加热器。最后一个高压加热器（最高抽汽压力）出现端差或加热不足时，如图 2-28 所示，计算装置热经济性变化有它自身的特点。因为这时不仅有新蒸汽做功变化，而且还有循环吸热量变化。最后一个高压加热器出现加热不足，使新蒸汽做功量的增加为

$$\Delta H = \Delta\tau_j \cdot \eta_j \tag{2-133}$$

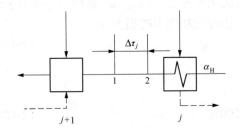

图 2-27　$(j+1)$ 级加热器为汇集式加热器

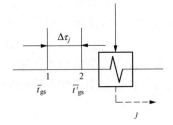

图 2-28　最后一个高压加热器的端差

与此同时，由于给水温度降低，循环吸热量增加：

$$\Delta Q = \Delta\tau_j \tag{2-134}$$

装置热经济性的相对变化为

$$\begin{aligned}
\delta\eta_i &= \frac{\eta_i' - \eta_i}{\eta_i} \\
&= \frac{\dfrac{H + \Delta H}{Q + \Delta Q} - \dfrac{H}{Q}}{\dfrac{H}{Q}} \\
&= \frac{\Delta H - \Delta Q\eta_i}{(H + \Delta Q\eta_i)} \\
&\approx \frac{\Delta H - \Delta Q \cdot \eta_i}{H} = \frac{\Delta\tau_j \cdot (\eta_j - \eta_i)}{H}
\end{aligned} \tag{2-135}$$

式中：η_i 为出现端差或加热不足前的装置效率；η_i' 为出现端差或加热不足后的装置效率。

从上述诸式看出，端差对热经济性的影响主要决定于端差的大小和相邻加热器抽汽效率之差的大小；此外还与前面 $(j+1)$ 级加热器有无疏水冷却器以及疏水份额大小有关。抽汽效率之差反映了相邻加热器抽汽的能级差。因而，抽汽的级差愈大，端差对热经济性的影响也就愈大。上一级加热器有疏水冷却器，将减弱端差对热经济性的影响。由此可知，在同一系统中，由于热力系统结构上的差异和给水回热焓升分配的不同，使各种加热器所处地位和

条件各不相同，各加热器的端差对热经济性的影响也各不相同。所以，根据不同系统、不同加热器，按实际情况选择不同的加热器端差，以及对某些影响较大的端差加强监视是可取的。以高、低压加热器为界，分别采用相同的端差是不尽合理的。加强维护管理，降低各加热器的运行端差并对其进行经济性诊断，核算运行机组在加热器端差上的节能与亏损，是提高运行管理水平的一个重要方面。

3. 加热器抽汽压损的诊断模型

抽汽压损是指抽汽在加热器中以及从汽轮机抽汽口到加热器沿途管道上产生的压力损失之总和（Δp）。抽汽压损是一种不明显的热力损失，使蒸汽的做功能力下降，热经济性降低。

由于抽汽压损存在将使加热器内压力降低，因而，加热器出口水温下降，出现给水加热不足 $\Delta\tau_j$ 和加热器疏水放热产生 $\Delta\gamma_j$ 的变化，如图 2-29 所示。新蒸汽等效热降减小为

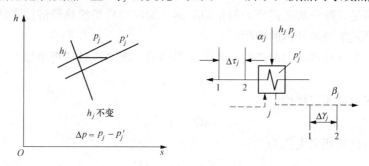

图 2-29　加热器出口水温可变化的压损表示法

$$\Delta H = \Delta\tau_j(\eta_{j+1} - \eta_j) - \Delta\gamma_j\beta_j(\eta_j - \eta_{j-1}) \qquad (2\text{-}136)$$

式中：β_j 为 j 级加热器的疏水份额。如果考虑加热器放热量 q_j 的变化，则

$$\Delta H = \Delta\tau_j(\eta_{j+1} - \eta_j) - \Delta\gamma_j\beta_j(\eta_j - \eta_{j-1})\frac{q_j}{q_j \pm \Delta\gamma_j} \qquad (2\text{-}137)$$

当 $\Delta\gamma_j$ 变化使 q_j 增加用正号，反之用负号。

装置效率的相对降低为

$$\delta\eta_i = -\frac{\Delta H}{H} \qquad (2\text{-}138)$$

应当指出：首先，这样的分析计算是把抽汽压损视为等焓节流过程，抽汽压损使加热器出口水温发生变化，改变了加热器的焓升分配。所以，求得的做功能力损失和装置效率相对变化，不仅是抽汽压损的影响，还包括回热分配改变对热经济性的影响，真实地反映了运行机组抽汽压损的热力过程及其对热经济性的影响。其次，ΔH 计算式中的第一项，在实际诊断过程中也应仿照加热器端差的分析模型，考虑加热器本身的位置和上一级加热器的类型。

4. 加热器散热损失的诊断模型

加热设备对其周围大气的放热称为散热损失。它与加热设备的温度高低、保温层的质量和厚度，以及加热设备与大气接触的表面大小等有关，可以通过抽汽放热量的百分数估算。由此，加热器 j 级相对于新蒸汽为 1kg 的散热损失为

$$q_{sj} = \alpha_j q_j \zeta \qquad (2\text{-}139)$$
$$\zeta = 1 - \eta_{jr}$$

式中：ζ 为散热损失系数；η_{jr} 为加热器的热利用系数。

散热损失是一种明显热损失，而且是不带工质的纯热量损失。因此，任意加热器（假设为第 j 级）的散热损失引起的做功损失，可用纯热量出系统直接计算，其做功降低为

$$\Delta H = q_{\zeta} \eta_j = \alpha_j q_j \eta_j \zeta \tag{2-140}$$

散热损失引起装置热经济性的相对变化为

$$\delta \eta_i = -\frac{\Delta H}{H} \tag{2-141}$$

5. 加热器切除及旁路渗漏的诊断模型

由于高压加热器损坏或设备配套不齐以及检修高压加热器时，都可能出现停止高压加热器运行的工况。除此之外，人为地切除高压加热器，在国外亦被作为调峰的一种手段。因为切除高压加热器后，在新蒸汽流量保持不变，且汽轮机通流能力又允许时，将获得可观的超额功率，用以满足尖峰负荷的需要。但是切除高压加热器后将使热经济性降低。下面讨论加热器各种切除形式的经济性诊断模型。

切除最后一个（抽汽压力最高的）高压加热器后，新蒸汽做功将增加

$$\Delta H = \tau_z \eta_z \tag{2-142}$$

同时，循环吸热量也相应增加

$$\Delta Q = \tau_z \tag{2-143}$$

装置热经济性的相对变化为

$$\delta \eta_i = \frac{\eta_i' - \eta_i}{\eta_i} = \frac{\dfrac{H + \Delta H}{Q + \Delta Q} - \dfrac{H}{Q}}{\dfrac{H}{Q}} \tag{2-144}$$

$$= \frac{\Delta H - \Delta Q \eta_i}{H + \Delta Q \eta_i} \approx -\frac{\tau_z (\eta_i - \eta_z)}{H}$$

式中：η_i 为切除加热器前的装置效率，η_i' 为切除加热器后的装置效率。

同理，连续切除多个加热器（从 j 级到 z 级）时，装置效率的相对变化为

$$\delta \eta_i = -\frac{\displaystyle\sum_{r=j}^{z} \tau_r (\eta_i - \eta_r)}{H} \tag{2-145}$$

设 j 级高压加热器不是最后一个（抽汽压力不是最高的）高压加热器。当 j 级高压加热器切除后，j 级高压加热器的回热加热量转由 $(j+1)$ 级高压加热器承担，于是，新蒸汽做功将减少

$$\Delta H = \tau_j (\eta_{j+1} - \eta_j) \tag{2-146}$$

由于最后一个高压加热器在运行，给水温度没有变化，循环吸热量没有变化。装置热经济性的相对降低为

$$\delta \eta_i = \frac{\eta_i' - \eta_i}{\eta_i} = \frac{\dfrac{H - \Delta H}{Q} - \dfrac{H}{Q}}{\dfrac{H}{Q}} \tag{2-147}$$

$$= -\frac{\Delta H}{H} = -\frac{\tau_j (\eta_{j+1} - \eta_j)}{H}$$

设 n 级高压加热器不是最后一个（抽汽压力不是最高的）高压加热器。当 j 级到 n 级高压加热器切除后，j 级到 n 级高压加热器的回热加热量转由 $(n+1)$ 级高压加热器承担，于是，新蒸汽做功将减少

$$\Delta H = \sum_{r=j}^{n} \tau_r (\eta_{n+1} - \eta_r) \tag{2-148}$$

由于最后一个高压加热器在运行，给水温度没有变化，循环吸热量没有变化。装置热经济性的相对降低为

$$\delta\eta_i = \frac{\eta_i' - \eta_i}{\eta_i} = \frac{\dfrac{H - \Delta H}{Q} - \dfrac{H}{Q}}{\dfrac{H}{Q}} \tag{2-149}$$

$$= -\frac{\Delta H}{H} = -\frac{\sum_{r=j}^{n} \tau_r (\eta_{n+1} - \eta_r)}{H}$$

在保护高、低压加热器的大、小旁路中，由于阀门关闭不严或其他原因，产生给水部分短路，如图 2-30 所示。份额为 α_{b0} 的给水经旁路流走，绕过加热器组，将影响装置的热经济性，其定量计算属于切除高压加热器范畴。所不同者，这时不是全部流量都不经过加热器，只是旁路分流部分不经过加热器。

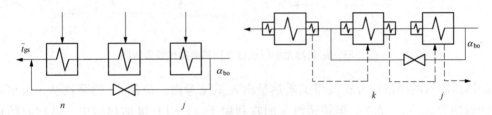

图 2-30　加热器旁路系统图

从 j 级到 z 级高压加热器有短路（z 级是最后一个）

$$\delta\eta_i = -\frac{\alpha_{b0} \sum_{r=j}^{z} \tau_r (\eta_i - \eta_r)}{H} \tag{2-150}$$

从 j 级到 n 级高压加热器有短路（n 级不是最后一个）

$$\delta\eta_i = -\frac{\alpha_{b0} \sum_{r=j}^{n} \tau_r (\eta_{n+1} - \eta_r)}{H} \tag{2-151}$$

从 j 级到 k 级低压加热器有短路，装置热经济性的相对降低具有与高压加热器相同的表达式

$$\delta\eta_i = -\frac{\alpha_{b0} \sum_{r=j}^{k} \tau_r (\eta_{k+1} - \eta_r)}{H} \tag{2-152}$$

无论高压加热器还是低压加热器之间的旁路部分短路，有份额为 α_{b0} 的水经旁路门绕过 j

级加热器，此时新蒸汽等效热降下降

$$\Delta H = \alpha_{b0} \tau_j (\eta_{j+1} - \eta_j) \tag{2-153}$$

装置热经济性相对降低为

$$\delta \eta_i = -\frac{\Delta H}{H} \tag{2-154}$$

6. 加热器窜汽与无水位运行的诊断模型

加热器窜汽是指压力高一级加热器的蒸汽窜向压力低一级加热器。加热器的排气系统为排除加热器中的不凝性气体而设置，使不凝性气体逐级自动排放（如图 2-31 所示）。窜汽的方式及原因各异，如加热器无水位运行，或由于长期运行不维修，致使排气管中的节流元件已被严重冲刷，孔径变大，使更多的蒸汽沿排气管逐级窜向低能级。设窜汽份额为 α_{cu}。虽然该蒸汽和热量没有出系统，也没有发生明显的热量和工质损失，但却发生了能量贬值，使热经济性降低。

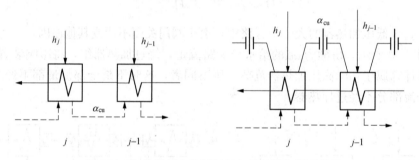

图 2-31　加热器无水位运行及加热器排气管系统图

加热器窜汽的经济性分析按带工质热量出入系统考虑。份额 α_{cu} 的蒸汽从 j 级出系统损失的做功为 $\alpha_{cu}(h_j - h_c)$，但该蒸汽又回收利用于 $(j-1)$ 级加热器中，其回收的做功为 $\alpha_{cu}[(h_j - h_{j-1})\eta_{j-1} + (h_{j-1} - h_c)]$。所以加热器窜汽 α_{cu} 的做功损失是上述两项的代数和，即

$$\begin{aligned}
\Delta H &= \alpha_{cu}(h_j - h_c) - \alpha_{cu}[(h_j - h_{j-1})\eta_{j-1} + (h_{j-1} - h_c)] \\
&= \alpha_{cu}[h_j - h_{j-1} - (h_j - h_{j-1})\eta_{j-1}] \\
&= \alpha_{cu}(h_j - h_{j-1})(1 - \eta_{j-1})
\end{aligned} \tag{2-155}$$

装置热经济性的相对变化为

$$\delta \eta_i = -\frac{\Delta H}{H} \tag{2-156}$$

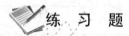 练　习　题

1. 什么是等效热降？
2. 等效热降法的基本原理是什么？
3. 热力系统热经济性诊断的基本法则是什么？
4. 应用等效热降进行经济性诊断的条件是什么？

5. 火电机组经济性诊断的目的是什么?

6. 经济性诊断的方法有哪些?

7. 何谓抽汽效率? 如何计算?

8. 简述供热机组热力系统节能诊断方法。

9. 火电厂典型不可逆损失有哪些?

10. 采用等效热降法评价热力发电机组补充水进入凝汽器和除氧器的差别。

第三章 最优化计算方法及其应用

最优化计算方法分为线性规划、非线性规划和现代最优化算法三部分：线性规划主要介绍线性规划基本理论、单纯形法和应用实例；非线性规划主要介绍非线性规划的基本概念、无约束问题最优化方法和有约束问题的最优化方法；现代最优化算法主要简要介绍启发式算法、模拟退火算法、遗传算法和人工神经网络等基于非线性科学的最优化算法。

第一节 一维优化方法及其应用

一、问题的提出

为了说明单变量无约束问题，首先讨论传统的单变量函数的寻优方法。对于函数 $f(x)$，即只有一个变量的函数，其最优值的传统求解方法是首先对函数 $f(x)$ 求导 $f'(x)$，并令 $f'(x) = 0$，其解 x^* 为一个驻点；

若 $f''(x) > 0$，则得到函数 $f(x)$ 极小值 $f(x^*)$；

若 $f''(x) < 0$，则得到函数 $f(x)$ 极大值 $f(x^*)$；

若 $f''(x) = 0$，则 x^* 为一稳定点，$f(x^*)$ 是极大还是极小取决于 x^* 两侧二阶导数的符号。当两侧二阶导数的符号相反时，该点是曲线的拐点；当两侧二阶导数的符号均为"＋"时，该点为极小点；当两侧二阶导数的符号均为"－"时，该点为极大点。

例 3-1 求函数 $f(x) = x^4 - 8x^3$ 极值

解： 首先令其一阶导数等于零，得

$$f'(x) = 4x^3 - 24x^2 = 0$$

解得 $x^{(1)} = 6$，$x^{(2)} = 0$，再分别代入二阶导数式 $f''(x) = 12x^2 - 48x$，得

$$f''(x^{(1)}) = 12 \, (x^{(1)})^2 - 48(x^{(1)}) = 144 > 0$$
$$f''(x^{(2)}) = 12 \, (x^{(2)})^2 - 48(x^{(2)}) = 0$$

由此可以看出，$x^* = x^{(1)} = 6$ 是极小点，其最小值为

$$f(x^*) = 6^4 - 8 \times 6^3 = -432$$

而对于点 $x^{(2)} = 0$，该点的二阶导数等于零，下面判断该点的性质。

在 $(-\infty, 0)$ 内，有 $f''(x) > 0$，说明在该区间上曲线是凹的；而在区间 $(0, 6)$ 内，有 $f''(x) < 0$，说明在该区间上曲线是凸的。因此 $x^{(2)} = 0$ 是该曲线的拐点。

上述这种借助于导数求函数极值的方法不适用于下列情况。

例 3-2 求单层保温的最佳厚度。如图 3-1 所示，单位长度单层保温圆管的热损失计算式为

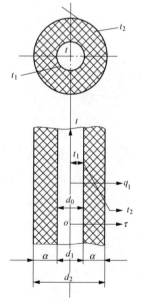

图 3-1 单保温层
管道的热损失

$$q = \frac{t_1 - t_2}{\dfrac{1}{\pi d_0 \alpha_1} + \dfrac{1}{2\pi\lambda}\ln\dfrac{d_2}{d_1} + \dfrac{1}{\pi d_2 \alpha_2}}$$

式中：t_1 为管内流体温度，℃；t_2 为周围介质温度，℃；d_0 为管的内径，m；d_1 为管的外径和保温层的内径，m；d_2 为保温层的外直径，m；α_1 为管内流体对管壁的放热系数，W/(m²·℃)；α_2 为保温层外表面到周围介质的放热系数，W/(m²·℃)；q 为单位长度管道热损失，W/m；λ 为导热系数，W/(m²·℃)。

最经济的热绝缘厚度应该使全年运行费用 y 最小。全年的运行费用应为全年热损失价值 bQ 和每年偿还的投资 ps 之和。

$$y = bQ + ps = \frac{mb(t_1 - t_2) \times 10^{-6}}{\dfrac{1}{\pi d_0 \alpha_1} + \dfrac{1}{2\pi\lambda}\ln\dfrac{d_2}{d_1} + \dfrac{1}{\pi d_2 \alpha_2}} + p\,\frac{\pi}{4}(d_2^2 - d_1^2)\rho a \times 10^{-3}$$

式中：Q 为单位长度圆管全年热损失；m 为全年运行小时数，可取 $m = 8760$；b 为每百万大卡（4187MJ）热损失的价值；s 为单位长度管道保温的初置费用；p 为热绝缘初置费用每年所应偿还的百分数，一般为 12%～15%；ρ 为保温材料密度；a 为热绝缘材料价格。

显然，对于这个单变量（d_2）函数，采用 y 对 d_2 求导并使其导数等于零，来求取最佳的保温层厚度 d_2^* 是比较困难的。

二、0.618 法

0.618 法（黄金分割法）适用于已知极小点所在区间 $[a_0, b_0]$ 的任何单峰函数 $f(x)$ 的求极小问题。此外，不少多变量函数的极值问题，往往也归结为反复求解单变量函数的极值问题。因此，单变量函数的极值问题实际上也是求解多变量函数极值问题的基础。

1. 区间消去法的基本原理

区间消去法的基本思路：逐步缩小搜索区间，直至最小点所在的范围达到允许的误差范围为止。

设函数 $f(x)$，收缩区间的缩短如图 3-2 所示，起始的搜索区间为 $[a_0, b_0]$，x^* 为所要寻求的函数的最小点。

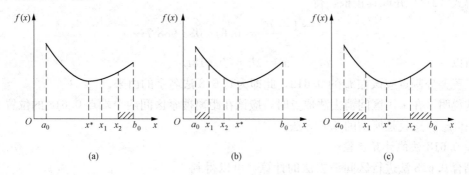

图 3-2　收缩区间的缩短

在搜索区间 $[a_0, b_0]$ 内任意取两点 x_1 和 x_2，且 $x_1 < x_2$，计算函数 $f(x_1)$ 和 $f(x_2)$，当将 $f(x_1)$ 的值与 $f(x_2)$ 的值进行比较时，可能出现下列三种情况：

（1）$f(x_1) < f(x_2)$：如图 3-2（a）所示，此时 x^* 必在 $[a_0, x_2]$ 内，去掉区间 $[x_2, b_0]$，则 $[a_0, x_2]$ 为剩余区间。

（2）$f(x_1) > f(x_2)$：如图 3-2（b）所示，此时 x^* 必在 $[x_1, b_0]$ 内，去掉区间 $[x_1, a_0]$，则 $[x_1, b_0]$ 为剩余区间。

（3）$f(x_1) = f(x_2)$：如图 3-2（c）所示，此时 x^* 必在 $[x_0, x_2]$ 内，去掉区间 $[a_0, x_1]$ 和 $[x_2, b_0]$，则 $[x_1, x_2]$ 为剩余区间。

通过上述过程可见，只要在搜索区间 $[a_0, b_0]$ 内任意选取两点，计算其函数值并加以比较，总可以使搜索区间逐渐缩小，此正是消去法的基本原理。

2. 0.618 法（黄金分割法）的基本原理

上述的区间消去法，经过多次迭代计算，最终总可以找到函数的极值点。但是这种迭代方法的迭代次数较多。在实际计算中，我们总希望在函数值计算次数相同的条件下，区间缩短的越快越好。现在我们来讨论区间消去法的取点原则。

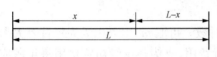

图 3-3　0.618 法原理图

设有一线段，其长度为 L，在该线段上取一点，将线段分为两部分，长的一段为 x，短的一段为 $L-x$。0.618 法原理图如图 3-3 所示。

如果分割的比例满足以下的关系

$$\frac{L}{x} = \frac{x}{L-x} = \frac{1}{\lambda} \tag{3-1}$$

则这种分割称为黄金分割。其中，λ 称为比例系数。即整个线段与分割后长的一段的比值等于分割后长的一段与短的一段的比值。

由式（3-1）得

$$x^2 + Lx - L^2 = 0$$

即

$$\left(\frac{x}{L}\right)^2 + \frac{x}{L} - 1 = 0$$

亦即

$$\lambda^2 + \lambda - 1 = 0 \tag{3-2}$$

解式（3-2）并取其正根，得

$$\lambda = \frac{-1+\sqrt{5}}{2} = 0.618\ 033\ 988\ 7\cdots$$

所以 $\qquad\qquad\qquad x = \lambda L = 0.618L$

因此，黄金分割点应该在 L 的 0.618，此即为 0.618 法名字的由来。

这说明，在采用区间消去法取点时，应该在距离搜索区间两个端点 0.618 的位置上来选取 x_1 和 x_2，这就是所谓的 0.618 法。

3. 0.618 法的计算步骤

结合 0.618 法进行区间消去法的计算，可以得到 0.618 法的计算步骤。

（1）设初始区间为 $[a_0, b_0]$，第一次区间缩短要取两个点，0.168 法的取点图如图 3-4 所示，分别为

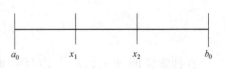

图 3-4　0.618 法的取点图

$$x_1 = a_0 + (1-\lambda)(b_0 - a_0)$$

$$x_2 = a_0 + \lambda(b_0 - a_0)$$

计算函数 $f(x_1)$ 和 $f(x_2)$，并进行比较。

若 $f(x_1) \geqslant f(x_2)$，则

$$a = x_1，b = b_0，x_1' = a + (1-\lambda)(b-a)，x_2' = a + \lambda(b-a)$$

若 $f(x_1) < f(x_2)$，则

$$a = a_0，b = x_2，x_1' = a + (1-\lambda)(b-a)，x_2' = a + \lambda(b-a)$$

（2）判断搜索精度是否满足

$$\frac{b-a}{b_0 - a_0} \leqslant \delta$$

其中，$b-a$ 为当时的区间长度；$b_0 - a_0$ 为初始区间长度；δ 为给定的区间缩短精度。

若不满足，则再进行新的区间搜索，直至满足给定的精度。

（3）比较最后得到的两函数值，确定最后区间、最小点及函数的最小值。

例 3-3　用 0.618 法求

$$\min f(x) = x^2 - 2x + 3$$

给定的原始区间为 $[-1, 3]$，要求最后搜索精度满足 δ 小于或等于 0.30。

解：第一次迭代：

（1）选取两个初始点

$$x_1 = a_0 + 0.382(b_0 - a_0) = 0.528 \qquad f(x_1) = 2.222$$
$$x_2 = a_0 + 0.618(b_0 - a_0) = 1.472 \qquad f(x_2) = 2.222$$

（2）比较结果：$f(x_1) = f(x_2)$

（3）确定下一轮的搜索区间：

$$a = x_1 = 0.528，\qquad b = x_2 = 1.472$$

由于 $\left| \dfrac{b-a}{b_0 - a_0} \right| = 0.236 > 0.1$，故精度不满足，继续进行搜索。

第二次迭代：

（1）重新选取两个点

$$x_1 = a + 0.382(b-a) = 0.889 \qquad f(x_1) = 2.012$$
$$x_2 = a + 0.618(b-a) = 1.111 \qquad f(x_2) = 2.012$$

（2）比较结果：$f(x_1) = f(x_2)$

（3）确定下一轮的搜索区间：

$$a = 0.889，\qquad b = 1.111$$

由于 $\left| \dfrac{b-a}{b_0 - a_0} \right| = 0.055 < 0.1$，故精度满足。

该函数最优解为 $x^* = \dfrac{x_1 + x_2}{2} = 1$

最小值为 $f(x_1) = 2$

三、进退法——搜索区间的确定

应用 0.618 法求解单变量函数的极值问题，需要预先已知单峰函数极小点的搜索区间。有些问题可以根据人们的经验或问题本身的物理意义来确定。然而对于大多数问题来说，极小点存在的区间是未知的，人们不愿意从 $-\infty \rightarrow +\infty$ 去进行搜索，因为这样会使收敛速度

较慢。因此，需要正确地判断最小点存在的区间。

假设有一单峰函数 $f(x)$，其极值所在区间的计算步骤为

（1）任意选择一个初始点 x_1 步长 h（可以是任意小的正数）。

（2）计算 $f(x_1)$ 和 $x_2 = x_1 + h$ 点的函数值 $f(x_2)$，并加以比较，可能会出现两种情形：

若 $f(x_1) > f(x_2)$，说明最小点在 x_1 的右侧。此时，依次将步长加倍，在 $x_3 = x_2 + 2h$，$x_4 = x_3 + 4h$，…，$x_k = x_{k-1} + 2^{k-2}h$ 等处求 $f(x_k)$，$k = 2$，3，…，直至对某个 m（$m \geqslant 1$），使得

$$f(x_{m-1}) > f(x_m) < f(x_{m+1})$$

成立，则最小点 x^* 所在的区间为 $a = x_{m-1}$，$b = x_{m+1}$

上述运算称为前进运算。

若 $f(x_1) < f(x_2)$，说明最小点在 x_1 的左侧。此时，将 x_1 与 x_2 交换，即 $x_1 = x_2$，$x_2 = x_1 - h$。依次将步长加倍，在 $x_3 = x_2 - 2h$，$x_4 = x_3 - 4h$，…，$x_k = x_{k-1} - 2^{k-2}h$ 等处求 $f(x_k)$，$k = 2$，3，…，直至对某个 m（$m \geqslant 1$），使得

$$f(x_{m-1}) > f(x_m) < f(x_{m+1})$$

成立，则最小点 x^* 所在的区间为：$a = x_{m+1}$，$b = x_{m-1}$

上述运算过程为后退运算。

例 3-4 已知函数 $f(x) = x^2 - 3x + 1$，用进退法求函数极小点所在的区间。

解： 取 $x_1 = 0$，$h = 0.2$，则 $f(x_1) = 1$，$f(x_2) = f(x_1 + h) = 0.44$

由于 $f(x_1) > f(x_2)$，故最小点在 x_1 的右侧。

$$x_3 = x_2 + 2h = 0.6 \qquad f(x_3) = -0.44$$
$$x_4 = x_3 + 4h = 1.4 \qquad f(x_4) = -1.24$$

由于不满足 $f(x_2) > f(x_3) < f(x_4)$，故继续搜索。

$$x_5 = x_4 + 8h = 3.0 \qquad f(x_4) = 1$$

由于满足 $f(x_3) > f(x_4) < f(x_5)$，则极小点所在的区间为 $[0.6, 3.0]$。

四、0.618 法在电厂中的应用

例 3-5 采用 0.618 法实现风煤比的优化。

某工厂的一台 20t/h 工业锅炉，在其控制系统中采用了两级计算机控制系统，在燃烧系统中采用了自适应 PID 控制和广义预测控制，使蒸汽压力稳定在 ± 0.1MPa。同时，采用了 0.618 法对风煤比进行寻优，整个系统比采用常规仪表节省燃煤 5%。

例 3-6 采用 0.618 法对通信线路故障进行诊断。

0.618 法特别适用于维修通信主干线路工作的优化。如果运行中主干线上出现各种干扰现象或无信号，检修时，先用干线的总长度或干线上总放大器数乘以 0.618，得出一个数，排除故障就从这里开始。例如，某一条通信主干线共有 12 个放大器，在末端出现网纹干扰，就将 $12 \times 0.618 = 7.369$，则检修先从第 7 级开始，如果有干扰现象，则是前 7 级出故障，如无干扰现象，则是后 5 级出故障。

例 3-7 采用 0.618 法确定汽轮机叶片拉金的安装位置。

在汽轮机运行过程中，当激振力的频率与叶片组的自振频率相等或成整数倍时，叶片将发生共振，此时应该对叶片组进行调频。所谓调频就是调整叶片组的自振频率或激振力的频率，使二者的频率数值不相等或不成整数倍，并保持一定的安全裕度。

对于等截面叶片，拉金对自振频率的影响，可以表示为

$$f_n = \varphi f_1$$

其中，f_1 为单个自由叶片 A_0 型振动的自振频率；φ 为叶片组的自振频率与单个叶片自振频率的比值，其除了与拉金连接成的叶片组的刚性系数 π_w 及拉金叶片质量比 a_w 有关之外，还与拉金在叶片中的安装位置有关。

如果拉金安装位置过低，拉金质量对自振频率的影响就小，同时，其对叶片组的刚性的提高也有限，因此对叶片组的自振频率的提高影响不大。拉金的位置过高，虽然使叶片组的刚性提高较多，但此时由于拉金长度的增加，拉金的质量也增大，故叶片组的自振频率增加也不明显。通常可以这样认为，拉金位置较低时，叶片组的刚性比质量影响大，随着拉金位置的提高，叶片组的自振频率逐渐提高。当拉金位置超过极值位置后，质量成为影响自振频率的主要因素，随着拉金位置的提高，叶片组的自振频率逐渐减小。

通过试验得到拉金的相对位置与叶片组的自振频率之间的关系如图 3-5 所示。由图 3-5 可以发现一个有趣的现象。对于 A_0 型振动，当拉金位置处于叶片相对高度的 0.618 处时，叶片组的自振频率最高。对于 A_1 型振动，当拉金相对位置处于 0.382 处时，叶片组的自振频率最低；当拉金相对位置处于 $0.382 + 0.618 \times 0.618 \approx 0.8$ 处时，叶片组的自振频率最高。

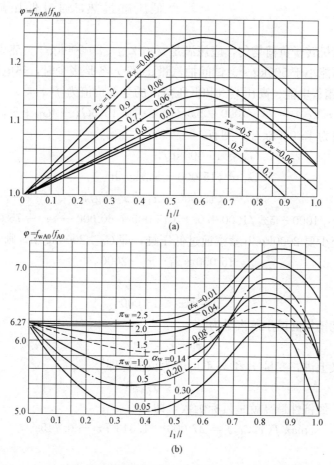

图 3-5　拉金位置与自振频率之间的关系

这样，就很容易找到对应使 A_0 型和 A_1 型振动自振频率最高的拉金相对位置，便于对叶片组的频率进行调整。

第二节 多维线性优化方法及其应用

一、问题的提出

为了说明线性规划概念，先列举几个火电厂中常用的实际例子。

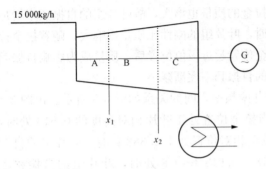

图 3-6 汽轮发电供热机组

例 3-8 某热电厂有一台二级抽汽的汽轮发电机组，汽耗量为 15 000kg/h，其抽汽供应附近热用户，电能则输入电网，如图 3-6 所示。售电价格为每度电 0.15 元，售热价格为每吨高压抽汽 7 元，每吨低压抽汽 5 元。通过汽轮机高压缸 A、中压缸 B、低压缸 C 的流量分别为 G_A、G_B 和 G_C，相应的发电功率分别为 P_A、P_B 和 P_C（kW）。假设：$P_A = 3G_A$、$P_B = 4G_B$、$P_C = 5G_C$。为了防止汽轮机低压缸过热，通过低压缸的流量至少要 2000kg/h。

为了保证汽轮机转子负荷均匀，应该满足 $x_1 + 2x_2 \leqslant 20\ 000$kg/h。热用户要求低压抽汽与高压抽汽之和不能小于 500kg/h。试问抽汽量 x_1 和 x_2 各是多少时，热电厂的经济性最高？

解：电厂 1h 销售电能、高压蒸汽和低压蒸汽的全部价值为 $f(x_1, x_2)$。

$$f(x_1, x_2) = 7x_1/1000 + 5x_2/1000 + 0.15(3G_A + 4G_B + 5G_C)$$

汽轮机进汽量为 15 000kg/h，则有

$$G_A = 15\ 000\text{kg/h}$$
$$G_B = (15\ 000 - x_1)\text{kg/h}$$
$$G_C = (15\ 000 - x_1 - x_2)\text{kg/h}$$

$$f(x_1, x_2) = 7x_1/1000 + 5x_2/1000 + 0.15(45\ 000 + 60\ 000 - 4x_1 + 75\ 000 - 5x_1 - 5x_2)$$

因为低压缸至少要 2000kg/h 蒸汽通过低压缸，即 $G_C \geqslant 2000$kg/h，则

$$15\ 000 - x_1 - x_2 \geqslant 2000$$

即

$$x_1 + x_2 \leqslant 13\ 000$$

根据题意，能销售的最小蒸汽量为

$$x_1 + x_2 \geqslant 500$$

另外，从物理意义上讲，变量 x_1 和 x_2 不可能为负值。即

$$x_1 \geqslant 0; \quad x_2 \geqslant 0$$

所以，要求热电厂经济性最高就是目标函数，即

$$\max f(x_1, x_2) = 27\ 000 - 1.343\ 7x_1 - 0.745x_2$$

约束条件为

$$\text{s. t.} \quad x_1 + x_2 \leqslant 13\ 000$$

$$x_1 + 2x_2 \leqslant 20\ 000$$

$$x_1 + x_2 \geqslant 500$$

$$x_1 \geqslant 0;\ x_2 \geqslant 0$$

例 3-9　靠近某河流有两个工厂（如图 3-7 所示）。流经第一个工厂的河水流量是 $5 \times 10^6\,\mathrm{m^3/d}$；在两个工厂之间有一条流量为 $2 \times 10^6\,\mathrm{m^3/d}$ 的支流。第一个工厂每天排放工业污水 $2 \times 10^4\,\mathrm{m^3}$；第二个工厂每天排放工业污水 $1.4 \times 10^4\,\mathrm{m^3}$。从第一个工厂排出的污水

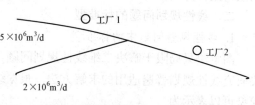

图 3-7　河流流量与工厂位置图

流到第二个工厂之前，有 20％ 可以自然净化。根据环保要求，河流中工业污水的含量应不大于 0.2％。若这两个工厂都各自处理一部分污水，第一个工厂处理污水的成本是 $0.1\,\text{元}/\mathrm{m^3}$，第二个工厂处理污水的成本是 $0.08\,\text{元}/\mathrm{m^3}$。现在要问在满足环保要求的条件下，每个工厂应处理多少污水，才能使两厂总的处理污水费用最小？

解：设第一个工厂每天处理污水量为 $x_1 \times 10^4\,\mathrm{m^3}$，第二个工厂每天处理污水量为 $x_2 \times 10^4\,\mathrm{m^3}$。流经第一个工厂后，河流中污水含量要不大于 0.2％，由此可得

$$\frac{2 \times 10^4 - x_1 \times 10^4}{5 \times 10^6} \leqslant 0.2\%$$

流经第二个工厂后，河流中的污水量仍要不大于 0.2％，这时有

$$\frac{(2 \times 10^4 - x_1 \times 10^4)(1 - 20\%) + (1.4 \times 10^4 - x_2 \times 10^4)}{7 \times 10^6} \leqslant 0.2\%$$

由于每个工厂每天处理的污水量不会大于每天的排放量，故有

$$x_1 \leqslant 2;\ x_2 \leqslant 1.4$$

这个问题的目标函数是两个工厂用于处理污水的总费用，以 z 表示费用。显然

$$z = 0.1x_1 \times 10^4 + 0.08x_2 \times 10^4$$

$$= 1000x_1 + 800x_2$$

综上所述，这个问题的数学模型为

$$\begin{aligned}
\min \quad & z = 1000x_1 + 800x_2 \\
\text{s. t.} \quad & x_1 \geqslant 1 \\
& 0.8x_1 + x_2 \geqslant 1.6 \\
& x_1 \leqslant 2 \\
& x_2 \leqslant 1.4 \\
& x_1 \geqslant 0;\ x_2 \geqslant 0
\end{aligned}$$

由以上这些例子可以看出，它们都属于同一类的优化问题，因为它们都具有以下共同的特性：

（1）每一个问题都用一组未知数（x_1，x_2，$\cdots$，x_n）表示某一种方案。未知数的数值代表一个具体的方案，而且要求这些未知数的取值是非负的。

（2）存在一定的限制条件，即约束。这些约束可以用一组线性等式或线性不等式来表示。

（3）都有一个目标要求，即目标函数。目标函数表示为一组独立变量的线性函数。按研

究的问题不同，要求目标函数实现最大化或最小化。这类通过求解最优方案，使其即满足约束条件又使目标函数最大或最小问题，就称为规划问题。因其目标函数和约束条件均为线性函数，故称为线性规划。

二、线性规划问题的标准型

1. 线性规划问题中的标准型

图解法只局限于解决二维线性规划问题，在变量个数多于两个的时候就无能为力了。需要研究线性规划普遍适用的求解方法。根据线性规划问题的特点，一般线性规划问题的数学模型可以表示为

$$\max \text{（min）} \quad s = c_1 x_1 + c_2 x_2 + \cdots + c_n x_n \tag{3-3}$$

$$\text{s. t.} \quad a_{11} x_1 + a_{12} x_2 + \cdots + a_{1n} x_n \geqslant \text{（或} \leqslant \text{，或} = \text{）} b_1$$

$$a_{21} x_1 + a_{22} x_2 + \cdots + a_{2n} x_n \geqslant \text{（或} \leqslant \text{，或} = \text{）} b_2 \tag{3-4}$$

$$\vdots$$

$$a_{m1} x_1 + a_{m2} x_2 + \cdots + a_{mn} x_n \geqslant \text{（或} \leqslant \text{，或} = \text{）} b_m$$

$$x_j \geqslant 0, j = 1, 2, \cdots, n \tag{3-5}$$

其中，式（3-3）为目标函数，式（3-4）为约束条件，式（3-5）为非负条件。由一般线性规划问题的数学模型可以看出，线性规划问题可以有各种不同的形式。目标函数有的要求实现最大，有的要求实现最小，约束方程有的是小于或等于形式的不等式，有的是大于或等于形式的不等式，有的是等式。这种多样性，会给问题的讨论带来不便。为此，规定具有下述形式的线性规划问题称为标准型线性规划问题：

$$\min \quad s = c_1 x_1 + c_2 x_2 + \cdots + c_n x_n \tag{3-6}$$

$$\text{s. t.} \quad a_{11} x_1 + a_{12} x_2 + \cdots + a_{1n} x_n = b_1$$

$$a_{21} x_1 + a_{22} x_2 + \cdots + a_{2n} x_n = b_2 \tag{3-7}$$

$$\vdots$$

$$a_{m1} x_1 + a_{m2} x_2 + \cdots + a_{mn} x_n = b_m$$

$$x_j \geqslant 0, j = 1, 2, \cdots, n \tag{3-8}$$

或者表示为

$$\min \quad s = \boldsymbol{C}^{\mathrm{T}} \boldsymbol{x}$$

$$\text{s. t.} \quad \boldsymbol{A} \boldsymbol{x} = \boldsymbol{b}$$

$$\boldsymbol{x} \geqslant \boldsymbol{0}$$

其中，$\boldsymbol{C} = (c_1, c_2, \cdots, c_n)^{\mathrm{T}}$ 称为价值系数；$\boldsymbol{b} = (b_1, b_2, \cdots, b_m)^{\mathrm{T}}$ 称为要求向量；一般要求 $b_i > 0$ $(i = 1, 2, \cdots, m)$；矩阵 $\boldsymbol{A}$

$$\boldsymbol{A} = \begin{bmatrix} a_{11} & a_{12} & \cdots & a_{1n} \\ a_{21} & a_{22} & \cdots & a_{2n} \\ \vdots & & \vdots & \vdots \\ a_{m1} & a_{m2} & \cdots & a_{mn} \end{bmatrix}$$

称为技术水平矩阵或约束方程的系数矩阵。m、n 为正整数；m 是线性规划的阶数，n 是线性规划的维数，且 $m < n$；向量 $x = (x_1, x_2, \cdots, x_n)^{\mathrm{T}}$ 称为变量向量。

有时用向量的形式比较方便，因此线性规划问题的标准型还可以表述成如下的形式：

$$\min s = \sum_{j=1}^{n} c_j x_j$$

$$\text{s. t. } \sum_{j=1}^{n} \boldsymbol{p}_j \mathrm{x}_j = \boldsymbol{b}$$

$$x_j \geqslant 0 (j = 1, 2 \cdots, n)$$

其中

$$\boldsymbol{p}_j = \begin{bmatrix} a_{1j} \\ a_{2j} \\ \vdots \\ a_{mj} \end{bmatrix}$$

为变量 x_j 所对应的系数列向量，即

$$\boldsymbol{A} = \begin{bmatrix} a_{11} & a_{12} & \cdots & a_{1n} \\ a_{21} & a_{22} & \cdots & a_{2n} \\ \vdots & & \vdots & \vdots \\ a_{m1} & a_{m2} & \cdots & a_{mn} \end{bmatrix} = (\boldsymbol{p}_1, \boldsymbol{p}_2, \cdots, \boldsymbol{p}_n)$$

标准型线性规划及其有关符号可以用下面的例子来说明：

例 3-10

$$\min \quad s = 5x_1 + 2x_2 + 3x_3 - x_4 + x_5$$

$$\text{s. t.} \quad x_1 + 2x_2 + 2x_3 + x_4 = 8$$

$$3x_1 + 4x_2 + x_3 + x_5 = 7$$

$$x_j \geqslant 0 \quad (j = 1, 2, \cdots, 5)$$

解：在此例中

$$\boldsymbol{C} = (5, 2, 3, -1, 1)^{\mathrm{T}} \qquad \boldsymbol{b} = (8, 7)^{\mathrm{T}}$$

$$\boldsymbol{A} = \begin{bmatrix} 1 & 2 & 2 & 1 & 0 \\ 3 & 4 & 1 & 0 & 1 \end{bmatrix} = (\boldsymbol{p}_1, \boldsymbol{p}_2, \cdots, \boldsymbol{p}_5)$$

$$\boldsymbol{p}_1 = \begin{bmatrix} 1 \\ 3 \end{bmatrix} \qquad \boldsymbol{p}_2 = \begin{bmatrix} 2 \\ 4 \end{bmatrix} \qquad p_3 = \begin{bmatrix} 2 \\ 1 \end{bmatrix} \qquad \boldsymbol{p}_4 = \begin{bmatrix} 1 \\ 0 \end{bmatrix} \qquad \boldsymbol{p}_5 = \begin{bmatrix} 0 \\ 1 \end{bmatrix}$$

2. 非标准型转化为标准型

实际问题的线性规划模型是多种多样的，需要把它们化为标准型，并借助于标准型的求解方法来求解一般的线性规划问题。

（1）目标函数要求求极大值

$$\max \quad s = \sum_{j=1}^{n} c_j x_j$$

因为 $\max \ s = \min (-s)$，令 $s' = -s$，于是问题就变为

$$\min \quad s' = -\sum_{j=1}^{n} c_j x_j$$

这样就把原问题的目标函数转化成与标准型的目标函数一致了。

（2）松弛变量。对于小于或等于形式的约束，可在"≤"左端加一个非负的松弛变量，把该不等式变为等式。

（3）剩余变量。对于大于或等于形式的约束，可以在"≥"左端减去一个非负的松弛变量，把该不等式变为等式。

需要注意的是，新引入的松弛变量或剩余变量在目标函数中的价值系数全设为零，因此在目标函数中并没有出现新的变量。

（4）自由变量。标准线性规划中的变量都有非负的要求。如果实际问题变量没有这种约束，即有些变量的取值可正可负，那么，称这种变量为自由变量。为了满足标准线性规划变量非负的要求，令

$$x_k = x'_k - x''_k$$

其中，x_k 是自由变量，而 $x'_k \geq 0$，$x''_k \geq 0$。将此式代入目标函数和约束方程中，就可以将自由变量 x_k 消去。求出最优解后，再利用 $x_k = x'_k - x''_k$ 即可定出 x_k，由于 x'_k 可以大于也可以小于 x''_k，所以 x_k 的取值可正可负。

（5）约束方程右侧常数项为负。标准线性规划中约束方程右侧的常数项 b_i 都有非负的要求。如果某一约束方程右侧常数项 $b_i < 0$，此时可将该约束方程的两端同乘以 -1，使之变为 $-b_i > 0$。

（6）目标函数中出现常数项。标准线性规划中目标函数中没有常数项。如果出现常数项，即

$$\min \quad s^0 = \sum_{j=1}^{n} c_j x_j + e$$

其中 e 为一常数，令

$$s = s_0 - e$$

则

$$\min \quad s = \sum_{j=1}^{n} c_j x_j$$

与原问题等价，而不再出现常数项。

例 3-11　把线性规划

$$\max \quad s = x_1 + 2x_2$$
$$\text{s. t.} \quad -x_1 + 2x_2 \leq 4$$
$$3x_1 + 2x_2 \geq 12$$
$$x_1 \geq 0; \ x_2 \geq 0$$

化为标准型。

解：由于

$$\max \quad s = \min \ (-s)$$

对第一个约束方程引入松弛变量 $x_3 \geq 0$，对第二个约束方程引入剩余变量 $x_4 \geq 0$，于是得到线性规划的标准型为

$$\min \quad s = -x_1 - 2x_2 + 0x_3 + 0x_4$$
$$\text{s. t.} \quad -x_1 + 2x_2 + x_3 + 0x_4 = 4$$
$$3x_1 + 2x_2 + 0x_3 - x_4 = 12$$
$$x_1 \geq 0; \ x_2 \geq 0; \ x_3 \geq 0; \ x_4 \geq 0$$

三、线性规划问题的单纯形法

（一）单纯形法的基本理论

线性规划问题的一个简单而有效的求解方法是 G. B. Dantzig 在 1947 年提出的单纯形法。这个方法理论上成熟，实际应用日益广泛和深入，特别是能用电子计算机处理具有成千上万个约束条件和变量的大规模线性规划问题，使其适用领域更为广泛。在具体介绍单纯形法之前，先介绍有关的理论和概念。

1. 线性规划问题解的概念

在以下的讨论中，假定 $m \leqslant n$ 矩阵 A 的秩为 m，也就是说，方程组（3-7）中没有多余的方程。

（1）可行解。满足约束条件式（3-7）和式（3-8）的解 $x = (x_1, x_2, \cdots, x_n)^{\mathrm{T}}$ 称为线性规划问题的可行解，也称可行点。

（2）可行域。所有可行点的集合称为可行集合，或称为可行域。约束条件矛盾时，可行集合为空集。

（3）基本解。对于阶数为 m 的线性规划问题，若有 m 个系数列向量线性无关，令其余的系数列向量所对应的 $n-m$ 个变量取值为零。如果此时解相应的 m 阶线性方程组，则所得到的唯一解称为基本解。

（4）基本可行解。如果基本解中各分量的值均为非负，此时的基本解称为基本可行解。若基本可行解中，非零分量少于 m 个，则称为退化的基本可行解，否则，称为非退化的基本可行解。

（5）基。基本解定义中所提到的 m 个线性无关的系数列向量，称为线性规划问题的一组基。假如任意 m 个系数列向量线性无关，那么，基的数目不大于 C_n^m，所对应的基本解的数目也不会大于 C_n^m。

（6）可行基。对应于基本可行解的 m 个线性无关的向量所构成的基，称为可行基，也称为线性规划的一组基底。所以可行基的数目也不大于 C_n^m，基本可行解的数目也不会大于 C_n^m。

（7）基向量。可行基中的每一个向量都称为基（底）向量，所以对应于一个基本可行解，基（底）向量共有 m 个；其余的则称非基向量。

（8）基变量。对于基本可行解，其基向量所对应的变量称为基变量，其余变量称为非基变量。

（9）基本变量。如果方程组内一个变量的系数在一个方程式内为 1，而在其他方程式内为 0，则此变量称为"基本变量"。基本变量的数目等于约束条件的数目。其他变量称为"非基本变量"。

（10）离基。通过旋转运算把一个基本变量变为非基本变量，简称"离基"。

（11）进基。使一个非基本变量变为基本变量，简称"进基"。

2. 计算示例

为了便于理解这些概念，下面举一个例子加以说明。

例 3-12　有一线性规划问题，其约束条件为

$$x_1 + x_2 + 2x_3 + 4x_4 + x_5 = 4$$
$$x_1 + 2x_2 + 2.5x_3 + x_5 + x_6 = 5$$

$$x_j \geqslant 0 \ (j=1, 2, \cdots, 6)$$

解：由于该约束条件中，方程组的个数小于变量的个数，故该线性规划问题有无数个可行解。

由于该问题中，$m=2$，$n=6$。令 $x_3=x_4=x_5=x_6=0$，解方程组

$$x_1 + x_2 = 4$$
$$x_1 + 2x_2 = 5$$

则其基本解为 $x_1 = (3, 1, 0, 0, 0, 0)^T$。

由于基本解中各分量的值均为非负，故此时的基本解就是基本可行解。

同时，由于该基本可行解中非零分量不少于 $m=2$，故该基本可行解就是一个非退化的基本可行解。

基变量是 x_1 和 x_2，非基变量是 x_3，x_4，x_5 和 x_6。

基向量是 $\boldsymbol{p}_1 = (1, 1)^T$，$\boldsymbol{p}_2 = (1, 2)^T$，可行基 $\boldsymbol{p}_1$，$\boldsymbol{p}_2$。

$x_2 = (1, 1, 0, 0.25, 1, 1)^T$ 是一个可行解，但不是一个基本可行解。

$x_3 = (0, 0, 2, 0, 0, 0)^T$ 非零分量个数少于 $m=2$，故其是一个退化的基本可行解。

$x_4 = (5, 0, 0, -0.25, 0, 0)^T$ 虽然满足两个等式约束条件，但不满足非负的要求，是一个基本解，但它不是可行解，更不是基本可行解。

例 3-13 求解线性规划

$$\min \ s = x_1 - 2x_2 - 3x_3$$
$$\text{s. t.} \ \ x_1 + x_2 + x_3 = 2$$
$$x_1 + 2x_2 + 4x_3 = 6$$
$$x_j \geqslant 0 \ (j=1, 2, 3)$$

的最优解。

解：因为列向量

$$\boldsymbol{p}_1 = \begin{bmatrix} 1 \\ 1 \end{bmatrix} \quad \boldsymbol{p}_2 = \begin{bmatrix} 1 \\ 2 \end{bmatrix} \quad \boldsymbol{p}_3 = \begin{bmatrix} 1 \\ 4 \end{bmatrix}$$

每两个都线性无关，所以，其可以组成 3 组基。

（1）取 $\boldsymbol{p}_1$，$\boldsymbol{p}_2$ 且令 $x_3=0$，得

$$x_1 + x_2 = 2$$
$$x_1 + 2x_2 = 6$$

由此解得

$$\boldsymbol{x} = (-2, 4, 0)^T$$

其不是可行解，更不是基本可行解。

（2）取 $\boldsymbol{p}_1$，$\boldsymbol{p}_3$ 且令 $x_2=0$，得

$$x_1 + x_3 = 2$$
$$x_1 + 4x_3 = 6$$

由此解得

$$x = \left(\frac{2}{3}, 0, \frac{4}{3} \right)^T$$

其为一基本可行解。

（3）取 $\boldsymbol{p}_2$，$\boldsymbol{p}_3$ 且令 $x_1=0$，得

$$x_2+x_3=2$$
$$2x_2+4x_3=6$$

由此解得

$$x=(0,\ 1,\ 1)^{\mathrm{T}}$$

其为一基本可行解。

由此可见，该线性规划问题只有两个基本可行解，将其代入目标函数，得

$$s_2=\frac{2}{3}-3\times\frac{4}{3}=-\frac{10}{3}$$
$$s_3=-2\times1-3\times1=-5$$

因为 $s_2>s_3$，所以最优解为

$$\boldsymbol{x}^*=(0,\ 1,\ 1)^{\mathrm{T}}$$

最优值为

$$s^*=-5$$

上述求解线性规划问题的方法只适用于变量维数 n 及约束方程阶数 m 都不大的情况。当 n 及 m 都很大时，要求出全部基本可行解是比较困难的，因此一般不通过上述途径来求解线性规划问题。

（二）初始基本可行解的确定

单纯形法的策略是从一个已知的初始可行解出发，转换到另一个可行解，依次类推，直到目标函数达到最小时就得到了最优解。

为了确定初始基本可行解，要首先找出初始可行基。一个实际的线性规划问题，经过化成式（3-7）~式（3-8）所示的标准型之后，若约束方程的系数矩阵中出现 m 个线性独立的单位向量，那么，这 m 个单位向量就可以作为一个初始可行基。这种情形不是没有可能出现的。比如一个小于等于约束，在化标准型时，每增加一个非负的松弛变量，就会产生一个单位向量，如果所有的约束都是小于等于型，那么，产生的单位向量正好为 m 个。

例 3-14　已知某线性规划问题的约束如下：

$$3x_1-x_2\leqslant2$$
$$2x_1-2x_2\leqslant1$$
$$-2x_1-x_2\leqslant3$$
$$x_j\geqslant0\ (j=1,\ 2)$$

求基本可行解。

解：将其转化为标准型

$$3x_1-x_2+x_3=2$$
$$2x_1-2x_2+x_4=1$$
$$-2x_1-x_2+x_5=3$$
$$x_j\geqslant0\ (j=1,\ 2,\ \cdots,\ 5)$$

则

$$\boldsymbol{B}=(\boldsymbol{p}_3,\boldsymbol{p}_4,\boldsymbol{p}_5)=\begin{bmatrix}1&0&0\\0&1&0\\0&0&1\end{bmatrix}$$

即为一个可行基。相应的基本可行解为 $x=$ （0，0，2，1，3）。

如果除了小于等于形式的约束之外，还有等于或大于等于形式的约束，那么，小于等于约束加松弛变量所产生的单位向量就不足 m 个；对于等于形式的约束，可以采用加一个非负的人工变量，也即人为地制造一个单位向量的办法；对于大于等于形式的约束，在化标准型时减去非负的剩余变量，由于剩余变量所对应的向量不是单位向量，因此，再采用等于约束的处理办法，加上一个人工变量。

例 3-15 已知某线性规划问题的约束如下：

$$x_1+x_2+x_3=5$$
$$-6x_1+10x_2+5x_3\leqslant20$$
$$5x_1-3x_2+x_3\geqslant15$$
$$x_j\geqslant0 \ (j=1,2,3)$$

解： 先将其转化为标准型

$$x_1+x_2+x_3=5$$
$$-6x_1+10x_2+5x_3+x_4=20$$
$$5x_1-3x_2+x_3-x_5=15$$
$$x_j\geqslant0 \ (j=1,2,\cdots,5)$$

引入人工变量 x_6 和 x_7，有

$$x_1+x_2+x_3+x_6=5$$
$$-6x_1+10x_2+5x_3+x_4=20$$
$$5x_1-3x_2+x_3-x_5+x_7=15$$
$$x_j\geqslant0 \ (j=1,2,\cdots,7)$$

则

$$\boldsymbol{B}=（\boldsymbol{p}_6,\boldsymbol{p}_4,\boldsymbol{p}_7）=\begin{bmatrix}1&0&0\\0&1&0\\0&0&1\end{bmatrix}$$

即为一个可行基。相应的基本可行解为 $x=$ （0，0，0，5，0，20，15）。

根据上述办法，我们总可以找到 m 个线性无关的单位向量，构成初始可行基。今后为了叙述方便，假如对约束方程组经过整理，重新对 x_j 及 a_{ij}（$i=1,2,\cdots,m$；$j=1,2,\cdots,n$）进行编号，总可以得到下列方程组：

$$\left.\begin{array}{l}x_1+a_{1,m+1}x_{m+1}+\cdots+a_{1n}x_n=b_1\\x_2+a_{2,m+1}x_{m+1}+\cdots+a_{2n}x_n=b_2\\\quad\vdots\\x_m+a_{m,m+1}x_2+\cdots+a_{mn}x_n=b_m\\x_j\geqslant0,j=1,2,\cdots,n\end{array}\right\} \quad (3-9)$$

这样，就得到一个单位（$m\times m$）阶矩阵

$$\boldsymbol{B}=（\boldsymbol{p}_1,\boldsymbol{p}_2,\cdots,\boldsymbol{p}_m）=\begin{bmatrix}1&0&\cdots&0\\0&1&\cdots&0\\\vdots&\vdots&&\vdots\\0&0&\cdots&1\end{bmatrix}_{m\times m}$$

作为初始可行基。将式（3-9）的每一等式进行变换，得

$$\left.\begin{array}{l} x_1 = b_1 - a_{1,m+1}x_{m+1} - \cdots - a_{1n}x_n \\ x_2 = b_1 - a_{2,m+1}x_{m+1} - \cdots - a_{2n}x_n \\ \vdots \\ x_m = b_m - a_{m,m+1}x_{m+1} - \cdots - a_{mn}x_n \end{array}\right\} \tag{3-10}$$

令 $x_{m+1} = x_{m+2} = \cdots = x_n = 0$ ，由式（3-10）可得

$$x_i = b_i \quad (i=1, 2, \cdots, m)$$

根据线性规划标准型的要求 $b_i \geqslant 0$ ，所以就得到一个初始基本可行解

$$x = (x_1, x_2, \cdots, x_m, \underbrace{0, \cdots 0}_{n-m})^{\mathrm{T}} = (b_1, b_2, \cdots, b_m, \underbrace{0, \cdots 0}_{n-m})^{\mathrm{T}}$$

（三）基本解之间的迭代

当确定出线性规划问题的初始基本可行解之后，利用有关规则，得到另一个基本可行解，以便使所得到的结果趋近于最优解。

下面，就讨论如何从一个基本可行解计算出另一个基本可行解。

对于方程组（3-9），其增广矩阵为

$$\begin{array}{ccccccccc} \boldsymbol{p}_1 & \cdots & \boldsymbol{p}_l & \boldsymbol{p}_m & \boldsymbol{p}_{m+1} & & \boldsymbol{p}_k & \boldsymbol{p}_n & \boldsymbol{b} \end{array}$$

$$\begin{bmatrix} 1 & & & & a_{1,m+1} & \cdots & a_{1,k} & \cdots & a_{1n} & b_1 \\ & \ddots & & & \vdots & \vdots & \vdots & \vdots & \vdots \\ & & 1 & & a_{l,m+1} & \cdots & a_{l,k} & \cdots & a_{l,n} & b_l \\ & & & \ddots & \vdots & \vdots & \vdots & \vdots & \vdots \\ & & & 1 & a_{m,m+1} & \cdots & a_{m,k} & \cdots & a_{mn} & b_m \end{bmatrix} \tag{3-11}$$

对其进行初等变换，可以将任何一个列向量转化为单位向量，例如将 $\boldsymbol{p}_k(m+1 \leqslant k \leqslant n)$ 化为单位向量。这时，在原来的基向量 $\boldsymbol{p}_1,\boldsymbol{p}_2,\cdots,\boldsymbol{p}_1,\cdots,\boldsymbol{p}_m$ 中必然有一个向量要转化为非单位向量，而其余的 $m-1$ 个向量仍然保持为单位向量，加上 $\boldsymbol{p}_k$ ，就得到一组新的可行基。

假定向量 p_k 中第 l 个分量 $a_{l,k} \neq 0$ 。那么，基变换的步骤为

（1）将增广矩阵（3-11）中的第 l 行除以 $a_{l,k}$ ，得到

$$\begin{bmatrix} 0 & \cdots & 0 & \dfrac{1}{a_{l,k}} & 0 & \cdots & 0 & \dfrac{a_{l,m+1}}{a_{l,k}} & \cdots & 1 & \cdots & \dfrac{a_{l,n}}{a_{l,k}} & \bigg| & \dfrac{b_l}{a_{l,k}} \end{bmatrix} \tag{3-12}$$

（2）将增广矩阵（3-11）中 $\boldsymbol{p}_k$ 列的各元素（除已经变换为 1 以外）都变为 0。这可以通过将式（3-12）乘以 $-a_{i,k}$（ $i=1, 2, \cdots, m; i \neq l$ ）后与第 i 行相加，从而得到新的第 i 行。

各元素的变换公式为

$$a'_{l,j} = \frac{a_{l,j}}{a_{l,k}} \ (j=1, 2, \cdots, n) \tag{3-13}$$

$$b'_l = \frac{b_l}{a_{l,k}} \tag{3-14}$$

$$a'_{i,j} = a_{i,j} - \frac{a_{l,j}}{a_{l,k}}a_{i,k}(j=1,2,\cdots,m;i \neq l) \quad (j=1,2,\cdots,n) \tag{3-15}$$

$$b'_i = b_i - \frac{b_l}{a_{l,k}}a_{i,k}(i=1,2,\cdots,m;i \neq l) \tag{3-16}$$

上述变换实际上就是线性代数中的 Jordan 消去法。式（3-13）～式（3-16）即为 Jordan 消去法的计算公式，$a_{l,k}$ 称为主元。

这样，经过变换以后，得到新的增广矩阵

$$
\begin{array}{cccccccccc}
\boldsymbol{p}_1 & \cdots & \boldsymbol{p}_l & \boldsymbol{p}_m & \boldsymbol{p}_{m+1} & & \boldsymbol{p}_k & \boldsymbol{p}_n & \boldsymbol{b}
\end{array}
$$

$$
\begin{bmatrix}
1 & \cdots & -\dfrac{a_{1,k}}{a_{l,k}} & \cdots & 0 & a'_{1,m+1} & \cdots & 0 & \cdots & a'_{1,n} & b'_1 \\
\vdots & & \vdots & & \vdots & \vdots & & \vdots & & \vdots & \vdots \\
0 & \cdots & \dfrac{1}{a_{l,k}} & \cdots & 0 & a'_{l,m+1} & \cdots & 0 & \cdots & a'_{l,n} & b'_l \\
\vdots & & \vdots & & \vdots & \vdots & & \vdots & & \vdots & \vdots \\
0 & \cdots & \dfrac{a_{m,k}}{a_{l,k}} & \cdots & 0 & a'_{m,m+1} & \cdots & 0 & \cdots & a'_{m,n} & b'_m
\end{bmatrix}
$$

其中，$\boldsymbol{p}_1,\boldsymbol{p}_2,\cdots,\boldsymbol{p}_{l-1},\boldsymbol{p}_{l+1},\cdots,\boldsymbol{p}_m$ 和 p_k 为一个 m 阶单位矩阵，构成一组新基。当令非基变量 x_{m+1}，x_{m+2}，$\cdots$，x_l，$\cdots$，x_n 为零时，就可以得到一个新的基本解。

为了保证新得到的基本解的可行性，要求 $b'_i \geqslant 0$（$i=1,2,\cdots,m$）。由式（3-14）可以看出，必须有 $a_{l,k} > 0$。也就是说，主元只能从向量 $\boldsymbol{p}_k$ 的正分量中选取。其次，从式（3-16）中可以看出，必须有

$$
b_i - \frac{b_l}{a_{l,k}}a_{i,k} \geqslant 0 \quad (i=1,2,\cdots,m; i \neq l)
$$

由于已经限定了 $a_{l,k} > 0$，则有

$$
\frac{b_i}{a_{i,k}} \geqslant \frac{b_l}{a_{l,k}} \quad (i=1,2,\cdots,m)
$$

此式说明，主元所在的行 l 应是使比值 $\dfrac{b_i}{a_{l,k}}$（$a_{l,k} > 0; i=1,2,\cdots,m$）取最小值的序号 i，即

$$
\theta_l = \min\left\{\frac{b_i}{a_{i,k}} \,\Big|\, a_{i,k} > 0\right\} = \frac{b_l}{a_{l,k}} \quad (i=1,2,\cdots,m) \tag{3-17}
$$

这中按照最小比值来确定主元所在行的规则称为 θ 规则。

综上所述，为把 $\boldsymbol{p}_k$ 转换为单位向量，从而求出式（3-9）的另一个基本解，只要按照式（3-17）确定主元 $a_{l,k}$ 所在的行，按照式（3-13）～式（3-16）实行 Jordan 消去法运算即可。Jordan 消去运算把非基向量 $\boldsymbol{p}_k$ 转换为基向量，同时又把基向量 $\boldsymbol{p}_l$ 从基向量中剔除，因此又将这种运算称为换基运算。$\boldsymbol{p}_k$ 称为换入向量，$\boldsymbol{p}_l$ 称为换出向量。

例 3-16 已知某线性规划问题的约束如下：

$$
\begin{aligned}
x_1 + 3x_4 - x_5 &= 2 \\
x_2 + 2x_4 - 2x_5 &= 1 \\
x_3 - 2x_4 - x_5 &= 3 \\
x_j \geqslant 0 &\,(j=1,2,\cdots,5)
\end{aligned}
$$

试把 $\boldsymbol{p}_4$ 变为基向量，并求相应的基本可行解。

解：把约束方程系数矩阵及右端项列成表 3-1。

表 3-1			例 3-16 约束方程及右端常数项			
p_1	p_2	p_3	p_4	p_5	b	θ_i
1	0	0	3	−1	2	
0	1	0	[2]	−2	1	
0	0	1	−2	−1	3	

由表 3-1 可见，p_1, p_2, p_3，构成可行基，与其对应的基本可行解是

$$x = (2,\ 1,\ 3,\ 0,\ 0)^{\mathrm{T}}$$

把 p_4 变换为单位向量引入基底。

首先，从 p_4 的正分量中按式（3-17）选定主元所在的行。这可以在表 3-1 中引入 θ_i 列。

$$\theta_1 = \frac{b_1}{a_{1,4}} = \frac{2}{3} \qquad\qquad \theta_2 = \frac{b_2}{a_{2,4}} = \frac{1}{2}$$

从各 θ_i 中选出最小的，它所在的行就是主元所在的行。由于 $\theta_2 < \theta_1$，因此，确定主元为 $a_{2,4} = 2$。p_2 为换出向量。

利用式（3-13）～式（3-16）可以得到新的增广矩阵。

对于主元所在的行（第二行），用该行中的各元素除以主元，即，$a'_{2,j} = \dfrac{a_{2,j}}{a_{2,4}}$，则

$$a'_{21} = 0 \qquad a'_{22} = \frac{1}{2} \qquad a'_{23} = 0 \qquad a'_{24} = 1 \qquad a'_{25} = -1$$

同时，$b'_2 = \dfrac{b_2}{a_{2,4}} = \dfrac{1}{2}$

对于其他各行，用新得到的第二行中的各元素分别乘以主元所在列元素的相反数，并与各相应行的各元素相加，得到新的元素。例如，用新得到的第二行中的各元素分别乘以−3并与原第一行的各元素相加，得到新的第一行各元素；用新得到的第二行中的各元素分别乘以 2 并与原第三行的各元素相加，得到新的第三行各元素，见表 3-2。

表 3-2			一次变换后例 3-16 约束方程系数及右端常数项			
p_1	p_2	p_3	p_4	p_5	b	θ_i
1	−3/2	0	0	2	1/2	
0	1/2	0	1	−1	1/2	
0	1	1	0	−3	4	

由表 3-2 可以看出 p_1, p_3, p_4，都是单位向量，与这组新的可行基对应的基本可行解为

$$x = (1/2, 0, 4, 1/2, 0)^{\mathrm{T}}$$

需要注意，并不是把任意一个非基向量引入基底后都可以得到新的基本可行解。

（四）最优解的判别准则及换入向量的确定

在讨论基本可行解之间的迭代时，所导出的 θ 规则，解决了如何确定换出向量 p_l 的问题。所讨论的问题都没有涉及目标函数。也就是说，没有顾及到如何选择换入向量使得到的基本可行解的最优性，亦即满足什么的基本可行解是最优的解。

下面，把约束条件连同目标函数一起进行讨论，从而分析出确定换入向量的原则及其最

优解的判别准则。

考虑下面的线性规划问题

$$\min \quad s = c_1 x_1 + c_2 x_2 + \cdots + c_m x_m + c_{m+1} x_{m+1} + \cdots + c_n x_n \quad (3\text{-}18\text{a})$$

$$x_1 + a_{1,m+1} x_{m+1} + \cdots + a_{1n} x_n = b_1$$

$$x_2 + a_{2,m+1} x_{m+1} + \cdots + a_{2n} x_n = b_2 \quad (3\text{-}18\text{b})$$

$$\vdots$$

$$x_m + a_{m,m+1} x_2 + \cdots + a_{mn} x_n = b_m$$

$$x_j \geqslant 0 (j = 1, 2, \cdots, n) \quad (3\text{-}18\text{c})$$

计算 $\sigma_j = c_j - z_j = c_j - [\, c_{f1}\,,\ c_{f2}\,,\ \cdots,\ c_{fm}\,]\, \boldsymbol{p}_j \quad (j = 1, 2, \cdots, n)$

其中，c_j 为目标函数中各变量的系数；c_{f1}，c_{f2}，$\cdots$，c_{fm} 分别为目标函数中被取为基向量的系数。

若所有的 $\sigma_j \geqslant 0$，且基向量中没有人为变量，则所得到的基本可行解即为最优解；若有的 $\sigma_j < 0$，则该基本可行解不是最优解；若所有的 $\sigma_j \geqslant 0$，但基向量中有人为变量，则该线性规划问题无解。

各 σ_j 中的最小值所对应的向量，即为换入向量。

例 3-17　判断 $(4，5，0，0)^{\mathrm{T}}$ 是否为如下线性规划问题的最优解。

$$\min \quad s = x_1 + 3x_2 + 2x_3 - 2x_4$$

$$\text{s. t.} \quad x_1 - 2x_3 + 4x_4 = 4$$

$$x_2 + x_3 - 2x_4 = 5$$

$$x_j \geqslant 0 (j = 1, 2, 3, 4)$$

解：由于 $\boldsymbol{p}_1 = \begin{bmatrix} 1 \\ 0 \end{bmatrix}$，$\boldsymbol{p}_2 = \begin{bmatrix} 0 \\ 1 \end{bmatrix}$ 所构成的可行基对应基本可行解 $x = (4，5，0，0)^{\mathrm{T}}$，对其进行判别计算

$$\sigma_1 = c_1 - z_1 = 1 - [1, 3] \begin{bmatrix} 1 \\ 0 \end{bmatrix} = 0$$

$$\sigma_2 = c_2 - z_2 = 3 - [1, 3] \begin{bmatrix} 0 \\ 1 \end{bmatrix} = 0$$

$$\sigma_3 = c_3 - z_3 = 2 - [1, 3] \begin{bmatrix} -2 \\ 1 \end{bmatrix} = 1$$

$$\sigma_4 = c_4 - z_4 = -2 - [1, 3] \begin{bmatrix} 4 \\ -2 \end{bmatrix} = 0$$

因为所有的 $\sigma_j \geqslant 0$，且基向量中没有人为变量，故 $\boldsymbol{x} = (4，5，0，0)^{\mathrm{T}}$ 是最优解。

（五）单纯形法的计算过程

前面已经讨论了确定出线性规划问题的初始基本可行解、基本解之间的迭代、最优解的判断等问题，这些问题为实现单纯形方法做了必要的准备。这个方法的中心思想是逐次寻找改进的基本可行解，直至得到最优解为止。利用表格形式来实现这个过程，将会更加紧凑和清楚，便于计算程序的编制和在计算机上执行，使单纯形法更加有效。现就如下的例子来说明表格形式单纯形法的具体计算过程。

例 3-18　用单纯形方法求解线性规划问题

$$\min \quad s = 4x_1 + 3x_2 + 8x_3$$
$$\text{s. t.} \quad x_1 + x_3 \geqslant 2$$
$$x_2 + 2x_3 \geqslant 5$$
$$x_j \geqslant 0 \ (j = 1, 2, 3)$$

解：第一步：引入附加变量 x_4，x_5 使不等式约束变为等式约束

$$x_1 + x_3 - x_4 = 2$$
$$x_2 + 2x_3 - x_5 = 5$$
$$x_j \geqslant 0 (j = 1, 2, \cdots, 5)$$

而目标函数为

$$\min \quad s = 4x_1 + 3x_2 + 8x_3 + 0x_4 + 0x_5$$

第二步：检验是否有足够的单位向量（m 个，即约束方程个数）。本例中正好有两个单位向量。如果不够，需要增加人为变量。

第三步：利用列表法进行计算

关于列表的几点说明：

（1）p_j 代表约束方程用矩阵表示时矩阵中的第 j 列向量；b 代表约束方程中右端常数项组成的列向量。亦即将约束方程的增广矩阵中的各列向量依次表示为 $p_1, p_2, \cdots, p_n$ 和 b。

（2）c_j 为目标函数中各变量的系数。

下面讨论单纯形法的计算步骤。

1. 第 0 次迭代列表方法

第 0 次迭代中，表格中的各列向量是由约束条件方程组中分离系数得到。另外，第 0 次中，以单位列向量为初始基向量。此例中，p_1，p_2 单位列向量，故将 p_1，p_2 作为第 0 次迭代时的初始基向量，并得到其初始基本可行解为 $x_0 = (2, 5, 0, 0, 0)^{\mathrm{T}}$。

表 3-3　　　　　　　　　　　　　　　例 3-18 约束方程及右端常数项

迭代次数	c_j		4	3	8	0	0	
	c_f		p_1	p_2	p_3	p_4	p_5	b
0	4	p_1	1	0	[1]	-1	0	2
	3	p_2	0	1	2	0	-1	5
	σ_j		0	0	-2	4	3	
1	8	p_3	1	0	1	-1	0	2
	3	p_2	-2	1	0	2	-1	1
	σ_j		2	0	0	2	3	

2. 判断得到的初始基本可行解是否是最优解

$$\sigma_1 = c_1 - z_1 = 4 - [4, 3] \begin{bmatrix} 1 \\ 0 \end{bmatrix} = 0$$

$$\sigma_2 = c_2 - z_2 = 3 - [4, 3] \begin{bmatrix} 0 \\ 1 \end{bmatrix} = 0$$

$$\sigma_3 = c_3 - z_3 = 8 - [4, 3] \begin{bmatrix} 1 \\ 2 \end{bmatrix} = -2$$

$$\sigma_4 = c_4 - z_4 = 0 - [4,3]\begin{bmatrix} -1 \\ 0 \end{bmatrix} = 4$$

$$\sigma_5 = c_5 - z_5 = 0 - [4,3]\begin{bmatrix} 0 \\ -1 \end{bmatrix} = 3$$

由于 $\sigma_3 < 0$，故初始基本可行解不是最优解。

3. 换入、换出向量的确定

第 0 次迭代中 σ_j 最小值所对应的列向量即为换入向量。本例中，σ_3 最小，故将 p_3 换入为基向量。

利用 θ 规则来确定主元。由式 (3-17)，得

$$\theta_1 = \frac{b_1}{a_{13}} = \frac{2}{1} = 2 \qquad \theta_2 = \frac{b_2}{a_{23}} = \frac{5}{2} = 2.5$$

由于 $\theta_1 < \theta_2$，故选 a_{13} 为主元，第 0 次迭代中第一行的基向量即为换出向量。本例中，p_1 为换出向量。

4. 第 1 次迭代中各基向量所在行的各列系数的计算方法

按照式 (3-13)~式 (3-16) 的 Jordan 消去法的计算公式。$a_{1,3}$ 为主元。

对于主元所在的行（第一行），用该行中的各元素除以主元，即，$a'_{1,j} = \frac{a_{1,j}}{a_{1,3}}$。

对于其他各行，用新得到的第一行中的各元素分别乘以主元所在列元素的相反数，并与相应行的各元素相加，得到该行新的元素。本例中，用新得到的第一行中的各元素分别乘以 -2 并与原第二行的各元素相加，得到新的第二行各元素。

经过第一次迭代，得到新的基本可行解为 $x_1 = (0, 1, 2, 0, 0)^T$。

5. 重复步骤 2

计算各 σ_j 并判断该基本可行解是否为最优解

$$\sigma_1 = c_1 - z_1 = 4 - [8,3]\begin{bmatrix} 1 \\ -2 \end{bmatrix} = 2$$

$$\sigma_2 = c_2 - z_2 = 3 - [8,3]\begin{bmatrix} 0 \\ 1 \end{bmatrix} = 0$$

$$\sigma_3 = c_3 - z_3 = 8 - [8,3]\begin{bmatrix} 1 \\ 0 \end{bmatrix} = 0$$

$$\sigma_4 = c_4 - z_4 = 0 - [8,3]\begin{bmatrix} -1 \\ 2 \end{bmatrix} = 2$$

$$\sigma_5 = c_5 - z_5 = 0 - [8,3]\begin{bmatrix} 0 \\ -1 \end{bmatrix} = 3$$

由于所有的 $\sigma_j \geqslant 0$，而且单位基向量中不包含人为向量，故基本可行解 $x = (0, 1, 2, 0, 0)^T$ 是最优解。

相应的目标函数为

$$s = 4x_1 + 3x_2 + 8x_3 = 4 \times 0 + 3 \times 1 + 8 \times 2 = 19 = \min$$

（六）大 M 法

由前面对单纯形法计算过程的讨论可知，采用单纯形方法，当把约束方程组转化为标准

型后，首先应该检验是否有足够的单位向量（m 个，即约束方程个数），也就是要有一个初始的基本可行解。前面讨论的例子都满足这一要求，但并非所有的问题都满足这样的要求。事实上，许多实际问题并不具备这个条件。下面讨论如何得到初始基本可行基（解）并得到最优解。

例 3-19　用单纯形方法求解线性规划问题

$$\min \quad s = -9x_1 + 3x_2 + 4x_3$$
$$\text{s. t.} \quad x_1 - 2x_2 + x_3 \leqslant 11$$
$$-4x_1 + x_2 + 2x_3 \geqslant 3$$
$$2x_1 + 0x_2 - x_3 = -1$$
$$x_j \geqslant 0 (j = 1, 2, 3)$$

解：首先将其化为标准型

$$x_1 - 2x_2 + x_3 + x_4 = 11$$
$$-4x_1 + x_2 + 2x_3 - x_5 = 3$$
$$-2x_1 + 0x_2 + x_3 = 1$$
$$x_j \geqslant 0 (j = 1, 2, \cdots, 5)$$

由于该约束方程组中单位向量的个数不足 3 个，所以，需要增加人为变量。这里，为了使问题一般化，引入 3 个人为变量 x_6，x_7 和 x_8。

$$x_1 - 2x_2 + x_3 + x_4 + x_6 = 11$$
$$-4x_1 + x_2 + 2x_3 - x_5 + x_7 = 3$$
$$-2x_1 + x_3 + x_8 = 1$$
$$x_j \geqslant 0 (j = 1, 2, \cdots, 8)$$

此时，目标函数变为

$$\min \quad s = -9x_1 + 3x_2 + 4x_3 + 0x_4 + 0x_5 + Mx_6 + Mx_7 + Mx_8$$

其中，M 为任意大的正数。

上述处理过程，称为"大 M 法"。在解决线性规划问题时，要设法使人工变量 x_6，x_7 和 x_8 变为零。求解过程的单纯形表见表 3-4。

表 3-4　　　　　　　　　　　　　　例 3-19 单纯形表

迭代次数	c_j		-9	3	4	0	0	M	M	M	
	x_f		p_1	p_2	p_3	p_4	p_5	p_6	p_7	p_8	b
0	M	p_6	1	-2	1	1	0	1	0	0	11
	M	p_7	-4	1	2	0	-1	0	1	0	3
	M	p_8	-2	0	$[1]$	0	0	0	0	1	1
	σ_j		$5M-9$	$M+3$	$4-4M$	$-M$	M	0	0	0	
1	M	p_6	3	-2	0	1	0	1	0	-1	10
	M	p_7	0	1	0	0	-1	0	1	-2	1
	4	p_3	-2	0	1	0	0	0	0	1	1
	σ_j		$-1-3M$	$M+3$	0	$-M$	M	0	0	$4M-4$	

续表

迭代次数	c_j		-9	3	4	0	0	M	M	M	
	x_f		$\boldsymbol{p}_1$	$\boldsymbol{p}_2$	$\boldsymbol{p}_3$	$\boldsymbol{p}_4$	$\boldsymbol{p}_5$	$\boldsymbol{p}_6$	$\boldsymbol{p}_7$	$\boldsymbol{p}_8$	$\boldsymbol{b}$
2	-9	$\boldsymbol{p}_1$	1	$-2/3$	0	$1/3$	0	$1/3$	0	$-1/3$	$10/3$
	M	$\boldsymbol{p}_7$	0	1	0	0	-1	0	1	-2	1
	4	$\boldsymbol{p}_3$	0	$-4/3$	1	$2/3$	0	$2/3$	0	$1/3$	$23/3$
	σ_j		0	$7/3-M$	0	$1/3$	M	$M+1/3$	0	$3M-13/3$	
3	-9	$\boldsymbol{p}_1$	1	0	0	$1/3$	$-2/3$	$1/3$	$2/3$	$-5/3$	4
	3	$\boldsymbol{p}_2$	0	1	0	0	-1	0	-2	-2	1
	4	$\boldsymbol{p}_3$	0	0	1	$2/3$	$-4/3$	$2/3$	$4/3$	$-7/3$	9
	σ_j		0	0	0	$1/3$	$7/3$	$M+1/3$	$M-7/3$	$M+13$	

经过第 3 次迭代，得到新的基本可行解为 $\boldsymbol{x}_3 = (4, 1, 23/3, 0, 0, 0, 0, 0)^{\mathrm{T}}$。

由于所有的 $\sigma_j \geqslant 0$，而且单位向量中不包含有人工变量，故该基本可行解是最优解。

相应的目标函数为

$$s = -9x_1 + 3x_2 + 4x_3 = -9 \times 4 + 3 \times 1 + 4 \times 9 = 3 = \min$$

从上述例子可以看出，表格形式的单纯形法计算步骤：

（1）问题表示为标准方程。

（2）从标准方程组的基本可行解开始，安排好初始表格。

（3）利用内积规则计算 σ_j。

（4）在 σ_j 为负的非基本变量中，其约束方程的系数均为负值或零，则此线性规划无解，停止计算。否则，转到下一步。

（5）如果各 σ_j 的数值全为非负的，则当前的基本可行解就是最优解，否则应该选择具有最小 σ_j 的非基本变量作为换入向量。

（6）利用 θ 规则决定某一个基本变量最换出向量。

（7）进行旋转运算，得到新的表格（新的基本可行解）。

（8）利用旋转运算或内积规则计算 σ_j，再返回到步骤 5。

关于列表的几点说明：

（1）第一行为目标函数各变量前的系数。

（2）第三列是基本变量，第二列是目标函数中基本变量前的系数。

（3）第三行中第四列到第十列为基本变量所在约束条件中各变量前的系数。

（4）第三行中最后一列是基本变量所在约束条件中的常数项。

（5）判别数 $C_j - Z_j = C_j - [C_{f1}, C_{f2}]X_j$，其中 C_{f1}，C_{f2} 分别为目标函数中被取为基本变量的系数。若所有判别数均大于等于 0，且基本变量中没有人为变量，则所求得的结果为最优解；若有的判别数小于 0，则所求结果不是最优解，需要进行换元；若所有的判别数均大于等于 0，但基本变量中有人为变量，则该线性规划问题无解。

（6）换入变量的确定：判别数中最小值所对应列的变量即为换入变量。

（7）换出变量的确定：首先检查被换入变量列中是否有些系数大于 0（若系数均小于 0，则该线性规划问题为无约束的，即无最优解），然后计算比率 $\theta = b_i / a_{iT}$（其中 b_i 是最后一列中对应于 i 行数值，a_{iT} 是被换入变量所在列中对应于 i 行的系数），将所求得比率中大于等于的最小者所在行的基本变量换出。

（8）第（1）次迭代表中各基本变量所在行的各列系数的计算方法：

新的基本变量所在行各列系数的确定：$a'_{Tj} = \dfrac{a_{sj}}{a_{sT}}$

老的基本变量所在行各列系数的确定：$a'_{ij} = a_{ij} - \left(\dfrac{a_{sj}}{a_{sT}} \right) \cdot a_{iT}$

上两式中各注脚表示：T 为新基本变量序号；j 为各列对应的序号；i 为老基本变量序号；s 为换出基本变量的序号。

四、线性规划在电力生产中的应用

（一）燃料混合燃烧最优化

燃料混合燃烧是节约能源，降低发电成本的一项有效措施。但是，在研究燃料混合燃烧问题时，必须考虑到以下几方面的问题：

（1）燃料最优混合比例是锅炉热力计算的主要原始数据，是锅炉设备在燃烧方面优化的基础。

（2）混合燃烧各种不同种类的燃料，可以提高电厂的经济性。在发电厂燃料来源变化的情况下，可以随时确定锅炉最优燃烧方式，为实现燃烧优化奠定基础。

为了对线性规划有进一步的了解，这里给出了一种混合燃料比例最优化的确定方法。

例 3-20 发电厂混合燃烧三种不同种类的燃料，其相对特性和价格见表 3-5。要求混合后的灰分不超过 56g，发热量为 4000kcal/kg（16 800kJ/kg），要求价格越低越好，问混合燃料的比例应该是多少？

表 3-5 燃料相对特性及价格

燃 料 特 性	灰 分	发 热 量（kcal/g）	价 格
第一种	0.02	10	10
第二种	0.04	8	6
第三种	0.08	4	2

解： 设三种燃料的质量分别为 x_1，x_2 和 x_3（g），其总费用为 s。首先根据题意可以将问题表示为

$$\min \quad s = 10x_1 + 6x_2 + 2x_3$$
$$\text{s. t.} \quad 0.02x_1 + 0.04x_2 + 0.08x_3 \leqslant 56$$
$$10x_1 + 8x_2 + 4x_3 = 4000$$
$$x_j \geqslant 0 \ (j = 1,\ 2,\ 3)$$

应用单纯型方法必须要有一个初始的基本可行解，没有初始的基本可行解，就无法进行后续计算。为此，对上述各式进行变形，并引入松弛变量 x_4 和人工变量 x_5，则上式变为

$$\min \quad s = 10x_1 + 6x_2 + 2x_3 + 0x_4 + Mx_5$$
$$\text{s. t.} \quad 2x_1 + 4x_2 + 8x_3 + x_4 = 5600$$
$$10x_1 + 8x_2 + 4x_3 + x_5 = 4000$$
$$x_j \geqslant 0 \ (j = 1,\ 2 \cdots,\ 5)$$

第 0 次迭代中，以单位列向量为初始基向量。此例中 $\boldsymbol{p}_4$，$\boldsymbol{p}_5$ 为单位列向量，故将 $\boldsymbol{p}_4$，$\boldsymbol{p}_5$ 作为第 0 次迭代时的初始基向量，即 x_4 和 x_5 为基本变量。

并得到其初始基本可行解为

$$x_0 = (0, 0, 0, 5600, 4000)^T$$

列单纯形表计算，如表 3-6 所示。

表 3-6 例 3-20 单纯形表

迭代次数		C_j	10	6	2	0	M	结果
		基向量	$P1(x_1)$	$P2(x_2)$	$P3(x_3)$	$P4(x_4)$	$P5(x_5)$	b_i
0	0	$P4(x_4)$	2	4	8	1	0	5600
	M	$P5(x_5)$	10	8	4	0	1	4000
	$C_j - Z_j$		$10 - 10M$	$6 - 8M$	$2 - 4M$	0	0	$Z = 4000$
1	0	$P4(x_4)$	0	2.4	7.2	-0.2	0	4800
	10	$P1(x_1)$	1	0.8	0.4	0.1	-1	400
	$C_j - Z_j$		0	-2	-2	0	$M-1$	$Z = 4000$
2	0	$P4(x_4)$	-3	0	6	1	-0.5	3600
	6	$P2(x_2)$	1.25	1	0.5	0	0.125	500
	$C_j - Z_j$		0.25	0	-1	0	$M-3/4$	$Z = 3000$
3	2	$P3(x_3)$	$-1/2$	0	1	1/6	$-1/12$	600
	6	$P2(x_2)$	3/2	1	0	$-1/12$	1/6	200
	$C_j - Z_j$		2	0	0	1/6	$M-10/12$	$Z = 2400$

经过第 3 次迭代，得到新的基本可行解为 $x_3 = (0, 200, 600, 0, 0)^T$。由于所有的 σ_j 均为非负数，故该问题的最优解为 $x = (0, 200, 600, 0, 0)^T$。

这样，电厂应该按照第一种煤量取为 $x_1 = 0$，第二种煤量和第三种煤量的比例为 1∶3 进行混煤，以便满足技术上的要求，同时成本又最低。

在实际运行中，对混煤特性的要求可能不止上述这些，如果电厂对混煤的其他特性如结渣等又有要求，则只要再增加相应的约束条件即可。

（二）热电厂运行最优化

在电厂运行过程中，通过合理调整某些运行参数，可以达到使电厂运行经济性最高的目的。

例 3-21 例 3-8 得到的某热电厂运行经济性最高的数学模型为

$$\max \ s = 27\,000 - 1.343\,7x_1 - 0.745x_2$$

约束条件为

$$\text{s.t.} \quad x_1 + x_2 \leqslant 13\,000$$
$$x_1 + 2x_2 \leqslant 20\,000$$
$$x_1 + x_2 \geqslant 500$$
$$x_1 \geqslant 0; \ x_2 \geqslant 0$$

求使电厂运行效益最高的 x_1 和 x_2。

解：首先将上述问题标准化

该问题的目标函数中包含有常数项，而标准线性规划中目标函数中没有常数项。令

$$s_0 = s - 27\,000$$

则，原问题变为

$$\max s_0 = -1.343\ 7x_1 - 0.745x_2$$

令

$$s_0' = -s_0$$

则，原问题最终变为

$$\min\ s_0' = 1.343\ 7x_1 + 0.745x_2$$

另外，对于电厂实际运行来说，x_1 和 x_2 均为零不具有实际意义，故这里约束条件为

$$\text{s. t.}\quad x_1 + x_2 + x_3 = 13\ 000$$
$$x_1 + 2x_2 + x_4 = 20\ 000$$
$$x_1 + x_2 - x_5 + x_6 = 500$$
$$x_j \geqslant 0\ (j = 1,\ 2,\ \cdots,\ 6)$$

此时，目标函数变为

$$\min\quad s_0' = 1.343\ 7x_1 + 0.745x_2 + Mx_6$$

第 0 次中，以单位列向量为初始基向量。此例中，p_3, p_4, p_6 为单位列向量，故将 p_3, p_4，p_6 作为第 0 次迭代时的初始基向量。

并得到其初始基本可行解为

$$\boldsymbol{x}_0 = (0,\ 0,\ 13\ 000,\ 20\ 000,\ 0,\ 500)^{\mathrm{T}}$$

列单纯形表计算，见表 3-7。

表 3-7 　　　　　　　　　　**例 3-21 单纯形表**

迭代次数	c_j		1.3437	0.745	0	0	0	M	
	c_f		p_1	p_2	p_3	p_4	p_5	p_6	b
0	0	p_3	1	1	1	0	0	0	13 000
	0	p_4	1	2	0	1	0	0	20 000
	M	p_6	1	[1]	0	0	−1	1	500
	σ_j		1.343 7−M	0.745−M	0	0	M	0	
1	0	p_3	0	0	1	0	1	−1	12 500
	0	p_4	−1	0	0	1	2	−2	19 000
	0.745	p_2	1	1	0	0	−2	1	500
	σ_j		0.598 7	0	0	0	0.745	M−0.745	

故其最优解为 $\boldsymbol{x} = (0,\ 500,\ 12\ 500,\ 19\ 000,\ 0,\ 0)^{\mathrm{T}}$。亦即当 $x_1 = 0$，$x_2 = 500\text{kg/h}$ 时，s_0' 具有最小值 372.5，此时 s 的最大值为 26 627.5 元。

第三节　多维非线性优化方法及其应用

一、多维无约束非线性优化方法及其应用

前面已经讨论了单变量无约束问题的优化，在电力生产实际中，我们经常会遇到多变量函数的最优值问题，即多变量无约束问题的优化，其一般形式为

$$\min\ f(\boldsymbol{x})$$

$f(\boldsymbol{x})$ 为定义在 n 维空间的实值函数，其中 $\boldsymbol{x} = (x_1,\ x_2,\ \cdots,\ x_n)^{\mathrm{T}}$。这个问题的求解是指，

在实数空间中找到一个点 x^*，使得对于实数空间的任何点，均有 $f(x^*) \leqslant f(x)$，则称 x^* 为函数 $f(x)$ 在实数空间的一个全局最小点（最优点），$f(x^*)$ 为最小值（最优值）。

对于目标函数不止一个极小点（亦即多峰）问题，则求得的往往只是一个局部极小点，这显然与最优点的概念相矛盾。实际工程中，一般解决多峰问题的办法是从多个初始点出发，进行迭代得到多个极小点，然后从中选出使目标函数最小的点，结合所研究问题的实际，就可以得到全局最小点。

求解多变量无约束优化问题的方法很多，这里，主要介绍比较常用的梯度下降法。

（一）梯度下降法的原理及算法

1. 梯度下降法的基本原理

函数 $f(x)$ 的梯度为

$$\{\nabla f\} = \left(\frac{\partial f}{\partial x_1}, \frac{\partial f}{\partial x_2}, \cdots, \frac{\partial f}{\partial x_n}\right)^{\mathrm{T}} \tag{3-19}$$

沿着梯度方向是

$$\{S\} = \frac{\{\nabla f\}}{\|\{\nabla f\}\|} \tag{3-20}$$

其中

$$\|\{\nabla f\}\| = \left[\left(\frac{\partial f}{\partial x_1}\right)^2 + \left(\frac{\partial f}{\partial x_2}\right)^2 + \cdots + \left(\frac{\partial f}{\partial x_n}\right)^2\right]^{\frac{1}{2}} \tag{3-21}$$

沿梯度方向函数值增加最快，而沿梯度的反方向则函数值下降最快。因此，在 $\{x_k\}$ 点，最快下降方向为

$$\{S_k\} = = -\frac{\{\nabla f_k\}}{\|\{\nabla f_k\}\|} \tag{3-22}$$

沿这个方向去寻找 $\{x_{k+1}\}$，即

$$\{x_{k+1}\} = \{x_k\} - \{\Delta x_k\}$$

$$\{x_{k+1}\} = \{x_k\} - \frac{\alpha\{\nabla f_k\}}{\|\{\nabla f_k\}\|} = \{x_k\} - \lambda\{\nabla f_k\} \tag{3-23}$$

其中，α 和 λ 称为步长因子。通过不断改变 λ 的数值，使 $f(x)$ 取得最小值，从而得到 $\{x_{k+1}\}$，这时 $=\{\Delta x_k\}$ 只与一个变量 λ 有关。这种沿固定方向寻找极小点的方法，称为一维搜索。

$$\lambda_k = \min f(\{x_k\} - \lambda\{\nabla f_k\})$$

下一步，再从 $\{x_{k+1}\}$ 点开始，沿 $\{x_{k+1}\}$ 的负梯度方向进行一维搜索，找到 $\{x_{k+2}\}$。如此搜索下去，直至找到极小点为止。

在用一维搜索确定步长 λ 时，通常采用前一章讨论的 0.618 法进行求解。

2. 梯度下降法的计算步骤

梯度下降法计算的基本步骤如下：

（1）选定初始点 $\{x_0\}$，$k = 0$，给定计算精度 ε。

（2）计算 $\{\nabla f_k\}$。若 $\|\{\nabla f_k\}\| \leqslant \varepsilon$，则停止计算。否则，继续进行下列计算。

（3）进行一维搜索：$\min f(\{x_k\} - \lambda_k\{\nabla f_k\})$，求出 λ_k。

（4）用式（3-23）求出新点，并令 $\{x_{k+1}\} \Rightarrow \{x_k\}$，$k = k+1$，回到步骤（2）。

例 3-22　求函数 $f(x) = 2x_1^2 + 25x_2^2$ 的极小点，要求精度 ε 小于等于 0.5。

解：设初值为 $\boldsymbol{x}_0 = (2, 2)^\mathrm{T}$，这时 $f(x_0) = 108$。

$$\{\nabla f_0\} = \left(\frac{\partial f}{\partial x_1}, \frac{\partial f}{\partial x_2}\right)^\mathrm{T} = (4x_1,\ 50x_2)^\mathrm{T} = (8,\ 100)^\mathrm{T}$$

$$\|\{\nabla f_0\}\| = \left[\left(\frac{\partial f}{\partial x_1}\right)^2 + \left(\frac{\partial f}{\partial x_2}\right)^2\right]^{\frac{1}{2}} = [8^2 + 100^2]^{\frac{1}{2}} = 100.319\ 489 > \varepsilon = 0.5$$

则进行第一次搜索：

沿 $-\{\nabla f_0\}$ 方向求极小点：

$$\min f(\{\boldsymbol{x}_0\} - \lambda_0 \{\nabla f_0\}) = \min\{2(2 - 8\lambda_0)^2 + 25(2 - 100\lambda_0)^2\}$$

解得 $\quad \lambda_0 = 0.020\ 120$

$$x_1 = (2,\ 2)^\mathrm{T} - 0.020\ 120(8,\ 100)^\mathrm{T} = (1.839\ 041,\ -0.011\ 993)^\mathrm{T}$$

$$f(\boldsymbol{x}_1) = 6.767\ 736$$

$$\{\nabla f_1\} = \left(\frac{\partial f}{\partial x_1}, \frac{\partial f}{\partial x_2}\right)^\mathrm{T} = (4x_1,\ 50x_2)^\mathrm{T} = (7.356\ 162,\ -0.599\ 667)^\mathrm{T}$$

$$\|\{\nabla f_1\}\| = \left[\left(\frac{\partial f}{\partial x_1}\right)^2 + \left(\frac{\partial f}{\partial x_2}\right)^2\right]^{\frac{1}{2}} = [7.356\ 162^2 + (-0.599\ 667)^2]^{\frac{1}{2}} = 7.380\ 564 > \varepsilon = 0.5$$

则进行第二次搜索：

沿 $-\{\nabla f_1\}$ 方向求极小点：

$$\min f(\{\boldsymbol{x}_1\} - \lambda_1 \{\nabla f_1\})$$
$$= \min\{2(1.839\ 041 - 7.356\ 162\lambda_1)^2 + 25(-0.011\ 993 + 0.599\ 667\lambda_1)^2\}$$

解得 $\quad \lambda_1 = 0.232\ 353$

$$\boldsymbol{x}_2 = (1.839\ 041,\ -0.011\ 993)^\mathrm{T} - 0.232\ 353(7.356\ 162,\ -0.599\ 667)^\mathrm{T}$$
$$= (0.129\ 811,\ 0.127\ 341)^\mathrm{T}$$

$$f(\boldsymbol{x}_2) = 0.439\ 097$$

$$\{\nabla f_2\} = \left(\frac{\partial f}{\partial x_1}, \frac{\partial f}{\partial x_2}\right)^\mathrm{T} = (4x_1,\ 50x_2)^\mathrm{T} = (0.519\ 242,\ 6.367\ 070)^\mathrm{T}$$

$$\|\{\nabla f_2\}\| = \left[\left(\frac{\partial f}{\partial x_1}\right)^2 + \left(\frac{\partial f}{\partial x_2}\right)^2\right]^{\frac{1}{2}} = [0.519\ 242^2 + 6.367\ 070^2]^{\frac{1}{2}} = 6.388\ 207 > \varepsilon = 0.5$$

则进行第三次搜索：

沿 $-\{\nabla f_2\}$ 方向求极小点：

$$\min f(\{\boldsymbol{x}_2\} - \lambda_2 \{\nabla f_2\})$$
$$= \min\{2(0.129\ 811 - 0.519\ 242\lambda_2)^2 + 25(0.127\ 341 - 6.367\ 070\lambda_2)^2\}$$

解得 $\quad \lambda_2 = 0.020\ 120$

$$x_3 = (0.129\ 811,\ 0.127\ 341)^\mathrm{T} - 0.020\ 120(0.519\ 242,\ 6.367\ 070)^\mathrm{T}$$
$$= (0.119\ 363,\ -0.000\ 764)^\mathrm{T}$$

$$f(\boldsymbol{x}_3) = 0.028\ 510$$

$$\{\nabla f_3\} = \left(\frac{\partial f}{\partial x_1}, \frac{\partial f}{\partial x_2}\right)^\mathrm{T} = (4x_1,\ 50x_2)^\mathrm{T} = (0.477\ 454,\ -0.038\ 181)^\mathrm{T}$$

$$\|\{\nabla f_3\}\| = \left[\left(\frac{\partial f}{\partial x_1}\right)^2 + \left(\frac{\partial f}{\partial x_2}\right)^2\right]^{\frac{1}{2}} = [0.477\ 454^2 + (-0.038\ 181)^2]^{\frac{1}{2}} = 0.478\ 978 < \varepsilon = 0.5$$

满足精度要求，迭代终止。

函数得最小值为

$$\min f(\boldsymbol{x}^*) = f(\boldsymbol{x}_3) = 0.028\ 510$$

最小点为 $\boldsymbol{x}^* = \boldsymbol{x}_3 = (0.119\ 363,\ -0.000\ 764)^{\mathrm{T}}$。

3. 梯度下降法的计算框图

梯度下降法的计算框图如图 3-8 所示。

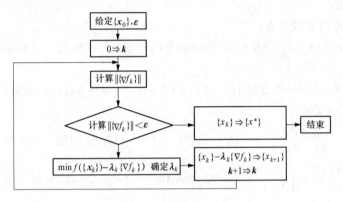

图 3-8   梯度下降法的计算框图

（二）梯度下降法在电厂中的应用

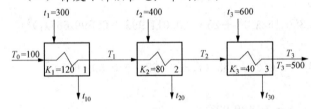

图 3-9   三个加热器的串联加热系统

例 3-23   如图 3-9 所示为三个加热器的串联加热系统。冷流体在每一加热器中被热流体加热。工质的进出口参数以及各加热器的传热系数注在相应的图 3-13 上。三个加热器都假定为集中参数模型，即

$$Wc_p(T_i - T_{i-1}) = kF_i(t_i - T_i) \quad (i = 1,\ 2,\ 3)$$

为了分析问题时简单起见，设冷、热二种流体的流量 W 和比热容 c_p 是相同的，且 $Wc_p = 10^5$。F_1、F_2 和 F_3 分别为三个加热器的传热面积，试问 T_1、T_2 分别为多少时，三个加热器的总传热面 F 为最小。

解：根据题意，这是一个两个决策变量 T_1、T_2 的最优化问题，目标函数为加热器总面积 F。首先把目标函数表示为决策变量的函数

$$F = F_1 + F_2 + F_3 = \frac{Wc_p(T_1 - 100)}{k_1(300 - T_1)} + \frac{Wc_p(T_2 - T_1)}{k_2(400 - T_2)} + \frac{Wc_p(500 - T_2)}{k_3(600 - 500)}$$

令 $x_i = T_i,\ (i = 1,\ 2),\ f(\boldsymbol{x}) = F$

则问题可以表示为求函数

$$f(\boldsymbol{x}) = \frac{10^5(x_1 - 100)}{120(300 - x_1)} + \frac{10^5(x_2 - x_1)}{80(400 - x_2)} + \frac{10^5(500 - x_2)}{4000}$$

的极小点问题。这里取精度 ε 小于等于 0.5。采用梯度下降法进行求解。

设初值为 $\boldsymbol{x}_0 = (170,\ 300)^{\mathrm{T}}$，这时 $f(\boldsymbol{x}_0) = 7073.717\ 773$

$$\frac{\partial f}{\partial x_1} = \frac{10^5(x_1 - 100)}{120\ (300 - x_1)^2} + \frac{10^5}{120(300 - x_1)} - \frac{10^5}{80(400 - x_2)}$$

$$\frac{\partial f}{\partial x_2} = \frac{10^5 (x_2 - x_1)}{80 (400 - x_2)^2} + \frac{10^5}{80(400 - x_2)} - \frac{10^5}{4000}$$

$$\{\nabla f_0\} = \left(\frac{\partial f}{\partial x_1}, \frac{\partial f}{\partial x_2}\right)^{\mathrm{T}} = (-2.638\ 067,\ 3.75)^{\mathrm{T}}$$

$$\|\{\nabla f_0\}\| = \left[\left(\frac{\partial f}{\partial x_1}\right)^2 + \left(\frac{\partial f}{\partial x_2}\right)^2\right]^{\frac{1}{2}} = \left[(-2.638\ 067)^2 + 3.75^2\right]^{\frac{1}{2}}$$

$$= 4.584\ 964 > \varepsilon = 0.5$$

则进行第一次搜索（沿 $-\{\nabla f_0\}$ 方向求极小点）：

$$\min f(\{x_0\} - \lambda_0 \{\nabla f_0\})$$

$$= \min\left\{\frac{10^5(170 + 2.638\ 067\lambda_0 - 100)}{120(300 - 170 - 2.638\ 067\lambda_0)} + \frac{10^5(300 - 3.75\lambda_0 - 170 - 2.638\ 067\lambda_0)}{80(400 - 300 + 3.75\lambda_0)} + \right.$$

$$\left. \frac{10^5(500 - 300 + 3.75\lambda_0)}{4000}\right\}$$

解得　　　$\lambda_0 = 1.971\ 733$

$$\boldsymbol{x}_1 = (170,\ 300)^{\mathrm{T}} - 1.971\ 733\ (-2.638\ 067,\ 3.75)^{\mathrm{T}}$$

$$= (175.201\ 569,\ 292.605\ 988)^{\mathrm{T}}$$

$$f(\boldsymbol{x}_1) = 7053.519\ 043$$

$$\{\nabla f_1\} = \left(\frac{\partial f}{\partial x_1}, \frac{\partial f}{\partial x_2}\right)^{\mathrm{T}} = (-0.938\ 232,\ -0.636\ 305)^{\mathrm{T}}$$

$$\|\{\nabla f_1\}\| = \left[\left(\frac{\partial f}{\partial x_1}\right)^2 + \left(\frac{\partial f}{\partial x_2}\right)^2\right]^{\frac{1}{2}} = \left[(-0.938\ 232)^2 + (-0.636\ 305)^2\right]^{\frac{1}{2}}$$

$$= 1.133\ 650 > \varepsilon = 0.5$$

则进行第二次搜索：

沿 $-\{\nabla f_1\}$ 方向求极小点：

$$\min f(\{x_1\} - \lambda_1 \{\nabla f_1\}) = \min\left\{\frac{10^5(175.201\ 569 + 0.938\ 232\lambda_1 - 100)}{120(300 - 175.201\ 569 - 0.938\ 232\lambda_1)} + \right.$$

$$\frac{10^5(292.605\ 988 + 0.636\ 305\lambda_1 - 175.201\ 569 - 0.938\ 232\lambda_1)}{80(400 - 292.605\ 988 - 0.636\ 305\lambda_1)} + $$

$$\left. \frac{10^5(500 - 292.605\ 988 - 0.636\ 305\lambda_1)}{4000}\right\}$$

解得　　　$\lambda_1 = 5.827\ 528$

$$\boldsymbol{x}_2 = (175.201\ 569,\ 292.605\ 988)^{\mathrm{T}} - 5.827\ 528\ (-0.938\ 232,\ -0.636\ 305)^{\mathrm{T}}$$

$$= (180.669\ 144,\ 296.314\ 087)^{\mathrm{T}}$$

$$f(\boldsymbol{x}_2) = 7049.665\ 527$$

$$\{\nabla f_2\} = \left(\frac{\partial f}{\partial x_1}, \frac{\partial f}{\partial x_2}\right)^{\mathrm{T}} = (-0.351\ 399,\ 0.501\ 765)^{\mathrm{T}}$$

$$\|\{\nabla f_2\}\| = \left[\left(\frac{\partial f}{\partial x_1}\right)^2 + \left(\frac{\partial f}{\partial x_2}\right)^2\right]^{\frac{1}{2}} = \left[(-0.351\ 399)^2 + 0.501\ 765^2\right]^{\frac{1}{2}}$$

$$= 0.612\ 576 > \varepsilon = 0.5$$

则进行第三次搜索：

沿 $-\{\nabla f_2\}$ 方向求极小点：

$$\min f(\{x_2\} - \lambda_2 \{\nabla f_2\})$$

$$= \min \left\{ \begin{array}{l} \dfrac{10^5(180.669\ 144 + 0.351\ 399\lambda_2 - 100)}{120(300 - 180.669\ 144 - 0.351\ 399\lambda_2)} \\[3mm] + \dfrac{10^5(296.314\ 087 - 0.501\ 765\lambda_2 - 180.669\ 144 - 0.351\ 399\lambda_2)}{80(400 - 296.314\ 087 + 0.501\ 765\lambda_2)} \\[3mm] + \dfrac{10^5(500 - 296.314\ 087 + 0.501\ 765\lambda_2)}{4000} \end{array} \right\}$$

解得　　$\lambda_2 = 1.957\ 370$

$$\boldsymbol{x}_3 = (180.669\ 144,\ 296.314\ 087)^{\mathrm{T}} - 1.957\ 370\ (-0.351\ 399,\ 0.501\ 765)^{\mathrm{T}}$$
$$= (181.356\ 964,\ 295.331\ 940)^{\mathrm{T}}$$

$$f(\boldsymbol{x}_3) = 7049.290\ 039$$

$$\{\nabla f_3\} = \left(\frac{\partial f}{\partial x_1}, \frac{\partial f}{\partial x_2} \right)^{\mathrm{T}} = (4\ x_1\ ,\ 50\ x_2)^{\mathrm{T}} = (-0.102\ 174,\ -0.053\ 058)^{\mathrm{T}}$$

$$\| \{\nabla f_3\} \| = \left[\left(\frac{\partial f}{\partial x_1} \right)^2 + \left(\frac{\partial f}{\partial x_2} \right)^2 \right]^{\frac{1}{2}} = [(-0.102\ 174)^2 + (-0.053\ 058)^2]^{\frac{1}{2}}$$
$$= 0.115\ 129 < \varepsilon = 0.5$$

满足精度要求，迭代终止。

函数得最小值为

$$\min f(\boldsymbol{x}) = f(\boldsymbol{x}_3) = 7049.290\ 039$$

最小点为 $\boldsymbol{x}^* = \boldsymbol{x}_3 = (181.356\ 964,\ 295.331\ 940)^{\mathrm{T}}$

二、多维有约束非线性优化方法及其应用

前面已经讨论了多变量无约束问题的优化，其变量的取值不受任何限制。但在电力生产实际中，我们经常会遇到变量的取值受到一些条件（如技术要求、运行条件、经济及安全等）的限制，即多变量有约束问题的优化，正如第二章介绍的线性规划问题一样，只不过线性规划问题的模型中各函数均为线性。本章将讨论一般的带有约束的非线性最优化问题，或称为有约束非线性规划问题。其一般形式为

$$\begin{aligned} \min\quad & f(\boldsymbol{x}) \\ \text{s. t.}\quad & g_k(x) \geqslant 0 \qquad (k = 1, 2, \cdots, m) \\ & h_k(x) = 0 \qquad (k = 1, 2, \cdots, l) \end{aligned}$$

上式中起码要有一个函数为非线性函数。不等式约束是为了保证变量在取值过程中在物理上的可实现性所加的限制。等式约束反映了变量之间的内在联系规律，这里，l 个等式方程是独立的，且 $l < n$（n 为变量的个数）。因为如果变量个数等于独立的等式约束数目，则所有变量均可以通过求解约束方程所构成的方程组来得到，而不需要也不必要采用优化方法求解。

（一）等式约束条件的非线性问题的优化

对于一般的 n 维变量函数来说，目标函数为

$$f(\boldsymbol{x}) = f(x_1\ ,\ x_2\ ,\ \cdots,\ x_n) \tag{3-24}$$

等式约束条件为

$$g_k(\boldsymbol{x}) = g_k(x_1\ ,\ x_2\ ,\ \cdots,\ x_n) = 0 \qquad (k = 1, 2, \cdots, m) \tag{3-25}$$

其最优化问题求解的基本思想就是将有约束问题转化为无约束最优化问题。

1. 等式约束时极值存在的必要条件

以二维函数为例，设目标函数 $f(\boldsymbol{x}) = f(x_1, x_2)$，等式约束为 $g(x_1, x_2) = 0$。

在无约束时，极值点存在的条件为

$$\frac{\partial f^*}{\partial x_1} = \frac{\partial f^*}{\partial x_2} = 0 \text{，即 } \mathrm{d}f = \left(\frac{\partial f^*}{\partial x_1}\right)\mathrm{d}x_1 + \left(\frac{\partial f^*}{\partial x_2}\right)\mathrm{d}x_2 = 0 \tag{3-26}$$

当有等式约束时，除了要满足以上的关系式外，还必须满足

$$\mathrm{d}g = \left(\frac{\partial g^*}{\partial x_1}\right)\mathrm{d}x_1 + \left(\frac{\partial g^*}{\partial x_2}\right)\mathrm{d}x_2 = 0 \tag{3-27}$$

$$\frac{\mathrm{d}x_2}{\mathrm{d}x_1} = -\frac{\left(\dfrac{\partial f^*}{\partial x_1}\right)}{\left(\dfrac{\partial f^*}{\partial x_2}\right)} \tag{3-28}$$

$$\frac{\mathrm{d}x_2}{\mathrm{d}x_1} = -\frac{\left(\dfrac{\partial g^*}{\partial x_1}\right)}{\left(\dfrac{\partial g^*}{\partial x_2}\right)} \tag{3-29}$$

即

$$\left(\frac{\partial f^*}{\partial x_1}\right)\left(\frac{\partial g^*}{\partial x_2}\right) - \left(\frac{\partial f^*}{\partial x_2}\right)\left(\frac{\partial g^*}{\partial x_1}\right) = 0 \tag{3-30}$$

这就是在等式约束条件下使目标函数 f 为极小的必要条件。

2. 拉格朗日乘子法的计算方法及步骤

将式（3-30）改写为

$$\frac{\left(\dfrac{\partial f^*}{\partial x_1}\right)}{\left(\dfrac{\partial g^*}{\partial x_1}\right)} = \frac{\left(\dfrac{\partial f^*}{\partial x_2}\right)}{\left(\dfrac{\partial g^*}{\partial x_2}\right)} \tag{3-31}$$

令此比值等于一个可正可负的常数 λ，即

$$\lambda = \frac{\left(\dfrac{\partial f^*}{\partial x_1}\right)}{\left(\dfrac{\partial g^*}{\partial x_1}\right)} = \frac{\left(\dfrac{\partial f^*}{\partial x_2}\right)}{\left(\dfrac{\partial g^*}{\partial x_2}\right)} \tag{3-32}$$

则 λ 称为拉格朗日待定乘数，或称为朗格朗日乘子。于是，由式（3-32）连同 $g(x_1, x_2) = 0$，有

$$\begin{cases} \left(\dfrac{\partial f^*}{\partial x_1}\right) - \lambda\left(\dfrac{\partial g^*}{\partial x_1}\right) = 0 \\[2mm] \left(\dfrac{\partial f^*}{\partial x_2}\right) - \lambda\left(\dfrac{\partial g^*}{\partial x_2}\right) = 0 \\[2mm] g(x_1, x_2) = 0 \end{cases} \tag{3-33}$$

解此联立方程式可以得到 x_1^*，x_2^* 和 λ^*，即可以求出极值点。方程组（3-33）相当于求解一个无约束函数 $L(x_1, x_2, \lambda) = f(x_1, x_2) - \lambda g(x_1, x_2)$ 的极值点。此函数极值点存在的必要条件为

$$\left(\frac{\partial L}{\partial x_1}\right) = \left(\frac{\partial L}{\partial x_2}\right) = \frac{\partial L}{\partial \lambda} = 0 \tag{3-34}$$

此即为式（3-33）的结果。这个新定义的函数称为拉格朗日函数。

综上所述，通过拉格朗日乘子，可以使求等式约束条件下函数 f 的极小点，变成求拉

格朗日函数 L 的驻点。这种引进待定乘子 λ，将有等式约束的寻优问题转化为无约束的寻优问题的方法，称为拉格朗日乘子法。

当目标函数为 n 维变量函数 $f(\boldsymbol{x})$，且有 $m(m<n)$ 个等式约束条件，即

$$g_k(\boldsymbol{x})=0 \quad (k=1,2,\cdots,m)$$

则，拉格朗日函数为

$$L(\boldsymbol{x},\boldsymbol{\lambda})=f(\boldsymbol{x})-\sum_{k=1}^{m}\lambda_k g_k(x_1,x_2) \tag{3-35}$$

此时，函数 L 为极小的必要条件为

$$\begin{cases} \dfrac{\partial L}{\partial x_i}=0 \\[2mm] \dfrac{\partial L}{\partial \lambda_k}=0 \end{cases} \tag{3-36}$$

为了便于计算机求解，利用梯度下降法进行计算，一般引入新的函数

$$Z=\sum_{i=1}^{n}\left(\frac{\partial L}{\partial x_i}\right)^2+\sum_{k=1}^{m}\left[g_k(\boldsymbol{x})\right]^2 \tag{3-37}$$

这样，就把原有约束问题转化为无约束的问题了。然后，利用计算机求解无约束的多变量函数的最优化问题使函数 Z 最小，其解即为原问题的最优解。

例 3-24 求解有等式约束的非线性函数极值问题

$$\begin{aligned} &\min \quad f(\boldsymbol{x})=-x_1 x_2 \\ &\text{s.t.} \quad x_1+x_2=1 \end{aligned}$$

解：构造拉格朗日函数

$$L(x_1,x_2,\lambda)=f(x_1,x_2)-\lambda g(x_1,x_2)=-x_1 x_2-\lambda(x_1+x_2-1)$$

函数 L 对各项求导，得

$$\frac{\partial L}{\partial x_1}=-x_2-\lambda$$

$$\frac{\partial L}{\partial x_2}=-x_1-\lambda$$

得到函数 Z 为

$$Z=\sum_{i=1}^{n}\left(\frac{\partial L}{\partial x_i}\right)^2+\sum_{k=1}^{m}\left[g_k(x)\right]^2=(-x_1-\lambda)^2+(-x_2-\lambda)^2+(x_1+x_2-1)^2$$

这样就将原有约束非线性优化问题转化为无约束优化问题。利用计算机求解 Z 函数的极小点即为原问题的极小点。

（二）不等式约束条件的非线性问题的优化

拉格朗日乘子法不仅可以解决具有等式约束的非线性函数优化问题，而且也可以用于求解具有不等式约束的非线性函数优化问题。

对于不等式约束条件，可以设法引入松弛变量，使不等式约束变为等式约束。然后，利用前一节介绍的方法求解。

例如，若不等式约束为

$$g(\boldsymbol{x})=ax_1+bx_2+c\leqslant 0$$

引入松弛变量 x_3。由于在非线性规划问题中，没有变量为非负的约束，即不要求 $x_i\geqslant 0$。因此，为保证不等式的成立，引入松弛变量均用平方项，以便保证引入项为非负的。由此可以得到

$$g(\boldsymbol{x}) = ax_1 + bx_2 + c + x_3^2 = 0$$

这样，就把不等式约束变为等式约束，利用拉格朗日乘子法进行求解。

例 3-25　约束条件为

$$g_1(\boldsymbol{x}) = 3x_1 + 4x_2 - 6 \leqslant 0$$
$$g_2(\boldsymbol{x}) = -x_1 + 4x_2 - 2 \leqslant 0$$

求目标函数的最小值，即

$$f(\boldsymbol{x}) = 2x_1^2 - 2x_1x_2 + 2x_2^2 - 6x_1 = \min$$

解：

第一步：加松弛变量 x_3、x_4，使不等式约束变为等式约束

$$g_1(\boldsymbol{x}) = 3x_1 + 4x_2 - 6 + x_3^2 = 0$$
$$g_2(\boldsymbol{x}) = -x_1 + 4x_2 - 2 + x_4^2 = 0$$

第二步：引入拉格朗日函数

$$\begin{aligned}
L(x,\lambda) &= f(\boldsymbol{x}) - \sum_{k=1}^{m} \lambda_k g_k(x_1,x_2) \\
&= (2x_1^2 - 2x_1x_2 + 2x_2^2 - 6x_1) - \lambda_1(3x_1 + 4x_2 - 6 + x_3^2) - \\
&\quad \lambda_2(-x_1 + 4x_2 - 2 + x_4^2)
\end{aligned}$$

第三步：引入 Z 函数，将有约束问题转化为无约束问题

$$\begin{aligned}
Z &= \sum_{i=1}^{n} \left(\frac{\partial L}{\partial x_i}\right)^2 + \sum_{k=1}^{m} \left[g_k(\boldsymbol{x})\right]^2 \\
&= (4x_1 - 2x_2 - 6 - 3\lambda_1 + \lambda_2)^2 + (-2x_1 + 4x_2 - 4\lambda_1 - 4\lambda_2)^2 + (2\lambda_1 x_3)^2 + (2\lambda_2 x_4)^2 + \\
&\quad (3x_1 + 4x_2 + x_3^2 - 6)^2 + (-x_1 + 4x_2 + x_4^2 - 2)^2
\end{aligned}$$

第四步：利用计算机求解 Z 函数的极小值，其解即为原问题的最优解。注意，该 Z 函数属于具有多峰值的优化问题。在采用梯度下降法求解时，给定不同的初值，会得到不同的极小解。因此，在求解时，应该尽可能多的选择不同的初值，通过比较不同极小点所对应的极小值，其最小者即为问题的最小值，所对应的极小点即为最小点。

（三）拉格朗日乘子法在电厂中的应用

例 3-26　求多层复合保温的最优化。现以两层保温为例，参看图 3-10。

解：要确定两层热绝缘的最经济厚度，即确定直径 d_2 和 d_3，此为一个二维有约束的最优化问题。

取决策变量为

$$\{\boldsymbol{x}\} = \begin{pmatrix} x_1 \\ x_2 \end{pmatrix} = \begin{pmatrix} d_2 \\ d_3 \end{pmatrix}$$

最优化模型为

$$y = bQ + ps = \frac{\pi mb(t_1 - t_3) \times 10^{-6}}{\dfrac{1}{2\lambda_1}\ln\dfrac{d_2}{d_1} + \dfrac{1}{2\lambda_2}\ln\dfrac{d_3}{d_2} + \dfrac{1}{d_3\alpha_3}} +$$

$$p\,\frac{\pi}{4} \times 10^{-3}\left[(d_2^2 - d_1^2)\rho_1 a_1 + (d_3^2 - d_2^2)\rho_2 a_2\right]$$

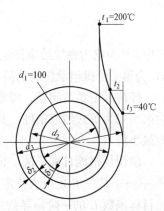

图 3-10　两层保温层的断面
d_2—第一层保温层的外径；
d_3—第二层保温层的外径；
λ_1—第一层保温层的导热系数；
λ_2—第二层保温层的导热系数；
ρ_1—第一层保温材料的密度；
ρ_2—第二层保温材料的密度；
t_2—第一层保温材料的外表温度；
t_3—第二层保温材料外表温度。
其他符号与图 3-1 相同

约束条件为

$$\text{s. t.} \quad g_1(\boldsymbol{x}) = d_2 - d_1 \geqslant 0$$

$$g_2(\boldsymbol{x}) = d_3 - d_2 \geqslant 0$$

$$\frac{2\pi(t_1 - t_3)}{\dfrac{1}{2\lambda_1}\ln\dfrac{d_2}{d_1} + \dfrac{1}{2\lambda_2}\ln\dfrac{d_3}{d_2} + \dfrac{1}{d_3\alpha_3}} \leqslant 90$$

其中，90 是根据技术要求限定的热损失。

通过求解上述有约束的二维非线性优化问题，可以得到复合保温层的最经济厚度，以便保证年运行费用最小。

例 3-27 单元机组之间负荷的等微增优化分配。

电力系统应及时调整系统内各种类型电厂的负荷，以适应各用户的需要，故电厂的单元机组不可能全都在经济工况下运行，存在一个电厂内各机组间进行负荷合理分配的问题，称为负荷的优化分配或经济调度。并列运行机组间负荷的优化分配，是在全厂机组负荷没有带满的情况下，如何在满足用电需要、保证电力系统稳定和主要设备"健康"的前提下，最合理地将电网给定电厂的负荷，经济分配给各机组，使得总的能量消耗最少的问题。

在目前大部分教科书及有关文献中，单元机组之间的负荷分配通常采用下面介绍的方法。

假定电厂内单元机组之间的组合是给定的（有 n 台机组共同承担负荷），若不计线损，电力系统在某一时刻分配给该厂的有功负荷为 P，经济分配负荷使该厂的总能耗（总热耗或煤耗）为最小。其数学表达式为

$$\left. \begin{array}{l} P = P_1 + P_2 + \cdots + P_n = \text{const} \\ B = B_1 + B_2 + \cdots + B_n = \min \end{array} \right\} \tag{3-38}$$

式中：P 为电力系统给定该电厂的总有功负荷；B 为火电厂的总煤耗量；P_j（$j = 1, 2, \cdots, n$）为第 j 台机组承担的负荷；B_j（$j = 1, 2, \cdots, n$）为第 j 台机组的煤耗量。

经济分配负荷问题，即数学上的等式约束条件下求多变量函数的极值问题，式（3-38）中第一式为等式约束条件，其第二式是优化目标函数，即在满足第一式的条件下，使第二式为最小值。

应用拉格朗日乘子法，将条件极值问题转化为无条件极值问题进行求解，对 $W = P_1 + P_2 + \cdots + P_n - P$，引入待定乘子 λ 及拉格朗日函数 $L = B - \lambda W$。条件极值的必要条件为附加目标函数 L 的一阶偏导数为零，其充分条件为 L 的二阶偏导数大于零，则存在极小值。

于是问题变成以 P_1、P_2、$\cdots$、P_n 为多变量，求附加目标函数 L 的无条件极值，即 L 对多变量 P_j 的一阶导数为零

$$\left. \begin{array}{l} \dfrac{\partial L}{\partial p_1} = \dfrac{\partial B}{\partial p_1} - \lambda \dfrac{\partial W}{\partial p_1} = 0 \\[2ex] \dfrac{\partial L}{\partial p_2} = \dfrac{\partial B}{\partial p_2} - \lambda \dfrac{\partial W}{\partial p_2} = 0 \\[2ex] \cdots \quad \cdots \quad \cdots \quad \cdots \\[1ex] \dfrac{\partial L}{\partial p_n} = \dfrac{\partial B}{\partial p_n} - \lambda \dfrac{\partial W}{\partial p_n} = 0 \end{array} \right\} \tag{3-39}$$

显然，每一机组的煤耗量仅仅与其自身的煤耗特性有关，故

$$\frac{\partial B}{\partial p_1} = \frac{\partial B_1}{\partial p_1}, \frac{\partial B}{\partial p_2} = \frac{\partial B_2}{\partial p_2} \cdots, \frac{\partial B}{\partial p_n} = \frac{\partial B_n}{\partial p_n} \tag{3-40}$$

另外，当电厂承担的总功率 P 为一定值时，有

$$\frac{\partial W}{\partial P_1} = 1, \frac{\partial W}{\partial P_2} = 1, \cdots, \frac{\partial W}{\partial P_n} = 1 \tag{3-41}$$

将式（3-40）、式（3-41）代入式（3-39），得

$$\frac{\partial B_1}{\partial P_1} = \frac{\partial B_2}{\partial P_2} = \cdots = \frac{\partial B_n}{\partial P_n} = \lambda \tag{3-42}$$

其中，$\frac{\partial B_j}{\partial P_j}$ 表示机组每增加单位功率所增加的煤耗量，成为微增煤耗率，用 b_j 表示。则式（3-42）即为等微增煤耗率方程。

为了说明按照微增煤耗率相等的原则，亦即按照式（3-42）求得的电厂总煤耗量为极小，而不是极大，对附加目标函数 L 求二阶偏导数，得（3-43）。

$$\begin{bmatrix} \dfrac{\partial^2 B}{\partial p_1 \partial p_1} & \dfrac{\partial^2 B}{\partial p_1 \partial p_2} & \cdots & \dfrac{\partial^2 B}{\partial p_1 \partial p_n} \\ \dfrac{\partial^2 B}{\partial p_2 \partial p_1} & \dfrac{\partial^2 B}{\partial p_2 \partial p_2} & \cdots & \dfrac{\partial^2 B}{\partial p_2 \partial p_n} \\ \vdots & \vdots & \vdots & \vdots \\ \dfrac{\partial^2 B}{\partial p_n \partial p_1} & \dfrac{\partial^2 B}{\partial p_n \partial p_2} & \cdots & \dfrac{\partial^2 B}{\partial p_n \partial p_n} \end{bmatrix} = \begin{bmatrix} \dfrac{\partial b_1}{\partial p_1} & 0 & \cdots & 0 \\ 0 & \dfrac{\partial b_2}{\partial p_2} & \cdots & 0 \\ \vdots & \vdots & \vdots & \vdots \\ 0 & 0 & \cdots & \dfrac{\partial b_n}{\partial p_n} \end{bmatrix} \tag{3-43}$$

由高等数学的知识，附加目标函数 L 取极小值的充分条件为式（3-43）的对角线上的所有子行列式都是正值，即矩阵是正定的，也即其二阶导数大于零。而锅炉、单元机组的微增煤耗率特性曲线是连续上凹的，且随负荷的上升而单调地增大，即所有子行列式均为正值，故按等微增率分配负荷的总煤耗为最小。

另外，对于单元机组，锅炉的负荷要与汽轮机的负荷相适应，若汽轮机最小负荷时的汽耗量小于锅炉的最小稳定负荷时，则锅炉多余的蒸汽将通过旁路排放到凝汽器，造成能量损失。因此，汽轮机长期运行的最小负荷要对应于锅炉允许的最小稳定负荷。

通常，以锅炉不投油燃烧时的最小稳定蒸发量所对应的机组负荷作为单元机组的最小负荷。但很显然，式（3-38）的约束条件中并没有考虑这个问题。因此，单纯采用等微增确定的机组负荷分配方案有时是不可行的。

例 3-28 已知某电厂装有两台中间再热凝汽式汽轮发电机组，1 号机为 125MW 汽轮机，配 400t/h 锅炉，2 号机为 120MW，配 380t/h 锅炉。两台机组均为单元制，并入电网运行。两台汽轮发电机组的技术最低负荷均为 9MW。当电网分给该电厂不同负荷时，试对两台机组之间的负荷进行最优分配。

解：通过建立该厂两台机组的煤耗特性方程，采用拉格朗日方法，并考虑一定的约束条件，即可以对这两台机组之间的负荷进行最优分配（中间过程略）。其最优分配方案见表 3-8。

表 3-8   **机组之间负荷分配结果**

全　　厂		1 号机组		2 号机组	
负荷（MW）	煤耗率（t/h）	负荷（MW）	煤耗率（t/h）	负荷（MW）	煤耗率（t/h）
212.099	68.2	120.235	38.3	91.864	29.8
215.826	69.2	121.046	38.6	94.780	30.6
220.483	70.6	122.059	38.9	98.424	31.7
223.212	71.3	123.072	39.2	100.140	32.2
225.941	72.2	124.085	39.4	101.856	32.7
228.124	72.8	124.895	39.7	103.229	33.1

第四节　现代最优化计算方法及其应用

现代非线性优化算法是 20 世纪 80 年代初兴起的启发式算法。所谓启发式算法是相对于最优化算法提出的基于直观或经验构造的算法，其在可接受的花费（指计算时间和空间）下给出待解决组合优化问题每一个实例的一个可行解，且该可行解与最优解的偏离程度一般不能被预计。启发式算法主要包括禁忌搜索（Tabu Search，TS）、模拟退火（Simulated Annealing，SA）、遗传算法（Genetic Algorithm，GA）、人工神经网络（Artificial Neural Networks，ANNs）和蚁群算法（Ant Colony Optimization，ACO）等。它们主要用于解决大量的实际应用问题。目前，这些算法在理论和实际应用方面得到了较大的发展。

一、禁忌搜索算法

1. 算法简介

禁忌搜索（Tabu Search，TS）的思想最早是由美国科学家 Fred Glover 于 1986 年提出的，它是组合优化算法的一种，是对局部领域搜索的一种扩展，是一种全局逐步寻优算法，是对人类智力过程的一种模拟。禁忌搜索算法通过引入一个灵活的存储结构和相应的禁忌准则来避免迂回搜索，并通过藐视准则来赦免一些被禁忌的优良状态，进而保证多样化的有效探索以最终实现全局优化。禁忌搜索算法的特点是采用了禁忌技术。所谓禁忌就是禁止重复前面的工作。禁忌搜索算法用一个禁忌表记录下已经到达过的局部最优点，在下一次搜索中，利用禁忌表中的信息不再或有选择地搜索这些点。

禁忌搜索算法的基本思想是：给定一个初始解（随机的），并且给定这个初始解的一个邻域，然后在此初始解的邻域中确定某些解作为算法的候选解；给定一个状态，"best so far"（即当前最优解）；若最佳候选解所对应的目标值优于"best so far"状态，则忽视它的禁忌特性，并且用这个最佳候选解替代当前解和"best so far"状态，并将相应的解加入到禁忌表中，同时修改禁忌表中各个解的任期；若找不到上述候选解，则在候选解里面选择非禁忌的最佳状态作为新的当前解，并且不管它与当前解的优劣，并且将相应的解加入到禁忌表中，同时修改禁忌表中各对象的任期；最后，重复上述搜索过程，直至我们得到的解满足停止准则。

和传统的算法相比，禁忌搜索算法的主要特点是：

（1）在搜索过程中可以出现一些劣解，因此具有比较强的"爬山"能力。

（2）新解不是在当前解的邻域中随机产生，而或是优于"best so far"状态的解，或是非禁忌的最佳解，因此选取优良解的概率就会远远大于其他解。

但是，禁忌搜索也有明显的不足，表现在：

（1）对初始解有较强的依赖性，好的初始解可使禁忌搜索算法在解空间中很快搜索到好的解，而较差的初始解则会降低禁忌搜索的收敛速度，进而影响我们找到最优解。

（2）迭代搜索过程是串行的，也就是仅仅是单一状态的移动，而不是并行搜索。

为了进一步改善禁忌搜索的性能，一方面我们可以对禁忌搜索算法本身的算法参数的选取进行改进和优化，另一方面则可以与其他算法相结合。

2. 算法应用

（1）组合优化。禁忌搜索算法可以广泛应用于组合优化问题，如旅行商问题（Travelling Salesman Problem）、置换 Flow-shop（置换型流水生产线）问题等。

（2）函数优化。对于函数优化问题，设计禁忌搜索算法的目的主要是克服局部极小的影响以实现全局最优。

（3）多目标优化。使用禁忌搜索算法求解多目标优化问题，是通过引入权重机制，将多目标问题化为单目标问题，然后求解。

二、模拟退火算法

1. 算法简介

模拟退火算法（Simulated Annealing，SA）最早的思想是由 N. Metropolis 等人于 1953 年提出。1983 年，S. Kirkpatrick 等成功地将退火思想引入到组合优化领域。它是基于 Monte-Carlo 迭代求解策略的一种随机寻优算法，其出发点是基于物理中固体物质的退火过程与一般组合优化问题之间的相似性。模拟退火算法从某一较高初温出发，伴随温度参数的不断下降，结合概率突跳特性在解空间中随机寻找目标函数的全局最优解，即在局部最优解能概率性地跳出并最终趋于全局最优。模拟退火算法是一种通用的优化算法，理论上算法具有概率的全局优化性能，目前已在工程中得到了广泛应用，诸如超大规模集成电路（Very Large Scale Integration，VLSI）、生产调度、控制工程、机器学习、神经网络、信号处理等领域。

模拟退火算法是通过赋予搜索过程一种时变且最终趋于零的概率突跳性，从而可有效避免陷入局部极小并最终趋于全局最优的串行结构的优化算法。

模拟退火算法来源于固体退火原理，将固体加温至充分高，再让其徐徐冷却，加温时，固体内部粒子随温升变为无序状，热力学能增大，而徐徐冷却时粒子渐趋有序，在每个温度都达到平衡态，最后在常温时达到基态，热力学能减为最小。根据 Metropolis 准则，粒子在温度 T 时趋于平衡的概率为 $\exp(-\Delta E/(kT))$，其中 E 为温度 T 时的热力学能，ΔE 为其改变量，k 为 Boltzmann 常数。用固体退火模拟组合优化问题，将热力学能 E 模拟为目标函数值 f，温度 T 演化成控制参数 t，即得到解组合优化问题的模拟退火算法：由初始解 i 和控制参数初值 t 开始，对当前解重复"产生新解→计算目标函数差→接受或舍弃"的迭代，并逐步衰减 t 值，算法终止时的当前解即为所得近似最优解，这是基于蒙特卡罗迭代求解法的一种启发式随机搜索过程。退火过程由冷却进度表（Cooling Schedule）控制，包括控制参数的初值 t 及其衰减因子 Δt、每个 t 值时的迭代次数 L 和停止条件 S。

模拟退火算法与初始值无关，算法求得的解与初始解状态 S（是算法迭代的起点）无关；模拟退火算法具有渐近收敛性，已在理论上被证明是一种以概率收敛于全局最优解的全局优化算法。

2. 算法应用

模拟退火算法作为一种通用的随机搜索算法，现已广泛用于 VLSI 设计、图像识别和神经网计算机的研究。基于模拟退火算法的一些实用系统已经问世。

（1）模拟退火算法在 VLSI 设计中的应用。利用模拟退火算法进行 VLSI 的最优设计，是目前模拟退火算法最成功的应用实例之一。用模拟退火算法几乎可以很好地完成所有关于优化的 VLSI 设计工作，如全局布线、布板、布局和逻辑最小化等。实践证明，模拟退火算法在解决这些问题时给出了很好的结果，优于传统算法所得到的结果。

（2）模拟退火算法在神经网计算机中的应用。模拟退火算法由于具有跳出局部最优陷阱的能力，因此被用作 Boltzmann 机的学习算法，从而使 Boltzmann 机克服了 Hopfield 神经网模型的缺点（即经常收敛到局部最优值）。在 Boltzmann 机中，即使系统落入了局部最优的陷阱，经过一段时间后，它还能再跳出来，使系统最终将往全局最优值的方向收敛。

（3）模拟退火算法在图像处理中的应用。模拟退火算法可用来进行图像恢复等工作，即把一幅被"污染"的图像重新恢复成清晰的原图，滤掉其中被畸变的部分。实验结果表明，模拟退火算法不但可以很好地完成图像恢复工作，而且它还具有很大的并行性。因此它在图像处理方面的应用前景是广阔的。

除了上述应用外，模拟退火算法还用于求解其他各种组合优化问题，如旅行商问题和背包问题等。大量的模拟实验表明，模拟退火算法在求解这些问题时能产生令人满意的近似最优解，而且所用的时间也不是很长。

三、遗传算法

1. 算法简介

遗传算法是模拟达尔文生物进化论的自然选择和遗传学机理的生物进化过程的计算模型，是一种通过模拟自然进化过程搜索最优解的方法。遗传算法是从代表问题可能潜在的解集的一个种群开始的，而一个种群则由经过基因编码的一定数目的个体组成。每个个体实际上是染色体带有特征的实体。染色体作为遗传物质的主要载体，即多个基因的集合，其内部表现（即基因型）是某种基因组合，它决定了个体的形状的外部表现，如黑头发的特征是由染色体中控制这一特征的某种基因组合决定的。因此，在一开始需要实现从表现型到基因型的映射即编码工作。由于仿照基因编码的工作很复杂，我们往往进行简化，如二进制编码，初代种群产生之后，按照适者生存和优胜劣汰的原理，逐代演化产生出越来越好的近似解，在每一代，根据问题域中个体的适应度大小选择个体，并借助于自然遗传学的遗传算子进行组合交叉和变异，产生出代表新的解集的种群。这个过程将导致种群像自然进化一样的后生代种群比前代更加适应于环境，末代种群中的最优个体经过解码，可以作为问题近似最优解。

遗传算法是由美国的 J. Holland 教授于 1975 年首先提出，其主要特点是直接对结构对象进行操作，不存在求导和函数连续性的限定；具有内在的隐并行性和更好的全局寻优能力；采用概率化的寻优方法，能自动获取和指导优化的搜索空间，自适应地调整搜索方向，不需要确定的规则。遗传算法的这些性质，已被人们广泛地应用于组合优化、机器学习、信号处理、自适应控制和人工生命等领域。它是现代有关智能计算中的关键技术。

遗传算法也是计算机科学人工智能领域中用于解决最优化的一种搜索启发式算法，是进化算法的一种。这种启发式通常用来生成有用的解决方案来优化和搜索问题。进化算法最初是借鉴了进化生物学中的一些现象而发展起来的，这些现象包括遗传、突变、自然选择以及杂交等。遗传算法在适应度函数选择不当的情况下有可能收敛于局部最优，而不能达到全局最优。

目前，遗传算法已成为进化计算研究的一个重要分支。与传统优化方法相比，遗传算法的优点是：

（1）群体搜索。

（2）不需要目标函数的导数。

（3）概率转移准则。

简单遗传算法（简称 SGA）中的各主要操作如图 3-11 所示。

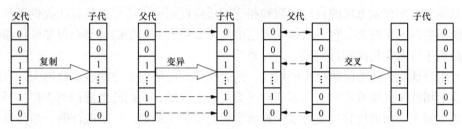

图 3-11　简单遗传算法基本操作示意

针对燃烧优化问题的特点，采用实数编码遗传算法（简称 RGA）。为说明问题，不妨设优化问题的数学模型如下：

$$\min f(\boldsymbol{x}(1), x(2), \cdots, x(p))$$

其中：$a(j) \leqslant x(j) \leqslant b(j), j=1,2,\cdots,p$；$x(j)$ 为第 j 个优化变量；$[a(j), b(j)]$ 为 $x(j)$ 的变化区间；p 为优化变量的数目；f 为目标函数。RGA 包括如下几个步骤：

（1）经归一化处理，完成编码与群体初始化

$$x(j) = a(j) + y(j)(b(j) - a(j)) \quad (j=1,2,\cdots,p)$$

把变化区间为，$[a(j), b(j)]$ 的第 j 个优化变量 $x(j)$ 转换为 $[0, 1]$ 区间上的实数 $y(j)$。

（2）结合目标函数 $f(i)$，计算个体适应度。定义排序后第 i 个个体的适应度函数值 $F(i)$ 为

$$F(i) = \exp(-f(i))$$

（3）选择操作。定义父代个体 $y(j, i)$ 的选择概率 $ps(i)$ 为

$$ps(i) = F(i) / \sum_{i=1}^{n} F(i)$$

（4）杂交操作。根据上式的选择概率选择一对父代个体 $y(j1, i)$ 和 $y(j, i2)$，进行如下随机线性组合产生一个子代个体 $y2(j, i) = uc \cdot y(j, i1) + (1 - uc)y(j, i2)$。其中 $uc \in (0, 1)$ 是随机数。

（5）变异操作。对于 p 个随机数，RGA 的变异操作为

$$\begin{cases} y3(j, i) = u(j), um < pm(i) \\ y3(j, i) = y(j, i), um \geqslant pm(i) \end{cases}$$

式中：$u(j)(j=1 \sim p)$、um 均为（0，1）上的随机数，$pm(i)=1-ps(i)$。

（6）进化生产子代。由前面的第（3）～（5）步得到了 $3n$ 个子代个体，按其适应度值由大到小排序，取最前面的 n 个子代个体作为新的父代群体。算法转入第（2）步，进行下一轮演化计算。

（7）寻优空间的压缩。

经 k 代演化后，在 n 个个体群中选择 g 个最优个体。将每一个变量在选定的最优个体所对应的变化范围作为变量新的初始化区间，即：$a(j)=x_g(j)_{\min}, b(j)=x_g(j)_{\max}$，算法转入第（1）步，重新随机生成 n 个个体作为演化群体。

2. 算法应用

由于遗传算法的整体搜索策略和优化搜索方法在计算时不依赖于梯度信息或其他辅助知识，而只需要影响搜索方向的目标函数和相应的适应度函数，所以遗传算法提供了一种求解复杂系统问题的通用框架，它不依赖于问题的具体领域，对问题的种类有很强的鲁棒性，所以广泛应用于许多优化问题：

（1）组合优化。随着问题规模的增大，组合优化问题的搜索空间也急剧增大，有时在目前的计算上用枚举法很难求出最优解。对这类复杂的问题，人们已经意识到应把主要精力放在寻求满意解上，而遗传算法是寻求这种满意解的最佳工具之一。实践证明，遗传算法对于组合优化中的多项式复杂程度的非确定性问题（Non-Deterministic Polynomial，NP）非常有效。例如，遗传算法已经在求解旅行商问题、背包问题、装箱问题、图形划分问题等方面得到成功的应用。此外，遗传算法也在生产调度问题、自动控制、机器人学、图像处理、人工生命、遗传编码和机器学习等方面获得了广泛的运用。

（2）函数优化。函数优化是遗传算法的经典应用领域，也是遗传算法进行性能评价的常用算例，许多人构造出了各种各样复杂形式的测试函数：连续函数和离散函数、凸函数和凹函数、低维函数和高维函数、单峰函数和多峰函数等。对于一些非线性、多模型、多目标的函数优化问题，用其他优化方法较难求解，而遗传算法可以方便地得到较好的结果。

（3）车间调度。车间调度问题（Job Shop Scheduling Problem，JSP）是一个典型的 NP问题，遗传算法作为一种经典的智能算法广泛用于车间调度中，很多学者都致力于用遗传算法解决车间调度问题，现今也取得了十分丰硕的成果。从最初的传统车间调度问题到柔性作业车间调度问题，遗传算法都有优异的表现，在很多算例中都得到了最优或近优解。

四、人工神经网络

1. 算法简介

人工神经网络是 20 世纪 80 年代以来人工智能领域兴起的研究热点。它从信息处理角度对人脑神经元网络进行抽象，建立某种简单模型，按不同的连接方式组成不同的网络。在工程与学术界也常直接简称为神经网络或类神经网络。神经网络是一种运算模型，由大量的节点（或称神经元）之间相互连接构成。每个节点代表一种特定的输出函数，称为激励函数（Activation Function）。每两个节点间的连接都代表一个对于通过该连接信号的加权值，称之为权重，这相当于人工神经网络的记忆。网络的输出则依网络的连接方式，权重值和激励函数的不同而不同。而网络自身通常都是对自然界某种算法或者函数的逼近，也可能是对一种逻辑策略的表达。BP（Back Propagation）神经网络算法又称为误差反向传播算法，是人工神经网络中的一种监督式的学习算法。BP 神经网络算法在理论上可以逼近任意函数，基本的结构由非线性变化单元组成，具有很强的非线性映射能力。而且网络的中间层数、各层的处理单元数及网络的学习系数等参数可根据具体情况设定，灵活性很大，在优化、信号处理与模式识别、智能控制、故障诊断等许多领域都有着广泛的应用前景。

人工神经网络具有如下特点：

（1）自适应与自组织能力。人工神经网络在学习或训练过程中可改变突触权重值，以适应周围环境的要求。同一网络因学习方式及内容不同可具有不同的功能。人工神经网络是一个具有学习能力的系统，可以发展知识，以致超过设计者原有的知识水平。

（2）泛化能力。泛化能力指对没有训练过的样本，有很好的预测能力和控制能力。特别是，当存在一些有噪声的样本，网络具备很好的预测能力。

（3）非线性映射能力。当系统很透彻或很清楚时，则一般利用数值分析、偏微分方程等数学工具建立精确的数学模型。但当系统很复杂或系统未知，系统信息量很少时，建立精确的数学模型很困难，神经网络的非线性映射能力则表现出优势，因为它不需要对系统进行透彻的了解，就能达到输入与输出的映射关系，这就大大简化了设计的难度。

（4）高度并行性。并行性具有一定的争议性。承认具有并行性理由：神经网络是根据人的大脑而抽象出来的数学模型，由于人可以同时做一些事，所以从功能的模拟角度上看，神经网络也应具备很强的并行性。

2. 算法应用

（1）信息领域的应用。在处理许多问题中，信息来源既不完整，又包含假象，决策规则有时相互矛盾，有时无章可循，这给传统的信息处理方式带来了很大的困难，而神经网络却能很好地处理这些问题，并给出合理的识别与判断。

（2）医学领域的应用。由于人体和疾病的复杂性、不可预测性，在生物信号与信息的表现形式和变化规律（自身变化与医学干预后变化）上，对其进行检测与信号表达，获取的数据及信息的分析、决策等诸多方面都存在非常复杂的非线性联系，适合人工神经网络的应用。目前的研究几乎涉及从基础医学到临床医学的各个方面，主要应用在生物信号的检测与自动分析，医学专家系统等。

（3）经济领域的应用。人工神经网络在经济领域中的应用主要包括市场价格预测和风险评估等方面。对商品价格变动的分析，可归结为对影响市场供求关系的诸多因素的综合分析，传统的统计经济学方法因其固有的局限性，难以对价格变动做出科学的预测，而人工神经网络容易处理不完整的、模糊不确定或规律性不明显的数据，所以用人工神经网络进行价格预测有着传统方法无法相比的优势；事先对风险做出科学的预测和评估是防范风险的最佳办法，应用人工神经网络的预测思想是根据具体现实的风险来源，构造出适合实际情况的信用风险模型的结构和算法，得到风险评价系数，然后确定实际问题的解决方案，利用该模型进行实证分析能够弥补主观评估的不足，可以取得满意效果。

（4）控制领域的应用。人工神经网络由于其独特的模型结构和固有的非线性模拟能力，以及高度的自适应和容错特性等突出特征，在控制系统中获得了广泛的应用。其在各类控制器框架结构的基础上，加入了非线性自适应学习机制，从而使控制器具有更好的性能。基本的控制结构有监督控制、直接逆模控制、模型参考控制、内模控制、预测控制、最优决策控制等。

（5）交通领域的应用。交通运输问题是高度非线性的，可获得的数据通常是大量的、复杂的，用神经网络处理相关问题有它巨大的优越性。应用范围涉及汽车驾驶员行为的模拟、参数估计、路面维护、车辆检测与分类、交通模式分析、货物运营管理、交通流量预测、运输策略与经济、交通环保、空中运输、船舶的自动导航及船只的辨认、地铁运营及交通控制等领域，并已经取得了很好的效果。

（6）心理学领域的应用。从神经网络模型的形成开始，它就与心理学有着密不可分的联系。神经网络抽象于神经元的信息处理功能，神经网络的训练则反映了感觉、记忆、学习等认知过程。人们通过不断的研究变化人工神经网络的结构模型和学习规则，从不同角度探讨着神经网络的认知功能，为其在心理学的研究中奠定了坚实的基础。近年来，人工神经网络模型已经成为探讨社会认知、记忆、学习等高级心理过程机制的不可或缺的工具，人工神经网络模型还可以对脑损伤病人的认知缺陷进行研究，对传统的认知定位机制提出了挑战。

虽然人工神经网络已经取得了一定的进步，但还存在许多缺陷，例如，应用面不够宽阔，结果不够精确；现有模型算法的训练速度不够高；算法的集成度不够高等。故需进一步对人工神经网络系统进行研究，不断丰富人们对人脑神经的认识。

五、蚁群算法

蚁群算法，又称蚂蚁算法，是一种用来在图中寻找优化路径的概率型算法。它由 Marco Dorigo 于 1992 年在他的博士论文中提出，其灵感来源于蚂蚁在寻找食物过程中发现路径的行为。蚁群算法是一种模拟进化算法，初步的研究表明该算法具有许多优良的性质。针对 PID 控制器参数优化设计问题，将蚁群算法设计的结果与遗传算法设计的结果进行了比较，数值仿真结果表明，蚁群算法具有一种新的模拟进化优化方法的有效性和应用价值。

1. 算法原理

蚂蚁在寻找食物源时，能在其走过的路上释放一种特殊的分泌物——信息素（随着时间的推移该物质会逐渐挥发），后来的蚂蚁选择该路径的概率与当时这条路径上该物质的强度成正比。当某路径上通过的蚂蚁越来越多时，其留下的信息素轨迹也越来越多，后来蚂蚁选择该路径的概率也越高，更增加了该路径的信息素强度。而强度大的信息素会吸引更多的蚂蚁，从而形成一种正反馈机制。通过这种正反馈机制，蚂蚁最终可以发现最短路径。特别地，当蚂蚁巢穴与食物源之间出现障碍物时，蚂蚁不仅可以绕过障碍物，而且通过蚁群信息素轨迹在不同路径上的变化，经过一段时间的正反馈，最终收敛到最短路径上。

2. 算法特点

（1）其原理是一种正反馈机制或称增强型学习系统。它通过信息素的不断更新达到最终收敛于最优路径上。

（2）它是一种通用型随机优化方法。但人工蚂蚁绝不是对实际蚂蚁的一种简单模拟，它融进了人类的智能。

（3）它是一种分布式的优化方法。不仅适合目前的串行计算机，而且适合未来的并行计算机。

（4）它是一种全局优化的方法。不仅可用于求解单目标优化问题，而且可用于求解多目标优化问题。

（5）它是一种启发式算法。计算复杂性为 $O(NC \cdot m \cdot n^2)$，其中，NC 为迭代次数，m 为蚂蚁数目，n 为目的节点数目。

3. 算法应用

目前，蚁群算法已成功地在通信、交通及人工智能等领域中应用，最突出的是求解 NP 完全问题。主要应用领域包括：

（1）二次分配问题（Quadratic Assignment Problem，QAP）。二次分配问题是指分配 n 个设备给 n 个地点，从而使得分配的代价最小，其中代价是设备被分配到位置上方式的函数。

（2）车间任务调度问题（Job Shop Scheduling Problem，JSP）。JSP 问题指已知一组 m 台机器和一组 t 个任务，任务由一组指定的将在这些机器上执行的操作序列组成。车间任务调度问题就是给机器分配操作和时间间隔，从而使所有操作完成的时间最短，并且规定两个工作不能在同一时间在同一台机器上进行。

（3）车辆路线问题（Vehicle Routing Problem，VRP）。VRP 问题来源于交通运输。已知 m 辆车，每辆车的容量为 d，目的是找出最佳行车路线在满足某些约束条件下使得运输成本最小。

（4）机构同构判定问题。在机械设计领域普遍存在的机构同构判定问题，该类问题转化为求解其邻接矩阵的特征编码值的问题，利用蚁群算法对 NP 完全问题所具有的抵御组合爆炸的能力进行求解，在参数选择合适的情况下，取得了令人满意的结果。

（5）学习模糊规则问题。从组成系统模糊语言规则的数据中自动地学习问题。

六、遗传算法在电厂中的应用

锅炉燃烧优化的实质是在限制（或降低）NO_x 排放的基础上提高锅炉效率，因而是一个多目标优化问题。需要采用加权因子，将双目标优化问题转化为单目标优化问题，进而通过权值的不同组合，获得不同的优化解，为优化决策提供支持。

1. 目标函数

锅炉高效低污染燃烧优化问题的目标函数为

$$\min f = a \cdot (\eta_C - \eta_{FC}) + b \cdot ([NO_x]_{FC} - [NO_x]_C)$$

式中：η_C，η_{FC} 为当前锅炉效率及优化后预测锅炉效率，%；$[NO_x]_{FC}$ $[NO_x]_C$ 为 NO_x 排放物的当前值及优化后的预测值，mg/m^3；a，b 为锅炉效率及 NO_x 浓度项的权重。

其中 NO_x 浓度和锅炉效率可以由锅炉 NO_x 排放与效率响应特性模型计算求得。

2. 被优化的操作参数及其约束条件

根据对锅炉效率和 NO_x 排放产生重要影响，并且是运行中可控操作量的原则，选择送入锅炉的总空气量 AIR、二次风门开度 $SAIR(i)$（$i = 1, 2, \cdots, 6$）、燃尽风门开度 $OFA(i)$（$i = 1, 2$）及燃烧器摆动角 C_s 共 10 个参数作为优化变量。

考虑到总空气量与锅炉热负荷（或燃料量）有关，样本数据中总空气量与燃料量之比 $AIR/B = 9.658 \sim 10.629$，取总空气量的变化范围（$9 \sim 11.5$）$B$；结合样本数据，并考虑到操作习惯和安全性，分别取二次风门的开度 $SAIR(i)$ 的变化范围为 $20\% \sim 90\%$，燃尽风门的开度 $OFA(i)$ 的变化范围为 $0\% \sim 100\%$，燃烧器摆动角 C_s 的变化范围为 $30\% \sim 70\%$。由上述描述可得锅炉高效低污染燃烧优化问题的约束条件为

$$\text{s. t.} \begin{cases} 9B \leqslant AIR \leqslant 11.5B \\ 0.2 \leqslant SAIR(i) \leqslant 0.9 \quad (i=1,2,\cdots,6) \\ 0 \leqslant SAIR(i) \leqslant 1 \quad (i=1,2) \\ 0.3 \leqslant C_s \leqslant 0.7 \end{cases}$$

优化计算的迭代次数为 40 次（因演化代数 $k=2$，相当于 80 次的进化循环），群体规模 $n=800$，优秀个体数目 $g=60$、移民操作个数 $h=5$。优化前后各参数对比见表 3-9 和表 3-10。

表 3-9　　　　　　　　　　　　　　优化前后参数比较

	总空气量（t/h）	二次风门开度（%）						燃尽风开度（%）		燃烧器摆动
		1	2	3	4	5	6	1	2	
优化计算前	2293	65	65	65	65	65	65	31.2	0	0.5
优化计算后	232.69	50.05	71.04	47.7	53.7	87.38	89.75	97.107	73.476	0.543 95

表 3-10　　　　　　　　　　　　优化前后模型输出参数比较

	NO_x 浓度（mg/m³）	飞灰含碳量（%）	排烟含氧量（%）	锅炉效率（%）
优化计算前	1086.859	1.428 784 8	3.040 777 5	93.404
优化计算后	652.637	1.146 12	3.769 15	93.275

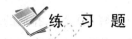 练 习 题

1. 编制 0.618 法（黄金分割法）C 语言程序，其功能要包括：

a）用进退法查找极小点所在区间 (a, b)。

b）在已知区间内，用 0.618 法按照给定精度搜索极小点。

试用 0.618 法手算求 $f(x)=0.1x^3+0.4x^2-3x+50$ 的极小点 $(x^\square, f(x)^*)$，极小点存在区间为 $(a, b)=(1, 5)$，收敛条件为 $b-a<0.4$，将计算结果填入下表中。中间结果保留三位小数，极小点保留两位小数。

迭代次数	1	2	3	4	5	6
a	1					
x_1						
x_2						
b	5					
$f(x_1)$						
$f(x_2)$						
$b-a$						
x^*						
$f(x)^*$						

2. 试用 0.618 法机算求 $f(x) = 0.4x^2 - 3x + 50$ 的极小点（$x^*, f(x)^*$），收敛条件为 $b - a < 0.004$。中间结果保留三位小数，极小点保留两位小数。并在极小点附近绘制 $f(x)$ 的曲线，以查看计算结果正确。

3. 分别用单纯形表和线性规划 C 语言程序求解下列线性规划

$$\min S = 2x_1 + 3x_2 + 9x_3 + 25$$

$$\text{s. t.} \begin{cases} x_1 + x_3 \geqslant 4 \\ x_2 + 2x_3 \geqslant 9 \\ x_1, x_2, x_3 \geqslant 0 \end{cases}$$

$$\max S = x_1 + 3x_2 + x_3 + x_4 - x_5$$

$$\text{s. t.} \begin{cases} x_1 + 18x_3 - x_4 \leqslant 40 \\ x_1 + x_2 + 44x_3 + x_5 \leqslant 20 \\ x_1, x_2, x_3, x_4 \geqslant 0; x_5 \in (-\infty, +\infty) \end{cases}$$

$$\max S = x_1 + 3x_2 + x_3 + x_4 - x_5$$

$$\text{s. t.} \begin{cases} x_1 + 108x_3 - 12x_4 \geqslant 40 \\ x_1 + 22x_2 + 410x_3 + x_5 \leqslant 20 \\ 0.6x_1 + 2x_2 + 8x_3 + x_4 + x_5 \leqslant 10 \\ x_1, x_2, x_3, x_4, x_5 \geqslant 0 \end{cases}$$

4. 按允许散热密度方法计算供热汽网管道保温层厚度。已知：管道外径 273mm、第一层保温材料导热系数 0.064 W/(m·℃)、第二层保温材料导热系数 0.033 W/(m·℃)、管道内介质温度 150℃、允许散热密度 90 W/m²、环境温度 20℃、外表面对环境放热系数 8.14 W/(m²·℃)。

5. 试建立三煤种的线性规划混煤数学模型，并计算求解。混煤目的为混合煤单价（元/公斤）最低，混合煤的低位发热量和挥发分要大于或等于设计煤种的低位发热量和挥发分，混合煤的硫分和灰分要小于或等于设计煤种的硫分、水分和灰分。设煤种1、煤种2、煤种3的混合比分别为 x_1、x_2、x_3。已知三煤种和设计煤种的单价、低位发热量、挥发分、硫分、灰分、水分列于下表中。

	煤种 1	煤种 2	煤种 3	设计煤种
单价（元/公斤）	380	410	550	—
低位发热量（kJ/kg）	13 536	17 793	24 346	21 032
挥发分（%）	21.91	38.50	38.48	37.10
硫分（%）	0.61	1.94	0.46	0.61
灰分（%）	42.10	32.48	21.37	27.20
水分（%）	18.0	16.2	11.0	14.0

第四章 汽轮机设备及其系统运行优化

第一节 汽轮机组减负荷最优运行方式确定

当外界电负荷减少，机组需要减负荷时，对于单元机组应该采用定压运行还是滑压运行，也是运行人员比较关心的问题。下面将对此进行讨论。

一、汽轮机的几种典型配汽方式及定、滑压运行

机组减负荷，可以采用节流配汽、喷嘴配汽的定压运行和滑压运行来实现。下面，通过图 4-1 来说明这三种调节方式的热经济性。

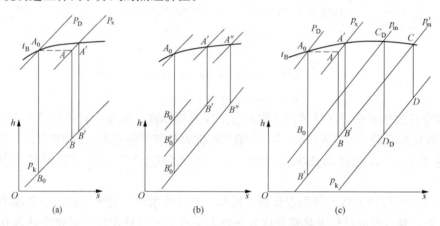

图 4-1 定压和滑压运行蒸汽在汽轮机内作等熵膨胀过程

(a) 节流配汽方式、非中间再热式汽轮机；(b) 喷嘴配汽方式的汽轮机；(c) 中间再热式汽轮机

所谓定压运行，是指当负荷发生变化时，调节汽门前的参数（压力和温度）均保持不变，而利用改变调节汽门开度（节流配汽）或改变调节汽门开启个数（喷嘴配汽）的方式来适应外界负荷的变化。

滑压运行，是指当负荷发生变化时，汽轮机所有调节阀均全开，调整锅炉燃料量和给水量，改变锅炉出口蒸汽压力（蒸汽温度不变），以适应外界负荷的变化。这种运行方式只适用于单元制机组。

图 4-1 （a）为节流配汽方式、非中间再热蒸汽汽轮机的蒸汽绝热膨胀过程的示意图。$A_0 B_0$ 线段代表额定蒸汽流量时的过程线，AB 和 $A'B'$ 线段分别代表部分负荷时，调节阀门前蒸汽为定压和滑压的过程线，$A_0 A$ 线段代表在调节阀门内的节流过程。

由图 4-1 （a）可知，当汽轮机滑压运行时，汽轮机第一级进汽的蒸汽温度高于节流调节时的温度。正因为如此，汽轮机的理想热降要增加。但同时也使蒸汽在锅炉内的吸热量增加，而且由于增加了排汽焓，使凝汽器的热量损失增大。然而理论分析和计算表明，汽轮机理想热降的增加，对经济性的影响更大。因此，对于采用节流配汽方式的汽轮机，滑压运行对部分负荷的全范围都是有利的。

汽轮机采用喷嘴配汽方式时，当负荷变化时，不仅有如上述热效率的变化，而且还有汽轮机相对内效率的变化。图 4-1（b）表示喷嘴配汽方式汽轮机部分负荷时，蒸汽初压为定压和滑压两种运行方式下的调节级等熵膨胀的热力过程线，图 4-1（b）中 B_0、B_0' 和 B_0'' 分别代表三个、二个和一个调节汽门全部开启工况时调节级汽室的理想蒸汽状态。这里，考虑到调节级喷嘴进口的压力在部分负荷时，保持近于额定值，当锅炉为常压运行时，喷嘴调节汽轮机理想循环热效率将比节流调节高些。但是，喷嘴配汽方式时，必须考虑部分负荷时调节级效率的变化，以及对整个汽轮机相对内效率的影响。从热力过程曲线 $A_0 - B_0'$ 和 $A_0 - B_0''$ 可知，随着负荷的降低，调节级理想热降增加，速度比减小。而且，负荷变化时还引起调节级部分进汽度的变化，最终导致汽轮机相对内效率的降低。

如果采用滑压运行，汽轮机调节汽门全部开启，此时，调节级等熵膨胀的热力过程线为 $A' - B'$ 和 $A'' - B''$，由于其理想焓降几乎不变，则汽轮机的相对内效率就如节流调节方式的汽轮机那样，也几乎没有变化，并且保持较高值。同时，滑压运行还有利于减小汽轮机的排汽湿度。但调节级喷嘴入口的蒸汽压力低于定压运行方式，使汽轮机理想循环热效率降低。因此，对于喷嘴配汽凝汽式汽轮机，采用滑压运行时，其经济性的变化，应该由理想循环热效率和汽轮机相对内效率的乘积即实际循环热效率的大小来判断。

对于中间再热式汽轮机，采用滑压运行，其经济性将提高。因为采用滑压运行方式时，高压缸的出口焓值将升高，使蒸汽在再热器中的吸热量减少。图 4-1（c）表示中间再热式汽轮机蒸汽理想膨胀过程曲线，额定负荷时为 $A_0 - B_0 - C_0 - D_0$，部分负荷下，采用喷嘴配汽方式时为 $A_0 - B'' - C - D$，节流配汽方式时为 $A_0 - A - B - C - D$，滑压运行为 $A_0 - A' - B' - C - D$。中压缸入口蒸汽状态点为 C，取决于再热蒸汽流量和再热蒸汽的温度，而与调节方式无关。这样，当汽轮机配汽方式不同时，理想焓降的变化只在高压缸内进行，冷却水所带走的热量损失，也不取决于负荷调节的方式。相反，非中间再热的汽轮机作滑压运行，则将增加凝汽器的热损失。

汽轮机滑压运行时，除了机组本身提高其经济性外，也将提高其辅助设备的运行效率。部分负荷工况时，锅炉降低初压，假如用改变转速来调节给水泵的流量和压头，则驱动给水泵的动力消耗将要降低。

将与汽轮机组组成单元制运行的除氧器改为滑压运行，也将获得一定的经济效益。对于单元制机组热力系统中定压运行的除氧器，需要接入压力高于除氧器内压力的抽汽口，以便使机组降低负荷时，仍能保证除氧器内的压力为设计值。但这样也使进入除氧器的加热蒸汽产生很大节流。在这种系统内，给水在除氧器内的焓升较小，除氧器的主要功能是对给水进行除氧，而不是一级实实在在的回热加热器。将除氧器改为滑压工况运行，可以消除对进入除氧器蒸汽的节流作用，并借助于回热加热系统对各加热器的焓升进行更合理的分配，以改进热力循环的完善程度。采取除氧器滑压运行的措施，可以使机组热经济性大约提高 $0.3\% \sim 0.4\%$。但是，除氧器采用滑压运行，必须考虑除氧器的除氧效果和给水泵的汽蚀问题。

由上述分析可知，采用滑压运行，负荷在一定范围内变化时可提高机组热效率，减小热耗，经济性较定压运行高。但是，另一方面还应该考虑到，由于新蒸汽压力减小，使循环热效率降低，热耗增加。因此较高负荷时采用滑压运行是不经济的，只有当负荷减小到一定数值，采用定压运行节流损失较大，使调节级效率降低较多时，此时采用滑压运行才是有利的。也就是说只有当降低的循环热效率小于高压缸内提高的内效率、给水泵减少的动力消耗和再热蒸汽温度升高三者所提高的热效率时，采用滑压运行才能提高机组的经济性。

单元制机组滑压运行，除了提高经济性外，还给运行带来许多好处。

（1）当降低初压时，延长了主蒸汽管道和锅炉管道的使用寿命，延长了阀门的使用年限。一般地，单元制机组采用滑压运行来调节负荷，可使上述部件使用寿命提高 30%。

（2）采用滑压运行，将极大地提高汽轮机的机动性。由于汽轮机第一级喷嘴前蒸汽温度在所有工况下均保持不变，实际上机组的主要组件和通流部分部件的温度就几乎不变。这样，当机组负荷变化时，汽轮机的热应力和热膨胀几乎不变，克服了热应力和热膨胀对负荷变化速度的限制。而且，由于滑压运行汽轮机部分进汽度保持不变，也提高了调节级叶片的振动安全性。

（3）机组滑压运行，减轻了锅炉过热器的工作。初压降低，蒸汽比体积增加，过热器管内蒸汽流速加大，使管壁对蒸汽的换热系数增加，使过热器管壁的温度降低。这样，如果运行中受热面出现超温现象，可以考虑采用滑压运行来解决这个问题。

（4）当滑压运行时，扩大了汽动给水泵的运行范围。当单元制机组定压降负荷时，汽动泵的汽轮机功率降低的速度比给水泵所需要功率降低的快。当负荷为 50% 额定负荷时，就已经要求切换为电动泵运行。而当采用滑压运行时，水泵需要的功率降低速度，比汽动泵汽轮机所发功率要快。这表明，单元制机组有可能大幅度地降负荷，而不需要切换到电动泵或者切换到高一级蒸汽汽源。从而简化了机组的运行，并增加机组的可靠性。

（5）滑压运行也简化了滑压除氧器的运行。在单元制机组负荷比较低时，仍能保证将高压加热器的疏水打到除氧器中去。

汽轮机采用调节汽门全部开启进行滑压运行时，存在的缺点是在加负荷过程中机组灵敏性稍差。当汽轮机的调节阀门全部开启时，汽轮机的调节系统已经不再工作，必须用锅炉的增加燃料来增加负荷。这种增加负荷的方法，降低了调节负荷的快速性。在大幅度增加负荷时，可能带来不良后果。

二、汽轮机的复合滑压运行

为了使机组在各不同负荷下均具有较高的经济性和安全性，对于采用喷嘴配汽的汽轮机，通常在高负荷区（如 80%～95% 额定负荷以上）采用定压运行，用改变调节汽门的开度来调节负荷。因为该负荷区域内，汽轮机第一级喷嘴前的蒸汽压力较高，理想循环热效率较高，且负荷偏离设计值不远，相对内效率也较高。在较低负荷区域内（如 80%～95% 与25%～50% 额定负荷之间），仅全关最后一个、两个或三个调节汽门，进行滑压运行，这时由于没有部分开启的调节汽门，节流损失最小，整个汽轮机相对内效率接近设计值，在负荷急剧增减时，可启闭调节汽门进行应急调节。在更低的负荷区（如在 25%～50% 额定负荷以下），为了保持锅炉水循环及燃烧的稳定性，应该采用较低压力下的定压运行。

这种采用定压与滑压运行相结合的运行方式，称为复合滑压运行，是目前调峰机组最常用的一种运行方式。

采用复合滑压运行方式，也给供热式汽轮机带来一定的经济效益。但对于非中间再热的供热汽轮机，热经济性相对的收益，将比同容量和初参数的凝汽式汽轮机要小。但对于具有中间再热的供热式汽轮机，复合调节滑压运行方式将带来很大的效益。

第二节　机组负荷优化组合和调度

前面已经从数学的角度讨论了最优化计算的方法，并列举了一些火电厂生产中最优化的简单例子。本节中，将讨论在火电厂总电负荷一定的条件下，如何在并列运行单元制机组、母管制机组之间进行负荷分配的问题。同时，还将讨论如何在并列运行锅炉之间进行蒸汽量的最优分配。这些，都是电厂运行、管理人员普遍感兴趣的问题。本节中，首先对电厂锅炉、汽轮机、单元机组等的动力特性及其确定方法进行介绍，然后再依次介绍上述各种问题的优化确定方法。

一、单元机组动力特性基本概念及数据整理方法

(一) 基本概念及定义

在电厂中，燃料（煤、油和天然气等）在锅炉中燃烧放热，并将锅炉内工质水加热成具有一定质和量的水蒸气，推动汽轮机转动，汽轮机又带动发电机旋转，在发电机母线上产生强大电流，通过高压电网输送至电力用户。

(1) 发电机电功率。单位时间内机组发出的电能称为发电机电功率，或称为发电机输出功率，或称发电机出力，用符号 P 表示，单位为 W 或 MW。

(2) 锅炉热负荷。单位时间内锅炉产生的热能称为锅炉热力负荷，用符号 Q 表示。但在习惯上，有时也把单位时间锅炉的蒸发量称为出力，以符号 D_b 表示，单位为 t/h。

(3) 标准燃料。称发热量为 29 307.6kJ/kg 的燃料为标准燃料，相应的煤称为标准煤。据此，标准燃料消耗量与原燃料消耗量之间有如下关系

$$B = B_b q_b / 29\ 307.6 \tag{4-1}$$

式中：q_b、B_b 分别为原燃料发热量和消耗量。

(4) 标准蒸汽。含有热量为 2679.6kJ/kg 的蒸汽为标准蒸汽。据此，标准蒸汽量 D 与原蒸汽消耗量之间有如下关系

$$D = D_b (h_b - h_{fw}) / 2679.6 \tag{4-2}$$

式中：h_b、h_{fw} 分别为锅炉出口蒸汽焓和给水焓，kJ/kg。

(5) 机组能耗特性及其曲线。能够表征机组能量输出与输入之间对应关系的函数称为机组的能耗特性。反映这种关系的曲线，称为能耗特性曲线。

由于使用的场合及应用目的不同，机组能耗特性可以有不同的形式。常用的有：

(1) 锅炉能耗特性。它用以表示锅炉热负荷或蒸发量与燃料消耗量之间的关系，即 $B = f(Q)$ 或 $B = f(D)$。

(2) 汽轮机能耗特性。它用以表示汽轮发电机电功率与锅炉热负荷或锅炉蒸发量之间的关系，即 $D = f(P)$ 或 $Q = f(P)$。

(3) 单元机组能耗特性。表示单元机组输出电功率与输入燃料量之间的关系，即 $B = f(P)$。

(二) 锅炉煤耗特性的整理方法

下面，结合具体实例，说明锅炉煤耗特性的整理方法。考虑到现场试验的可能性及所得到锅炉煤耗特性的可用性，特别说明以下几点：

(1) 为了满足绘制其特性曲线的精度，试验点不应少于 5～6 点，且应覆盖锅炉最低至

最高热负荷的变化范围。

（2）由于试验中不可避免的误差因素，实测数据是散乱的，故在整理特性曲线之前，应该先对试验数据进行平滑处理。

（3）由于试验点数较少，在数据整理时，一般只要控制误差在 5% 内的范围就可以。

锅炉煤耗特性的整理步骤如下：

（1）通过锅炉热效率试验，得到锅炉热效率与蒸发量之间的关系

$$\eta_b = f(D_b)$$

式中：η_b 为锅炉热效率；D_b 为锅炉蒸发量，t/h。

（2）计算锅炉热负荷与蒸发量之间的关系

$$Q_b = D_b(h_b - h_{fw}) \times 1000 \tag{4-3}$$

式中：Q_b 为单位时间锅炉承担的热负荷，kJ/h。

（3）计算锅炉标准蒸汽量

$$D = D_b(h_b - h_{fw})/2679.6 \tag{4-4}$$

并将原锅炉热效率与蒸发量之间的关系转化为 $\eta_b = f(D)$。

（4）计算煤耗特性曲线的整理。由煤耗量与锅炉蒸发量之间的关系（非再热锅炉），有

$$B_b q_b \eta_b = D_b(h_b - h_{fw}) \tag{4-5}$$

通过整理后，得到标准煤耗量与锅炉标准蒸发量之间的关系，为

$$B = \frac{2679.6}{29\,307.6\eta_b}D \tag{4-6}$$

并得到对应不同标准蒸汽量时的标准煤耗量，通过数据拟合得到如下的函数关系

$$B = a_0 + a_1 D + a_2 D^2 + \cdots + a_n D^n \tag{4-7}$$

利用计算机，上述过程很容易进行。

（三）凝汽式汽轮机能耗特性的整理方法

汽轮机的特性曲线，主要是指汽耗量及汽耗微增率特性，他们均与机组负荷有关。

汽耗量与负荷的关系是向上凸起的，其形状主要取决于汽轮机的排汽压力和主蒸汽压力的比值，比值越大，其凸起程度越大。此外，它还与汽轮机的配汽方式有关。

当汽轮机排汽和主蒸汽压力的比值很小时（例如，凝汽式汽轮机），汽耗特性曲线接近于直线，因此，一般将其当作直线处理。此外，有些汽轮机具有过负荷阀（旁通阀），当该阀开启时，有一部分主蒸汽旁路至调节级后，从而增加汽轮机功率，但其经济性降低。

这样，当汽轮机具有过负荷调节阀时，其汽耗特性方程为：

当汽轮机组电功率 P 小于或等于经济功率 P_e 时，汽耗特性方程为

$$D = D_n + r_d P \tag{4-8}$$

当汽轮机组电功率大于经济功率 P_e 时，汽耗特性方程为

$$D = D_n + r_d P_e + r_d'(P - P_e) = -D_n' + r_d' P \tag{4-9}$$

式中：r_d、r_d' 为汽耗微增率，表示每增加单位功率所增加的汽耗量；D_n 为空载汽耗量，表示汽轮机为克服机械损失所消耗的蒸汽量。

汽轮机的上述特性，可以通过试验得出。为了将由原蒸汽表示的耗汽量特性换算成由标准蒸汽表示的耗汽量特性，试验时还须得到给水温度特性曲线，即给水温度与负荷的关系曲线。当缺乏试验资料时，可以利用制造厂家提供的特性曲线或通过对汽轮机进行变工况计算

得到。

1. 汽轮机汽耗特性曲线的整理方法

（1）通过汽轮机热力试验，得到汽轮机最小允许负荷 P_{min}、经济负荷 P_{ec} 及最大允许负荷 P_{max}，并得到对应上述三个典型负荷下的汽耗量和给水温度 D_{min}、t_{fwmin}、D_{ec}、t_{ecmin}、D_{max}、t_{fwmax}。

（2）将上述各典型负荷下的汽耗量换算成标准蒸汽量。

（3）计算标准汽耗微增率

$$D_n = D - r_d P_{min} \tag{4-10}$$

$$r_d = (D_{ec} - D_{min})/(P_{ec} - P_{min}) \tag{4-11}$$

$$r_d' = (D_{max} - D_{ec})/(P_{max} - P_{ec}) \tag{4-12}$$

2. 汽轮机汽耗特性曲线修正

汽轮机汽耗特性曲线是在某一给定的冷却水温度及冷却水流量条件下得到的，而对于不同的冷却水温度及冷却水流量（例如不同季节气候条件下），汽轮机汽耗特性曲线是不同的。因此，必须对其进行修正。此外，当汽轮机高压加热器停运时，也应该对汽轮机汽耗特性曲线进行修正。

下面，讨论汽轮机汽耗特性曲线与冷却水温的关系

（1）已知排汽量 D_{cmin}、D_{cec}、D_{cmax} 及冷却水流量 D_w 及凝汽器的冷却面积 A_c。

（2）冷却水在凝汽器内的温升

$$\Delta t = 520 D_c / D_w$$

（3）凝汽器端差

$$\delta t = \frac{\Delta t}{e^{\frac{kA_c}{c_p D_w}} - 1}$$

（4）凝汽器蒸汽温度

$$t_c' = t_{w1} + \Delta t + \delta t$$

（5）凝汽器压力

$$p_c' = f(t_c')$$

（6）计算不同冷却水温度条件下凝汽器压力差

$$\Delta p_c = p_c' - p_c$$

（7）确定汽轮机功率变化。根据机组背压变化修正曲线确定 ΔP。当缺乏试验资料时，可近似取当背压变化 0.001MPa 时，汽轮机功率变化 1% 额定功率。

（8）汽轮机新功率为

$$P' = P - \Delta P$$

（四）单元机组能耗特性曲线的整理方法

随着电力工业技术水平的提高，高温高压大容量单元制中间再热机组得到了广泛的应用。从经济调度的角度来看，具有单元制机组的电厂不再像母管制机组电厂那样，将电厂分为锅炉分场和汽轮机分场，机、炉设备分别在各自所属的分场内参与调度，而是机炉一体以整体的设备参与调度。这样，整理单元机组的特性曲线就是必不可少的了。

大型单元机组汽轮机的汽耗特性一般用一条直线表示，即 $D = D_n + r_d P$。

根据制造厂提供的数据和现场试验资料，国产凝汽机组的空载汽耗量和汽耗微增率的数

值范围见表 4-1。

表 4-1   国产凝汽机组的空载汽耗量与汽耗微增率

汽轮机容量	100MW	200MW	300MW
空载汽耗量（t/h）	$15 \sim 20$	$20 \sim 25$	$30 \sim 40$
汽耗微增率（kg/kWh）	$3.2 \sim 3.6$	$3.0 \sim 3.2$	$2.9 \sim 3.1$

当单元机组锅炉、汽轮机特性曲线为已知时，整个机组的能耗特性曲线可以按下述方案一整理，若缺乏机、炉设备的独立试验数据时，可安排综合效率试验，按方案二整理汇总。

方案一：由锅炉、汽轮机独立特性数据合成单元机组煤耗特性

（1）给出单元机组某一负荷值，从汽轮机特性曲线求得该负荷对应的汽耗量及汽耗微增率。

（2）根据上述求得的汽耗量，由锅炉特性曲线求得该对应的煤耗量及煤耗微增率。

（3）将煤耗量与机组负荷之间的关系拟合成公式或曲线，该曲线即为单元机组的煤耗特性曲线。

方案二：由单元机组综合效率试验得到煤耗特性

（1）对应各电功率下的锅炉总输出热量

$$Q_b = D_b(h_b - h_{fw}) + D_{rh}(h_{rh} - h_{gp}) + D_{pw}(h_{pw} - h_{fw}) \tag{4-13}$$

式中：D_{rh}、D_{pw} 分别表示再热蒸汽流量和排污量，t/h；h_{rh}、h_{gp}、h_{pw} 分别为再热蒸汽、高压缸排汽和排污水的焓值，kJ/kg。

再热蒸汽流量可以通过测量进入除氧器的凝结水流量，然后通过汽轮机质量平衡得到。

（2）锅炉效率。通过锅炉热效率试验，得到锅炉热效率与蒸发量之间的关系

$$\eta_b = f(D_b)$$

（3）锅炉标准煤消耗量

$$B = Q_b / (29\ 307.6\eta_b) \tag{4-14}$$

（4）根据各个电功率下的各标准煤消耗量，拟合单元制机组煤耗特性曲线

$$B = f(P)$$

二、母管制机组间负荷的优化分配

对于母管制连接的机组，由母管对汽轮机供汽，各锅炉、各汽轮机之间的负荷可以按照各自能耗规律进行调节。因此，各锅炉、各汽轮机之间的负荷分配也应该是独立进行的。

（一）并列运行锅炉之间的负荷优化分配

发电厂锅炉设备的并列运行有两个方面的含义：一是所有锅炉生产的蒸汽都输入主蒸汽母管中；二是所有锅炉都消耗相同的燃料。因此，并列运行锅炉之间负荷经济分配的目的是在一定的主蒸汽流量下（根据电厂电或热负荷的大小决定），使得电厂总的煤耗量最小。

由于锅炉的微增煤耗特性曲线是上凹的，同时，锅炉运行又受到其最小稳定负荷的限制，因此，其负荷优化分配计算方法与单元机组的分配计算方法相同，均可以采用拉格朗日方法进行求解。

（二）并列运行机组之间负荷的优化分配

凝汽式汽轮发电机组的动力特性，视汽轮机的调节方式而有所不同。如图 4-2（a）所

示为四组喷嘴调节的凝汽式汽轮机的能量特性曲线，图 4-2（b）为线性化后的汽耗特性曲线。

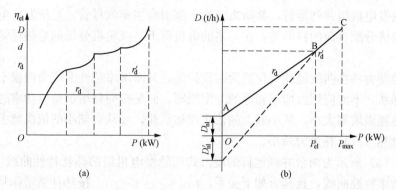

图 4-2　喷嘴调节凝汽式汽轮机的汽耗特性曲线
(a) 四组喷嘴调节的凝汽式汽轮机的能量特性曲线；(b) 线性化后的汽耗特性曲线

1. 机组汽耗特性

当汽轮机电功率 P 小于或等于经济功率 P_e 时，

则汽轮机的汽耗特性为

$$D = D_{n1} + r_d P \tag{4-15}$$

当功率大于经济功率 P_e 时，汽耗特性为

$$D = D_{n1} + r_d P_e + r_d'(P - P_e) = -D_{n1}' + r_d' P \tag{4-16}$$

上述诸式中，D 和 D_{n1}' 分别为汽轮机的汽耗量和空载汽耗量。

汽耗微增率为每增加单位功率时汽耗量的变化量，即汽耗特性曲线的斜率。实际汽耗特性为曲线，为了便于分析，可以将其线性化为直线，在 30%～100% 额定负荷范围内，其相对误差不超过 1%。当近似认为汽轮机的汽耗特性曲线为直线时，微增汽耗率可以表示为

$$r_d = \frac{\mathrm{d}D}{\mathrm{d}P} = \frac{\Delta D}{\Delta P} \tag{4-17}$$

由上述各式及图 4-2 可以看出：

(1) 微增汽耗率 r_d 为汽耗特性曲线的斜率，系一定值，由式（4-17）可知，它与空载汽耗量 D_n 无关。

(2) 对于线性化后以两段直线表征的汽轮机组汽耗特性，其微增汽耗率为 r_d、r_d'，系不连续的两条水平线。

2. 热耗特性

非再热的凝汽式汽轮机的热耗特性为

$$Q = D(h_0 - h_{fw}) \tag{4-18}$$

当功率小于或等于经济功率 P_e 时，热耗特性为

$$Q = Q_n + r_q P \tag{4-19}$$

当功率大于经济功率 P_e 时，热耗特性为

$$Q = Q_n + r_q P_e + r_q'(P - P_e) = -Q_n' + r_q' P \tag{4-20}$$

式中：Q、Q_n 和 Q_n' 分别为汽轮机的热耗量和空载热耗量；r_q、r_q' 为微增热耗率；h_0、h_{fw} 分

别为主蒸汽焓和给水焓。

3. 并列运行凝汽式汽轮发电机组间的负荷经济分配

几台汽轮发电机组并列运行，其所需蒸汽全部引自主蒸汽母管，且所发出电能并列送至电网，这时经济分配负荷的目的是，在一定的电负荷下，汽轮机分场的总热耗量或总汽耗量为最小。

汽轮机的动力特性曲线经线性化后为两段折线，其微增率特性曲线为两根不连续的水平线，即呈阶梯状，不能应用微增率相等的分配原则，而是按照每增加单位功率时热耗量增加值的大小即热耗微增率大小，从小到大的依次增加负荷，或从大到小的依次减少负荷，使汽轮机分场的总热（汽）耗量为最小。

如图 4-3（a）所示为两台并列运行的凝汽式汽轮发电机组的热耗特性曲线，图 4-3（b）为其热耗微增率特性曲线，且其有如下关系，$r_{q(1)} < r_{q(2)} < r'_{q(1)}$。按热耗微增率从小到大的次序，先由 1 号机由最小允许负荷 P_{min} 加载至其经济负荷 $P_{e(1)}$，然后 2 号机由最小允许负荷 P_{min} 加载至其最大负荷 $P_{max(2)}$，最后 1 号机加载至最大负荷，如图 4-3（c）所示，称为最经济承载特性曲线。

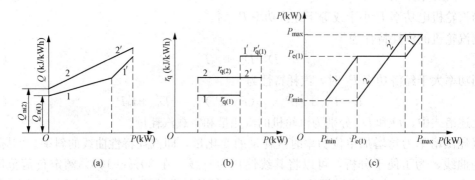

图 4-3　两台并列运行凝汽式汽轮发电机组间的负荷分配

必须指出，按照微增能耗率由小到大的顺序分配机组的负荷原则，仅仅对并列汽轮机机组才是正确的。在包括锅炉在内的单元机组中，汽轮机的负荷决定于锅炉的负荷，因此在单元机组间分配负荷还必须考虑锅炉的工况特性。

三、单元机组间负荷的优化分配

发电厂的安全运行是始终贯穿于生产中的基本原则。在设备安全运行的前提下，努力提高运行经济性为目标的节能工作，一直是电力生产的一项重要任务。在电网峰谷差日益增大的形势下，不但要对机组启停方式进行选择和经济分析，而且还要对调峰机组间的负荷分配进行优化，其最终目的就是使整个电厂始终保持在最经济的状况下运行。

火电机组的经济调度是指如何使用和组合设备，使得在满足发电负荷的条件下，经济性最高，这实际上是一个典型的最优化问题。下面以某电厂两台 600MW 机组为例，介绍单元机组间负荷的优化分配及经济调度。

某电厂装有 2 台 600MW 超临界参数机组。在该地区负荷峰谷差很大的情况下，机组发挥了一定的调峰能力，该厂高峰负荷 1200MW，甚至 1240MW，低谷负荷 600MW，有时 550MW，机组高低负荷差 50％以上，机组满负荷时，发电标煤耗率 295g/kWh；低谷负荷时，发电标煤耗率 309g/kWh，两者平均相差 14g/kWh。

该厂两台机组型号相同，但性能有异。尤其是 2 号机低压转子改造后，机组效率更加优于 1 号机组。

为使机组在调峰过程中充分发挥其优势，改进运行方式，合理分配机组负荷，实现经济调度，做到节能降耗，基于上述目的，提出如下具体方案。

设全厂总负荷为 N，总煤耗量为 B，1、2 号机组负荷分别为 P_1、P_2，煤耗量分别为 B_1，B_2。全厂负荷优化分配的数学模型为

$$P = P_1 + P_2 = 常数$$
$$B = B_1 + B_2 = 最小 \tag{4-21}$$

1. 机组负荷分配方案

根据第三章中有关机组负荷最优分配原则，只要按等微增煤耗原则来分配机组负荷，全厂煤耗就最小。

由于该厂机组自动化程度高，生产过程控制和调节正常，所以机组负荷确定后，稳定运行时，负荷和工况基本对应，主要参数基本对应不变。按设计要求，加热器等回热系统正常投入，即使峰谷负荷变化，也不作调整。

鉴于上述情况，机组负荷与标煤耗量基本对应，而且是单调关系。利用机组性能在线检测装置，跟踪机组运行，连续测量各种工况下的负荷及有关参数，可以得到机组负荷与标煤耗量的关系。

性能在线检测装置对各参数每 5min 采样 1 次并显示，平均 1 次/h，同时，用反平衡法自动计算出发电标煤耗率，进行在线分析，测量结果可随时记录打印。

1997 年 1 月，连续实测 2 台机组负荷及有关参数 168h，记录打印数据按负荷 20MW 间隔，进行分类统计，再求平均值。用这些数据来反应机组的性能，确定机组的发电标煤耗量与负荷的变化曲线，进一步计算编制调度曲线。

经数据整理、计算、作图，得到 1、2 号机组性能在线实测数据，见表 4-2。

表 4-2　　　　　　　　　　　　　1、2 号机组性能在线实测数据表

名　称	机组号	250～270	270～290	290～310	310～330	330～350	350～370	370～390
机组负荷	U1	266.25	276.80	305.60	314.37	339.44	353.78	373.90
N(MW)	U2	—	—	305.12	314.80	342.04	358.73	373.30
发电标煤耗率	U1	324.65	631.40	308.58	308.42	307.60	306.84	302.30
b(g/kWh)	U2			302.76	300.82	304.45	301.03	295.35
发电标煤耗量	U1	86.44	88.96	94.30	96.96	104.41	108.55	113.03
B(t/h)	U2			92.38	94.70	104.13	107.99	110.25
名　称	机组号	390～410	410～430	430～450	450～470	470～490	490～510	510～530
机组负荷	U1	399.80	414.15	442.55	456.76	481.65	502.00	520.20
N(MW)	U2	399.53	418.63	443.90	456.72	480.38	505.00	519.75
发电标煤耗率	U1	301.08	303.55	300.05	298.22	298.60	298.30	297.56
b(g/kWh)	U2	292.28	292.23	292.02	291.34	290.38	290.16	290.56
发电标煤耗量	U1	120.37	125.72	132.79	136.21	143.82	149.75	154.79
B(t/h)	U2	116.77	122.34	129.63	133.06	139.49	146.53	151.02

名　称	机组号	530～550	550～570	570～590	590～610	610～630	630～650
机组负荷	U1	540.95	556.37	581.17	600.56	610.00	
N(MW)	U2	544.63	556.70	576.78	601.79	618.84	640.30
发电标煤耗率	U1	298.20	297.57	298.27	299.01	301.70	
b(g/kWh)	U2	288.73	289.81	287.78	289.28	287.24	287.96
发电标煤耗量	U1	161.31	165.56	173.35	179.57	184.04	
B(t/h)	U2	157.25	161.34	165.99	174.09	177.76	184.38

注　发电标煤耗率由反平衡法计算而得。

把机组的发电标准煤耗量与负荷的关系数据进行数学处理（包括除去偶然因素引起的特殊数据），利用计算机运算描写，求其函数关系如下：

1 号机组：$B_1 = 22.5197 + 0.2114263P_1 + 8.404016 \times 10^{-5}P_1^2$　　　　(4-22)

2 号机组：$B_2 = 158933 + 0.239339P_2 + 3.7497 \times 10^{-5}P_2^2$　　　　(4-23)

由上两式求导得 1、2 号机组的微增煤耗率：

$$a_1 = \frac{\mathrm{d}B_1}{\mathrm{d}P_1} = 0.2114263 + 16.808032 \times 10^{-5}P_1 \qquad (4\text{-}24)$$

$$a_2 = \frac{\mathrm{d}B_2}{\mathrm{d}P_2} = 0.239339 + 7.4994 \times 10^{-5}P_2 \qquad (4\text{-}25)$$

由上两式相等和约束条件联列成方程组：

$$\begin{cases} a_1 = a_2 \\ P = P_1 + P_2 \end{cases} \qquad (4\text{-}26)$$

每给定一个全厂总负荷 P，求解此方程组即可得两台机组的负荷分配，见表 4-3。

表 4-3　　　　　　　　　　　　　1、2 号机组负荷优化分配表

类别	机组	550	600	650	700	750	800	850
计算负荷	U1	284.520	299.946	315.372	330.798	346.224	361.650	377.076
(MW)	U2		300.054	334.628	369.202	403.776	438.350	472.924
计划负荷	U1	250	300	320	330	350	360	380
(MW)	U2	300	300	330	370	400	440	470

类别	机组	900	950	1000	1050	1100	1150	1200
计算负荷	U1	392.503	407.929	423.355	438.781	454.207		
(MW)	U2	507.497	542.971	576.645	611.219	645.793		
计划负荷	U1	390	410	420	440	490	540	590
(MW)	U2	510	540	580	610	610	610	610

由 1、2 号机组的微增煤耗率特性方程作图，得到机组微增煤耗率曲线（即调度曲线，如图 4-4 所示）。

图 4-4 中，曲线Ⅲ是曲线Ⅰ、曲线Ⅱ的合成，在等微增率下，全厂负荷 P 是 1 号机负荷 P_1 与 2 号机负荷 P_2 之和。由调度曲线可以确定机组负荷分配，读图方法如图中虚线所示。

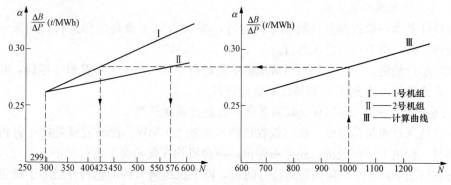

图 4-4　机组微增煤耗率曲线

2. 两台机组负荷加减顺序

假设两台机组负荷各为 400MW 运行，需增加负荷 200MW，有两种加负荷方式：方式甲为 2 号机负荷先加至 600MW；方式乙为 1 号机负荷先加至 600MW。比较两种方式煤耗量的大小。负荷变更后烧料消耗量比表见表 4-4。

表 4-4　　　　　　　　　　　负荷变更后燃料消耗量比较表

运行方式	机组号	机组负荷 MW	空负荷煤耗量 B_0(t/h)	负荷变更煤耗量 a_N(t/h)	全厂总燃料消耗量 B(t/h)
甲	1 号机	400	B_{01}	$400a_1$	$B_甲 = B_{01} + 400a_1$ $+ B_{02} + 600a_2$
	2 号机	600	B_{02}	$600a_2$	
乙	1 号机	600	B_{01}	$600a_1$	$B_乙 = B_{01} + 600a_1$ $+ B_{02} + 400a_2$
	2 号机	400	B_{02}	$400a_2$	

任取 $P_1 = P_2 = 400$MW，由 1、2 号机的微增煤耗率计算式求得：$a_1 = 0.278\ 658\ 4$；$a_2 = 0.269\ 336\ 6$，因 $a_2 < a_1$，所以 $B_甲 - B_乙 = 200\ (a_2 - a_1) < 0$，即：$B_甲 < B_乙$，就是说，加负荷先加微增煤耗率低的 2 号机组，全厂煤耗量最小；减负荷先减微增煤耗率高的 1 号机组，全厂煤耗量最小。

由上述可得：每台机组负荷在 300MW 以上，$a_2 < a_1$，故加负荷先加 2 号机负荷，后加 1 号机负荷；减负荷先减 1 号机负荷，后减 2 号机负荷。

两点说明：

（1）本次实测试验数据及曲线限定均在机组负荷 300MW 以上范围。

（2）若强令机组负荷在 250MW 运行，则要投油稳然，且效率很低。

比较两台机组的煤耗率，2 号机组的煤耗率低，1 号机组的煤耗率高。故让 1 号机组调谷，在 250MW 负荷（42% 额定负荷）短时运行。机组加负荷顺序见表 4-5。

表 4-5　　　　　　　　　　　机组负荷加减顺序

全厂负荷分界点	加负荷操作		减负荷操作	
	先加机组	后加机组	先减机组	后减机组
600MW 以上	2 号机	1 号机	1 号机	2 号机
600MW 以下	2 号机	1 号机	1 号机	

3. 机组负荷加减控制方式

按原设计要求，机组按复合滑压方式运行，即 36％以下负荷定压运行，36％～89％负荷滑压运行，89％以上负荷定压运行。

按实际运行规定，36％～50％负荷机组定压运行，50％～90％负荷滑压运行，90％以上负荷定压方式运行，不允许在 36％以下负荷运行。

4. 低谷时机组出力 250MW（42％负荷）的经济调度问题

由于该地区日夜负荷悬殊，机组低谷负荷可能达 250MW。此时究竟是停 1 台机，把负荷转移到另一台机上运行经济，还是不停机，两台机均在低负荷下运行经济？

考虑到机组 250MW 负荷调谷运行时间短，停下机组所节约的燃料补偿不了机组启停能量损失，加之机组启停汽轮机转子寿命损耗；高压高温设备受热冲击热变形；设备会腐蚀；阀门开闭易磨损；启动耗油；启停操作可能有失误等，因此，不必停机，采取低负荷运行方式。

5. 辅机的经济调整

按原设计要求，每台机组配置 2 台引风机，2 台送风机，2 台一次风机，机组满负荷运行时，6 台风机均投入运行，唯引风机转速有快慢之分，根据负荷情况，自动切换。每台机配置 2 台循环水泵，当循环水入口水温降低到 16℃时，调整 1 台循环水泵运行，另 1 台备用，既不降低机组负荷，又节约厂用电。

其他辅机的启停、运行也要注意节能降耗，提高全厂的经济性。

由于目前电网调度的需要，大容量机组也要参加调峰。在调峰中，优化分配负荷，规定负荷加减顺序，从而提高电厂运行经济性。

第三节　汽轮机组启动和停机优化

一、负荷变化时机组最优启停计划的确定

当全厂负荷在很大的范围内变动（如在深夜和节假日的负荷很小）时，可采取增加、减少机组负荷的方式，也可采取启动、停止机组运行台数的方式来适应负荷变动，具体采用何种方式须通过经济比较确定，即按对全厂煤耗影响的大小来确定。

机组的煤耗量包括两部分，即与机组负荷无关的空载煤耗量 B_n 和与机组负荷有关的煤耗量，其数学表达式为

$$B = B_n + \int_0^{P_j} r_j \mathrm{d}P_j \tag{4-27}$$

式中：B_n 为空载煤耗量；$\int_0^{P_j} r_j \mathrm{d}P_j$ 为随机组负荷变化的变载煤耗量；r_j 为第 j 台机组的微增煤耗率；P_j 为第 j 台机组负荷。

根据积分中值定理，只要 $r_j = f(P_j)$ 是连续函数，即可求得平均值 R_{av}，则

$$\int_0^{P_j} r_j \mathrm{d}P_j = R_{av} P_j \tag{4-28}$$

全厂若有 m 台机组投运，其总煤耗量 B 为

$$B = \sum_{j=1}^m B_{nj} + \sum_{j=1}^m \int_0^{P_j} r_j \mathrm{d}P_j \tag{4-29}$$

则
$$\sum_{j=1}^{m}\int_{0}^{P_j} r_j \mathrm{d}P_j = R_{\mathrm{av}}P \tag{4-30}$$

$$P = \sum_{j=1}^{m} P_j$$

于是全厂总煤耗为

$$B = \sum_{j=1}^{m} B_{\mathrm{n}j} + R_{\mathrm{av}}P \tag{4-31}$$

式中：$B_{\mathrm{n}j}$ 为第 j 台机组的空载煤耗量。

停用机组可减少该机组的空载煤耗量，但停用机组的负荷转移至其他运行机组，使全厂平均煤耗有所增加，增至 R'_{cp}，则全厂总煤耗量变为 B'

$$B' = \sum_{j=1}^{m-1} B_{\mathrm{n}j} + R'_{\mathrm{cp}}P \tag{4-32}$$

由于 $R'_{\mathrm{cp}} > R_{\mathrm{av}}$，只有在空载煤耗量的减少大于变载煤耗量的增加，使得 $B' < B$，停用这台机组才是经济的。

周期地启动或停用机组，还应考虑机组启停热损失所附加的煤耗量。该附加煤耗量要通过试验确定。

为进一步说明负荷变化时增减负荷和启停机组的原则，现举例说明如下：

为简化分析，设编号 1，2 两台 50MW 凝汽式机组的煤耗特性如图 4-5 所示，任一负荷下 1 号机的煤耗均低于 2 号机，而 2 号机的煤耗微增率均低于 1 号机，即 $r_1 > r_2$。

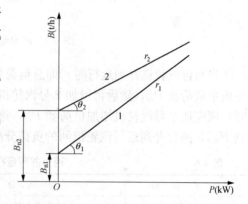

图 4-5　两台 50MW 机组的煤耗特性

若全厂总负荷从 100MW 降至 80MW，有两个不同方案，即甲方案，1 号机由 50MW 降至 30MW，2 号机维持 50MW，乙方案则相反。两方案的总煤耗量分别为

甲方案：$B = B_{\mathrm{n}1} + r_1 \times 30 + B_{\mathrm{n}2} + r_2 \times 50$ （4-33）

乙方案：$B' = B_{\mathrm{n}1} + r_1 \times 50 + B_{\mathrm{n}2} + r_2 \times 30$ （4-34）

两种减负荷运行方式的煤耗量差值 ΔB 为

$$\Delta B = B' - B = 20(r_1 - r_2) > 0 \tag{4-35}$$

由于 $B' > B$，故减负荷时应先减煤耗微增率高的 1 号机，亦即采用甲方案才能节约燃料。

若全厂负荷从 80MW 降至 40MW，则需要停一台机组。若停用 2 号机而让 1 号机带负荷 40MW，其煤耗量为

$$B_1 = B_{\mathrm{n}1} + r_1 \times 40 \tag{4-36}$$

若停用 1 号机而让 2 号机带负荷 40MW，其煤耗量为

$$B_2 = B_{\mathrm{n}2} + r_2 \times 40 \tag{4-37}$$

两种运行方式的煤耗量差值 ΔB 为

$$\Delta B = B_2 - B_1 = (B_{\mathrm{n}2} - B_{\mathrm{n}1}) - 40(r_2 - r_1) > 0 \tag{4-38}$$

故应该采用停 2 号机的方案。

下面，再以图 4-6 所示的两台汽轮机为例，研究它们增加负荷的顺序。对于图 4-6（a），此两台汽轮机的热耗特性线在负荷 P_1 处相交叉，在负荷为 $0 \sim P_{ec}$ 的范围内，1 号汽轮机的热耗微增率比 2 号汽轮机小，而在负荷为 $P_{ec} \sim P_{max}$ 的范围内，则 1 号汽轮机的热耗微增率比 2 号汽轮机大。因此，当负荷低于 P_1 而必须停下一台汽轮机时，应当停止 1 号汽轮机而运行 2 号汽轮机；当负荷在 $P_1 \sim P_{max}$ 之间时，则应维持 1 号汽轮机运行，而停止 2 号汽轮机。

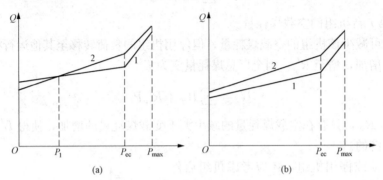

图 4-6　两台母管制汽轮机的热耗特性

当两台汽轮机并列运行时，即总负荷要求必须有两台汽轮机运行时，应该首先让 1 号汽轮机带负荷至 P_{ec}，然后再增加 2 号汽轮机的负荷到要求负荷；当负荷还需要进一步再增加时，则应让 2 号汽轮机增加负荷到 P_{ec}，进一步再增加到 P_{max}，然后再增加 1 号汽轮机负荷到 P_{max}，两台并列运行汽轮机间的负荷分配见表 4-6。

表 4-6　　　　　　　　　　　　两台并列运行汽轮机间的负荷分配

要 求 负 荷	负 荷 分 配	分 配 原 则
$0 \sim P_1$	全部分配给 2 号机	当负荷只需要一台机组运行时，由热耗率低的机组承担
$P_1 \sim P_{ec}$	全部分配给 1 号机	
$P_{ec} \sim P_{max}$	全部分配给 1 号机	
$P_{max} \sim 2P_{ec}$	1 号机承担 P_{ec}，其余由 2 号机承担	当负荷需要两台机组运行时，应根据热耗微增率由小到大的顺序，依次分配负荷
$2P_{ec} \sim (P_{ec} + P_{max})$	1 号机承担 P_{ec}，其余由 2 号机承担	
$(P_{ec} + P_{max}) \sim 2P_{max}$	2 号机承担 P_{max}，其余由 1 号机承担	

图 4-6（b）代表另外两台汽轮机的热耗特性曲线，在负荷区段 $0 \sim P_{ec}$ 和 $P_{ec} \sim P_{max}$ 区段内，其热耗微增率与图 4-6（a）相同，只是两条特性曲线未相交。

在这种情况下，当必须停运其中一台汽轮机时，应该让 1 号汽轮机运行而 2 号汽轮机停运比较有利，因为 1 号汽轮机的热耗率在整个负荷变化区段内，均比 2 号汽轮机小。

当这两台汽轮机并列运行时，这两台汽轮机接带负荷的顺序，也同样可以按照图 4-6（a）的顺序进行。

通过上述例子，我们可以得出结论：对于母管制并列运行的汽轮机，当增加（减少）负荷时，应该首先让热耗微增率小（大）的机组增（减）负荷，停用时应该先停热耗率或汽耗率较大的机组。

在电厂实际运行中，在热负荷和电负荷全部变化的区域内，为了保证汽轮机的经济运行，必须制订机组增减负荷和机组启停顺序的工况卡片，而且，运行值班人员应该基于这些卡片对机组的运行情况进行安排。

二、机组启动过程的优化

各种停机调峰方法，有一个重要的前提，就是当电网中运行的其他机组发生故障时，处于热备用的机组应该能快速投入运行，以便满足当时电网的负荷要求。另外，从单纯汽轮机的启动角度看，也应该在满足安全的前提下，尽可能提高汽轮机的启动速度。

随着汽轮机控制水平的提高，尤其是计算机在汽轮机控制系统中的应用，对汽轮机的启动可以实现程序控制，这种控制方式称为程控启动。

较完善的启动自动控制程序，从启动前的准备工作开始，直至机组带初始负荷结束。由于机组启动最终要带多少负荷，是由电网调度根据电网实际的负荷需求确定的，随机性较大，一般无法事先编入控制程序，而是通过人机对话方式由操作员输入目标负荷和升负荷速率，汽轮机的调节系统按要求进行自动控制。

1. 优化目标

在机组并网前，其输出功率为零，故循环热效率等于零，所消耗的能量全部是损失；并网之后，汽轮机在低负荷区的效率较低，与额定负荷相比，其热耗率和煤耗率均较高，相当于产生"额外"损失。所谓启动能量损失，就是指这两部分损失。加快启动速度，启动损耗相应减少，但相应加快零件的加热速度，使汽缸和转子等部件内部热应力增大，转子相对胀差增加。应力增加即使不超过材料强度的许用应力，也加速材料的疲劳和加快蠕变速度，缩短零件的使用寿命，使运行折旧费用增大，发电成本增加。因此，应该综合安全和经济性两方面的因素，对汽轮机启动过程进行综合优化。

2. 启动前准备工作的优化

启动前的准备工作项目繁多，而且相互间有内在顺序关系，每一项操作都有各自的前提条件。利用网络技术优化启动前的准备工作，首先要确定各项操作从发出操作指令到完成该项操作的时间。例如，润滑油系统投入运行。从发出投入信号开始，电动机合闸、润滑油泵启动、逐步建立油压、向系统充油、进行油循环，到油温和油压符合要求，需要的时间为 τ_{13}；启动发电机密封油泵，建立密封油压，需要的时间为 τ_{12}；发电机充氢，从充入二氧化碳至氢气压力达到要求值，需要的时间为 τ_{11}；顶轴油泵启动到建立顶轴油压需要时间为 τ_{14}；从锅炉点火到蒸汽参数达到冲转要求需要的时间为（$\tau_2 + \tau_3$）等。

其次，以时间为横坐标，从冲转开始，按上述确定的时间，逆序对各项操作进行排列，确定各项操作发出操作指令的时间，使每一项操作的前提条件尽可能同时达到，某 350MW 汽轮机组冷态启动操作工序图如图 4-7 所示。优化的结果是确定润滑油泵、循环水泵、厂用蒸汽、调节油泵启动和投入的时间差，而中间各环节的操作，则以其前提条件具备为基准。

3. 带负荷过程的优化

带负荷过程的优化，主要是在确保机组安全的前提下，使启动损耗最小。升负荷速度加快，使机组在低负荷区段运行时间缩短，额外的能量损失相应减少；但由于加快了启动速度，使机组加热速度加快，汽轮机零件内的热应力加大，寿命损耗增加，机组的使用寿命缩短，设备折旧费增加，发电成本升高，因此，存在一个最佳的升负荷速度问题。优化工作就是求出最佳的升负荷速度，亦即确定机组最大允许的热应力。

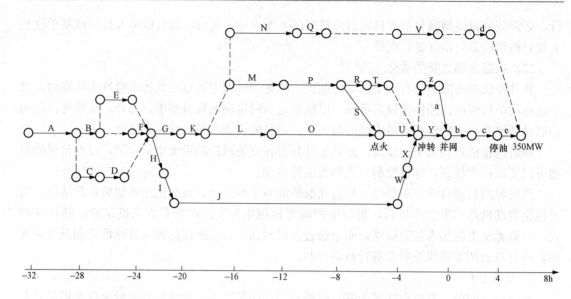

工序列表:

时段	工序	操作项目	时段	工序	操作项目
I	A	机侧辅机测绝缘	IV	P	测发电机绝缘
		辅机联锁试验			发电机相关试验
		阀门传动试验		Q	测电除尘绝缘
II	B	投闭冷水系统 * 生水冷却	VII	R	投抗燃油系统
	C	投润滑油系统			主机相关试验
	D	投盘车			机炉电大联锁试验
	E	投循环水系统		S	点火准备
III	F	投凝结水系统		T	投凝结水精处理
	G	除氧器冲洗		U	锅炉升温升压
		除氧器加热		V	投水力除灰
	H	投轴封系统	VIII	W	转子预暖 * 主汽
	I	抽真空		X	阀室预暖
	J	转子预暖 * 辅汽		Y	汽机冲转升速
IV	K	投给水系统			充油试验
	L	锅炉上水串水		Z	2500 转暖机
V	M	炉侧辅机测绝缘	IX	a	并网准备
		辅机联锁试验		b	初负荷暖机
		阀门传动试验		c	升负荷 1
		FSSS 试验		d	投电除尘
	N	电除尘振打加热			投气力除灰
	O	投炉底推动	X	e	升负荷 2

图 4-7 某 350MW 汽轮机组冷态启动操作工序图

第四节　汽轮机组最优调峰方式的确定

一、大型火电机组调峰运行的必要性

随着我国电力工业的发展，各电网的容量不断扩大，电网的构成也在变化。市政生活用电的年递增速度已大于工业用电的年递增速度，农业负荷在逐年增长，工业用电比重逐渐下降。一般电网中水电比重较小且多为径流式，并以灌溉、工业及生活用水为主，不宜弃水调峰，另外，网内中小容量火电机组也少，即使全部调峰仍不能满足峰谷差的容量要求。此外，大容量核电站动力单元机组，由于其经济和技术特性的原因，核电站动力单元必须带基本负荷。所以大型火电参与调峰运行是势在必行。

为适应电网调峰的要求，提高发电机组的调峰能力和调峰运行的安全性，可靠地完成调度计划，机组设备的机动性能起重大作用。

机组的机动性能包括下列几个方面：

（1）与额定功率相比，机组降负荷和过负荷的可能程度。

（2）任何热状态下安全启动的可能性。

（3）从机组设备单个部件和组件损耗率的观点出发，决定容许带负荷的速度。

电网和各个电站在调峰方面的主要任务是，保证满足在一个昼夜之间的尖峰负荷，保证深夜低谷负荷时以及周末和节假日能大幅度的降负荷。特殊的问题是建立事故备用，能够非常迅速地替代已损坏的设备和处于事故状态下运行着的设备。

在现代电力用户的条件下，运行实践中，寻找到下述可采用的四种方法来度过电力负荷曲线的低谷。

（1）机组大幅度降负荷。

（2）两班制启停方式，简称为两班制方式。

（3）低速热备用方式，又称为两班制低速方式。

（4）少蒸汽无功运行方式，又称为电动机工况，或调相机运行。

二、低负荷运行

从运行观点出发，低负荷运行的方法是最简单的调峰方法，因为它无须改装设备、安装新的管道或仪表、拟订新的运行工况，以及进行研究和调试的工作，所以是机组参与调峰的主要运行方式之一。它根据电网负荷的要求改变机组负荷，当电网负荷降低时，机组负荷降低；而当电网负荷增大时，机组负荷又增加。

机组低负荷运行的重要条件，是确定主机组技术上允许的最低负荷。非单元制汽轮机减负荷率可达 $90\%\sim95\%$。这意味着设备可以在最低极限负荷下安全运行，接近于空负荷。唯一的限制因素是汽轮机排汽缸过热，必要时，可使用排汽缸的喷水减温装置。

单元制机组的最低负荷，取决于锅炉运行的安全性。锅炉低负荷运行的主要技术问题是低负荷的稳定燃烧、水动力循环和锅炉主要部件（例如，汽包）的寿命损耗。锅炉不投油的最低稳燃负荷应通过试验确定。低负荷运行的锅炉要防止发生灭火，应采取低负荷稳燃措施。且锅炉低负荷运行可能会有水循环停滞或倒流现象。因此在锅炉投入调峰前，应通过锅炉水循环验算和试验，确认其安全性。

在汽轮机组方面，低负荷运行时末级叶片可能发生颤振。对大容量汽轮机凝汽器，应保持较高真空。一般地，当大幅度减负荷时，建议不要将负荷降到技术上允许的最低负荷值，它不仅有可能破坏运行工况，而且给运行人员的工作带来很大压力。

大幅度减负荷的严重缺点，还在于机组的经济性也要急剧降低。火电机组在低负荷下运行，其经济性恒低于额定工况。假如单元制机组减负荷至 70%～90% 额定负荷，没有引起很大的经济性损失，而当负荷大约在 30%～50% 额定负荷时，煤耗率将增加 20%～30%。对于非单元制机组，当大幅度减负荷时，也观察到相类似的现象。而且，在这些工况下，机组的厂用电消耗率也急剧上升。

由于机组降负荷过程中金属放出热量，而在升负荷过程中吸收热量，二者基本相等。为了便于比较，不考虑升降负荷的吸热和放热，总的损失换算成标准煤燃料，可以表示为

$$\Delta B_l = P(b_l - b_r)\tau \tag{4-39}$$

式中：P 为低负荷运行时汽轮机的电功率，kW；b_l、b_r 分别为低负荷、额定负荷时的标准煤耗率，kg/kWh；τ 为机组低负荷运行时间，h；ΔB_l 为总的燃料消耗量，kg。

机组低负荷运行调峰方式主要应该解决的问题：增大机组调峰能力（负荷变化量和变负荷速度），提高机组低负荷运行的经济性。

三、两班制运行

为了适应电网低谷调整负荷的需要，有的机组要改为两班制运行方式，即从满负荷开始降负荷，直至停机；电网低谷过去，机组又重新启动、并列直至带满负荷。它是全负荷调峰的一种运行方式，又简称为启停方式。与减负荷运行一样，两班制运行方式也是广泛被采用的。

从机组安全的角度看，首先当两班制运行时，由于机组启动需要一定的时间，当机组停机阶段，电网中其他运行的机组发生故障而停机时，该机组不能马上投入运行，从而极大地降低了电网运行的可靠性。

此外，对两班制运行的机组，加快启停速度是电网调峰的客观需要，也是减小启停热损失，提高运行经济性的需要。而加快机组启停速度，势必增大设备的寿命损耗，成为两班制运行的不安全因素。为此，要求承担两班制运行的机组及其系统应具备适应快速、频繁启停的机动能力，保证安全可靠，且运行经济性无大幅度变动。

参加调峰的大容量机组，可加装具有振动监测、寿命监测、防进水监测、故障诊断等综合性的多功能微机监测装置，以确保设备的安全运行。

从经济性的角度看，两班制运行方式是机组设备停运一段时间，然后再启动。这样，机组从降负荷到启动后稳定运行过程，包含以下 6 个阶段：机组降负荷停机阶段、机组停运过程、机组启动准备过程、由锅炉点火到汽轮机冲转升速直至并网过程、机组由并网到满负荷过程、机组运行工况稳定过程。在此全部过程中，机组总的燃料损失 ΔB_s 为

$$\Delta B_s = \sum \Delta B_j \tag{4-40}$$

式中：ΔB_j 为停机、启动过程中各阶段的燃料损失，kg。

这种调峰方式需要解决的问题：提高机组自动化水平，在保证安全性的前提下尽可能加快启停速度，减少启停损失。

四、低速热备用

在电网负荷处于低谷时，机组主设备的备用方式之一，是汽轮机改为低速热备用工况。采用这种运行方式时将汽轮机负荷减至空负荷，发电机从电网解列，锅炉停止运行，汽轮机

处于低速旋转状态，汽轮机旋转转速必须低于转子第一临界转速。在低速热备用时，汽轮机不做功，某些热量消耗在维持降低了的转速。

这种工况的目的，在于用最少的蒸汽流量，维持机组旋转备用状态，并保持汽轮机主要部件有足够的温度水平。根据许多指标表明，低速热备用在启停工况和大幅度减负荷工况之间，占有中间的地位。这样，低速热备用工况的金属温度水平，高于启停工况，低于大幅度减负荷工况，相类似于事故备用状态。在机组的机动性方面，低速热备用工况高于启停工况，但低于大幅度降负荷工况的条件，因为机组重新带负荷，必须经历空负荷和并入电网，这些都需要一定的时间。

机组本身所需的能量消耗，低速热备用是在上述几种工况中最差的一种。其原因是，虽然机组没有作有功，在这种工况下，本身所需的全部机械几乎都在运行中。

低速热备用调峰方式的能量损耗计算方法与两班制基本相同，只是还需要再统计出在热备用期间的汽耗情况以及辅助设备运行的能量损耗。

这种方式调峰需要解决的问题：要引入低压蒸汽，保持在低速运转时转速的稳定。

五、少蒸汽无功运行

少蒸汽无负荷运行也是停炉不停机的全负荷调峰运行，其特点主汽门和调节汽门都已经关闭，但机组不与电网解列，发电机以电动机方式带动汽轮机，维持汽轮机以 3000r/min 的转速旋转，从电网中汲取必要的有功，用以克服汽轮机和发电机的机械损失和鼓风损失，并带无功功率，该方式故又称为调相方式或电动机方式。但汽缸尾部由于摩擦鼓风而发热，为防止其超温，必须根据汽轮机结构和热力系统特点，向汽轮机供给一定的冷却蒸汽，故其又简称为少蒸汽运行。

在负荷低谷期间，处于旋转备用，必要时发无功功率输入电网。鉴于许多电网都发现无功功率不足，汽轮机作调相机工况运行，有时候在负荷低谷时，与其他所有机组备用方法相比，它表现最为出色，处于与电网并列运行，汽轮机转子、汽缸和其他组件的金属，具有相应的温度状态，在这种工况下，汽轮机处于高度机动性的事故备用状态。

当电网负荷增大时，启动时相当于热态启动，不再要汽轮机冲转升速阶段，且因整机温度水平较高，升负荷时热损失略小于两班制运行，但锅炉点火准备及升压阶段，仍要消耗一定数量的冷却蒸汽，造成附加能量损失，而且汽轮机空转还要消耗一部分电能。

这种备用方式的缺点是，必须连接另外的蒸汽管道，来冷却通流部分及其相应的附件。此外，这种工况要求相对比较多的能量消耗，其中包括从电网汲取的功率来转动转子，和从相邻汽源来的蒸汽，以冷却汽轮机的通流部分。

少汽无功调峰方式的能量损耗计算方法也与两班制基本相同，只是还需要再统计出在调峰期间发电机从电网中吸收的电功率和辅助设备运行的能量损耗。

六、各种调峰运行方式的比较与分析

不同调峰运行方式的能量损失是互有差异的，机组启停的时间长，能量损失大，但是设备的寿命损耗小。实际运行中，应根据电网的调峰要求，结合设备具体情况，综合考虑寿命损耗、能量损失等情况选择合理的调峰运行方式。

目前还不能给覆盖低谷负荷的各种不同方法以全面的比较，因为存在这样重要的事实，即对机组设备在这些工况里运行时所遭受损坏的可能程度的研究尚不够充分。在现有的条件下，偏重于给出其经济性的比较。

1. 负荷运行与两班制运行之间的比较方法

决定机组采用两班制还是低负荷运行的临界时间 τ_{cr}，可由 $\Delta B_l = \Delta B_s$ 确定，即

$$\tau_{cr} = \frac{\Delta B_s}{P(b_l - b_r)} \tag{4-41}$$

当调峰（即电网低负荷）时间 τ 大于 τ_{cr} 时，$\Delta B_l > \Delta B_s$，则采用两班制调峰方式较经济；否则应该采用低负荷运行方式。

可见，虽然两班制运行方式的燃料耗量，大于低负荷工况的消耗量，当长时间停机时，这种工况可能更经济些，同时也大量削减机组自身厂用电的消耗。

2. 两班制运行与其他调峰方式之间的比较方法

由于两班制运行与低速热备用、少汽无功调峰方式的能量损耗计算方法基本相同，故可以分别计算它们在 τ 时间内的总煤耗量，再根据总煤耗量的大小直接进行比较。

第五节　给水泵的变速运行与经济调度

随着汽轮机单机容量的增加，汽轮机新蒸汽参数也不断提高，导致给水泵耗功占主机功率的份额也急剧增加。一般超高参数机组的该份额约为 $2\% \sim 3\%$，亚临界参数机组为 $3\% \sim 4\%$，超临界参数机组甚至高达 $5\% \sim 7\%$。

给水系统的运行经济性及可靠性与给水泵的流量调节方式有直接关系。高速给水泵目前均采用变速调节，其中以升速齿轮和液力联轴器来控制变速的电动泵及小汽轮机直接变速驱动的汽动泵应用最广。根据技术经济比较，单机容量在 $250 \sim 300MW$ 以上时（国内以 $300MW$ 为限），采用小汽轮机直接变速驱动较为合理；而在此容量以下时，则多采用间接变速驱动，其中尤以采用液力联轴器的变速驱动为好。

一、给水泵变速性能与输出阻力特性

在水泵性能曲线中考虑转速这一参数，就可以绘制出变速的性能曲线，它是由一束近似平行的曲线所组成的，每条曲线分别对应不同的转速。有了变速性能曲线，不仅可决定在一定给水量下的压头和转速关系，也可决定其效率的对应关系，从而再由输出阻力特性来决定水泵的工作点。

由相似定律，同一叶轮在不同工况时（如 A 和 B 二个工况），其流量 Q、压头 H、功率 P 与转速 n 之间的基本关系应为

$$\frac{Q_A}{Q_B} = \frac{n_A}{n_B}; \frac{H_A}{H_B} = \left(\frac{n_A}{n_B}\right)^2; \frac{P_A}{P_B} = \left(\frac{n_A}{n_B}\right)^2 \tag{4-42}$$

另外，同一叶轮，即便工况不同，但只要工况相似，其效率也可以认为不变。如 A、B 为两个工况，则其等效下的工况应为

$$\left(\frac{Q_A}{Q_B}\right)^2 = \frac{H_A}{H_B} \tag{4-43}$$

于是

$$H = KQ^2 \tag{4-44}$$

式（4-44）是抛物线方程式。它表明以相似工况、比例常数为 K 的给水量与压头之间的等效关系。换言之，只要 H、Q^2 之间有一个比值，就有一定的效率，从而可以由各个比值，组成一束通过零点的等效抛物线，如图 4-8 所示。由于水泵效率曲线只有一个最高效率

点，而最高效率点的左右，每一个等值效率都有两个效率点，因此在图 4-8 中，最高等效曲线的两侧就有其效率相等的两条等效曲线。理论上讲，两条等效曲线相交于原点，而实际上，当转速离开设计工况的转速愈远时，泵的机械效率、水力效率等因素不可能不变，一般在高速下水力效率降低，在低速下机械效率降低。因此，等效曲线便组成等效封闭曲线或半封闭曲线，如图 4-8 虚线所示。

等效曲线上的所有工况点，效率都相等。然而，在变速调节下，水泵所有工作点能否都落在最高等效曲线上，以保持设计工况下的最高效率不变，这取决于水泵输出阻力特性曲线能否重合于最高等效曲线。一般来讲，这两条曲线是不可能完全重合的。

水泵输出阻力特性曲线，取决于锅炉工作压力、送水高度以及克服管件等阻力。这与给水系统的组成形式、锅炉的结构形式，以及机组的运行方式有密切的关系。但总的来讲，管道系统均存在一定的背压，即使流量为零，水泵输出阻力还是具有一定值，则阻力特性曲线不经过原点，而是经过纵轴上某点的抛物线。所以，尽管在设

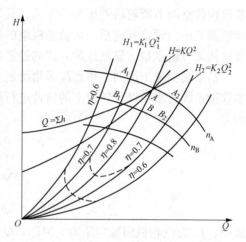

图 4-8　等效曲线和输出阻力特性曲线

计工况时水泵的工作点落在最高等效曲线上，以最高效率运行，但当非设计工况时，工作点就不可能落在最高等效曲线上，致使运行效率有所降低。正如图 4-8 所示，最高等效曲线只与阻力特性曲线相交于一点，这一点就是水泵最高效率下的工作点。然而当采用变速调节时，水泵工作点沿阻力特性曲线左移，效率就脱离了最高等效曲线。但即便如此，变速调节的经济性仍比节流调节为好。

由此可以得到结论：变速调节给水泵的经济性，取决于输出阻力特性曲线的陡坦程度，曲线越陡直，越趋向于等效曲线的斜率，则变速调节的范围及其获得的经济性也愈大对直流锅炉来讲，因其没有汽包，要求水泵的输出压头，不仅满足锅炉的工作压力、送水高度和输送管件等阻力，还要克服锅炉省煤器管束、过渡蒸汽区管束和过热区管束等的阻力，致使直流锅炉的流动阻力几乎为汽包锅炉的两倍。而这些流动阻力是随流量的改变而改变的，因此直流锅炉输送给水的阻力特性曲线趋于陡直，其高效的运行范围更宽。

目前，大型汽轮机广泛采用变压运行，由于锅炉工作压力随负荷的减少而降低，水泵的输出阻力特性曲线就更趋向于陡直，因此其变速调节的范围更大，其变工况运行的经济效果也就更为显著。如图 4-9 所示为给水泵变速节能图，图中 R_0 为机组定压运行变速调节输出阻力特性曲线，R_1 为机组滑压运行变速调节输出阻力特性曲线。在机组额定流量时，给水泵耗功为 P_{00}，当给水流量由 Q_0 降至 Q_1 时，在定压运行时，给水泵转

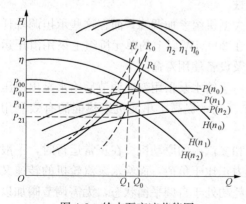

图 4-9　给水泵变速节能图

速由 n_0 降至 n_1，耗功由 P_{00} 降至 P_{11}，在滑压运行时，给水泵转速由 n_0 降至 n_2，耗功由 P_{00} 降至 P_{21}。当给水泵采用定速节流调节时，给水泵输出阻力特性曲线为 R'，此时 n 不变，给水泵的耗功为 P_{01}，显然 $P_{21} < P_{11} < P_{01}$。这进一步说明了变速调节的经济效果与输出阻力的关系。

变速给水泵运行时，目前采用的调节方式一般为两种，其一为调节阀控制流量，变速调节机构调整调节阀前后差压为一定值；其二为保持调节阀固定开度或取消调节阀，直接通过变速调节机构调整其流量。从新装机组的调节方式看，已趋向取消调节阀，直接通过变速调节机构调节给水量。显然这种方式的经济性更好。

给水泵变速工况的工作点除采用绘制水泵及机组汽水管的特性曲线加以确定外，还可依据管道系统及水泵设计转速下的特性进行解析求解。一般情况下，给水泵输出阻力特性可表示为

$$p_s = p_0 + \Delta p_z + K_s Q^2 \tag{4-45}$$

$$K_s = \frac{\sum \Delta p_s}{Q_H^2}$$

$$\sum \Delta p_s = \Delta p_1 + \Delta p_2 + \Delta p_3 + \Delta p_4 + \Delta p_5 + \Delta p_6 \tag{4-46}$$

式中：p_0 为汽轮机前额定压力，MPa；Q 为给水流量，t/h；Δp_z 为水泵与锅炉出口联箱之间的位差，MPa；K_s 为汽水管道总的特性曲线的斜率；Q_H 为额定给水流量，t/h；$\sum \Delta p_s$ 为单元机组汽水管道流体总阻力，是给水管道、高压加热器、给水调节阀、省煤器及水冷壁、过热器、主蒸汽管道等的流体阻力之和，根据设备说明书、试验数据或计算确定。

给水泵在其设计转速下的特性可用下列抛物线的关系式表示：

$$\Delta p_0 = p_2 - p_1 = aQ^2 + bQ + c \tag{4-47}$$

式中：a、b、c 为固定系数，该系数根据设计曲线上的若干特征点由最小二乘法拟合；p_2、p_1 为给水泵出入口压力，MPa。

当给水泵转速变化时，变速后的特性可利用抛物线的特点及相似工况的关系，最终得到：

$$\Delta p_i = p_{2i} - p_{1i} = aQ^2 + \frac{n_0}{n_i} bQ + \frac{n^2}{n_i^2} c \tag{4-48}$$

根据式（4-45）及式（4-48）可以确定给水泵的工况点及其变速调节特性。

二、给水泵汽轮机滑压运行的适应性和热经济性

为适应电网调峰工况的需要，目前已广泛使用大型机组参加调峰，而在这些承担调峰任务的机组中，广泛采用滑压运行方式。实践证明，在 200MW 以上的单元机组上采用滑压运行时，不仅可以提高经济性，还能提高运行可靠性及设备使用寿命。

滑压运行能提高热经济性的主要原因之一，是由于给水泵采用变速调节后给水泵出口压力随着锅炉压力的降低而减小，从而减少了给水泵耗功，提高了单元机组热能的有效利用程度。

给水泵汽轮机是一种变参数、变转速、变功率和多汽源的原动机。在正常运行时，一般由主机的低压抽汽作为工作汽源，尽管主机抽汽压力正比于负荷，而给水泵汽轮机的转速又正比于给水量，似乎给水泵汽轮机的动力与给水泵耗功处于自调平衡状态，无需调节阀加以控制。但是，由于给水泵汽轮机和给水泵的效率随负荷的下降而降低，只有在额定工况附

近，才能基本保持这种自调能力的平衡关系，而当负荷下降至一定程度时，给水泵汽轮机产生的动力将不足以满足给水泵耗功。为此，必须仍然保留调节阀，以维持能量平衡关系。并且，为了扩大给水泵汽轮机适应低负荷的能力，还必须具备低负荷时的高压汽源和辅助汽源。一般为了不使给水泵汽轮机造价过大，且给水泵也不可能在很低出力下长期运转，当主机定压运行时调节阀留有的富裕度只按能维持在 40％额定负荷下运转来考虑。如图 4-10 所示某厂 500MW 单元机组所配置的给水泵汽轮机的两个汽源流量与负荷之间的关系图。图 4-10 中，当负荷降至 40％时，主

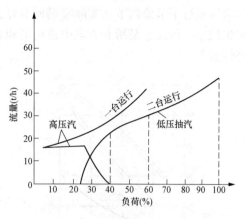

图 4-10　双汽源流量与负荷的关系

机抽汽尚能满足给水泵耗功，此时低压调节阀已开足，进一步降低负荷时，高压调节汽阀逐渐开启。当负荷由 40％降至 25％时，即使低压调门全开，低压蒸汽已不能进汽，而全部由高压蒸汽驱动。

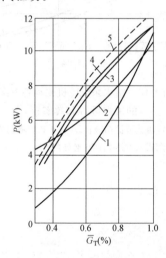

图 4-11　300MW 单元机组的给水泵汽轮机驱动功率 P 与主机相对汽耗量 G_T 的关系

1—滑压运行下有调节抽汽的给水泵汽轮机；
2—定压运行下有调节抽汽的给水泵汽轮机；
3—滑压运行下无调节抽汽的背压式给水泵汽轮机；
4—定压运行下无调节抽汽的凝汽式给水泵汽轮机；
5—定压运行下可保证最低负荷为 40％的给水泵汽轮机

当主机采用滑压运行时，各级抽汽压力与负荷的关系同定压运行时基本相同。可是给水泵耗功因其出水压力随负荷的下降而进一步减小，从而可扩大给水泵汽轮机适应低负荷运行的范围。从本质上讲，就是主机滑压运行下的给水泵输出阻力特性曲线较为陡直，使其更趋向于与最高等效曲线相吻合，因而扩大了高效运行范围，提高了低负荷下运行的热经济性。当然热经济性改善程度还与给水泵汽轮机的型式和调节方式有关。如图 4-11 所示表明 300MW 机组主机相对汽耗量 G_T 与有调节抽汽、无调节抽汽、凝汽式、背压式给水泵汽轮机等各种方案的驱动功率 P 的关系曲线。从图 4-11 中可见，滑压运行的驱动功率总是小于定压运行的，有调节抽汽的驱动功率又总是小于无调节抽汽的。这是由于无调节抽汽的给水泵汽轮机，不仅其进汽压力随主机负荷的降低而降低，同时因压力降低又使进汽量减少，从而形成给水泵汽轮机效率骤降，需要的驱动功率大增，尤以可满足负荷在 40％下运行而设置的给水泵汽轮机更甚。

如图 4-12 所示以主机直接驱动给水泵为基准，绘出了各种给水泵汽轮机驱动各方案的相对热耗率与主机相对汽耗量的关系。如图 4-13 所示相应的给水泵汽轮机进汽量及效率与主机相对汽耗量 G_T 的关系。从这两个图可见，凝汽式给水泵汽轮机比背压式给水泵汽轮机好，即凝汽式给水泵汽轮机的相对热耗率增加得较少；凝汽式理想喷嘴调节比节流调节好，

但滑压运行下节流调节比实际喷嘴调节好。凝汽式节流调节的效率曲线最为平坦，热耗增长率也较小，因此它是所有方案中最经济和合适的方案。而背压式给水泵汽轮机喷嘴调节的经济性最差。

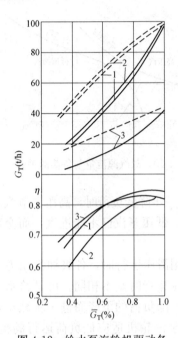

图 4-12   给水泵汽轮机驱动各
方案的相对热耗率

1—背压式节流调节；2—背压式喷嘴调节；

3—凝汽式（背压 3.5kPa）节流调节；

4—凝汽式理想喷嘴调节；

5—凝汽式（背压 5.9kPa）节流调节

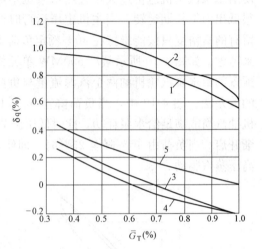

图 4-13   给水泵汽轮机驱动各方案
的进汽量 G 和效率 η

1—背压式节流调节；2—背压式喷嘴调节；

3—凝汽式（背压 0.036 绝对大气压）节流调节

三、给水泵的经济调度

（一）给水泵工况变化时对其性能的影响

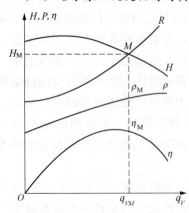

图 4-14   给水泵的工作点

1. 给水泵的工作点

给水泵的工作点就是给水泵本身的特性曲线与给水管路的特性曲线的交点，也就是将两个特性曲线用同样的比例尺绘在同一张图上。如图 4-14 所示，两曲线交于 M 点，M 点即给水泵的工作点。因此，泵在运行当中，无论是泵本身的特性曲线有所改变还是管路特性曲线有所变化，都会影响泵的工作点，即会改变泵的工作流量与扬程。

泵的工作性能曲线是流量与实际压头的性能曲线，是在理想流体通过无限多叶片叶轮时的流量 q_{VT} 与扬程 $H_{T\infty}$ 性能曲线的基础上，进行有限叶片数的修正，$H_T = KH_{T\infty}$（K 为环流系数，恒小于 1），以及考虑实际流体黏性的影响，减去摩擦损失、冲击损失的压头和容积损失的影响等，所得到的流量与实际压头的性能曲线。由于上述各项损失还难以计算，因此一般泵的特性曲线都是通过试验方法得出的。

管路特性曲线，就是管路中通过的流量与所需要消耗的压头之间的曲线。在给水管路系统装置中，通过伯诺利方程和能量平衡，可得出泵装置在管路中的管路特性曲线方程。

如上所述，改变泵本身的特性曲线或管路特性曲线，都使泵的工作点改变。泵在运行当中，由于外界负荷的变化，其运行工况也要随之改变，以适应外界负荷变化的要求，这就是泵的工况调节。

改变泵本身特性曲线的方法：变速调节、动叶调节和汽蚀调节等。改变管路特性曲线的方法有出口节流调节，介于两者之间的有进口节流和吸入端节流两种。

2. 节流调节

节流调节就是在管路中装设节流部件（各种阀门、挡板等），利用改变阀门开度来进行调节。节流调节又可分为出口端节流和入口端节流两种。

（1）出口端节流调节。将节流部件装在泵出口管路上的调节方法称出口端节流调节。节流改变了出口管路的流动损失，使管路特性改变，从而改变了工作点。如图 4-15 所示，阀全开时水泵工作点为 M，关小阀门时，管道阻力增加，流量减小管路特性曲线由 I 变成 I'，工作点也移到 A 点，流量、扬程由原来的 q_{VM}、H_M 变成 q_{VA}、H_A。如阀门继续关小，管路损失将继续增加，流量将继续减小。减小流量后，附加节流损失为 $\Delta h_j = H_A - H_B$，相应多消耗的功率 ΔP 为

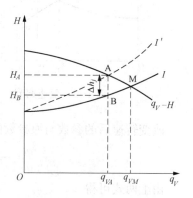

图 4-15　出口端节流调节

$$\Delta P = \frac{\rho q_{VA} \Delta h_j}{1000g} \quad (\text{kW}) \quad (4\text{-}49)$$

显然，此种调节方式是不经济的，而且只能向小于设计流量的方向调节。但此方法简单、可靠，多用于中小功率的给水泵上。

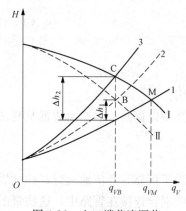

图 4-16　入口端节流调节

（2）入口端节流调节。如果节流部件装在泵的入口端，以此来改变流量，那么这种入口调节不仅改变管路的阻力特性，同时也改变了水泵本身的特性，因为进入水泵以前，流体压力已经下降，使性能曲线相应发生变化。如图 4-16 所示，节流以前工作点为 M，工作流量、扬程分别为 q_{VM}、H_M。当关小进口阀门时，水泵的性能曲线由曲线 I 移至曲线 II，工作点移至 B 点，此时的流量为 q_{VB}，扬程为 H_B，附加阻力损失为 Δh_1。如果调节至同样流量 q_{VB} 的条件下，改用出口调节，则水泵的特性曲线未变，而管路特性曲线由 1 变为曲线 3，工作点变为 C 点，附加的阻力损失为 Δh_2。由图 4-16 可以看出，$\Delta h_1 < \Delta h_2$。也就是说，入口调节节流损失小于出口调节节流损失，即入口调节较出口调节经济。但对于入口调节，流体在进入水泵以前，压力降低，对水泵有汽蚀的危险，还会使进入叶轮的液体流速分布不均匀；因此要谨慎采用水泵入口调节。

3. 变速调节

采取变速调节，就是不改变管路特性曲线，而是改变水泵的转速，从而改变泵本身的特性曲线，使其工作点发生变化，如图 4-17 所示。

在其他条件相同的情况下，只改变泵的转速，其特性曲线只是在原特性曲线上平移，也就是说，改变转速后的工况点与原工况点是相似的。这些相似工况点均在一条顶点在原点的抛物线上，如图 4-18 所示。

$$H = Kq_V^2 \tag{4-50}$$

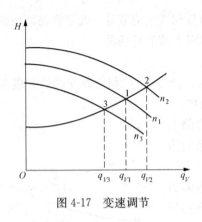

图 4-17 变速调节

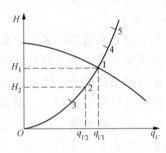

图 4-18 相似抛物线

改变转速后的参数与原参数的关系由比例定律可知：

$$\frac{q_{V1}}{q_{V1}} = \frac{n_1}{n_2}, \frac{H_1}{H_2} = \left(\frac{n_1}{n_2}\right)^2 \text{ 或 } \frac{p_1}{p_2} = \left(\frac{n_1}{n_2}\right)^2 \tag{4-51}$$

由上两式可得

$$\frac{H_1}{H_2} = \frac{q_{V1}^2}{q_{V2}^2} \tag{4-52}$$

式中：q_{V1}、q_{V2} 为转速 n_1、n_2 下泵的容积流量；p_1、p_2 为转速 n_1、n_2 下泵的出口压力；H_1、H_2 为转速 n_1、n_2 下泵的扬程；P_1、P_2 为转速 n_1、n_2 下泵的耗功。

$$\frac{H_1}{q_{V1}^2} = \frac{H_2}{q_{V2}^2} = \frac{H}{q_V^2} = K \tag{4-53}$$

由此可得相似抛物线曲线：

$$H = Kq_V^2$$

因此改变转速后的性能可通过相似抛物线及比例定律求出。

变速调节的主要优点是大大减少附加的节流损失，经济性得以提高。但变速装置及变速原动机投资太大，故一般中小型机组很少采用。

(二) 给水泵的经济调度

在实际生产中，由于所要求的流量或压头较大，或者是为了可靠、经济地运行，往往需要用两台或两台以上的泵联合工作。多台泵可以串联、并联或混合连接在管路中，这些泵的连接方式或随外界负荷变化时组合、投运方式的不同，会带来不同的经济效果。也就是说，离心泵在运行当中，在相同的外界负荷下，不同的调度方式所消耗的能量是大不相同的，这也就带来一个离心式水泵运行的经济调度问题。

两台泵并联运行时，由泵的并联特性可知：两台泵并联时的流量等于并联时各台泵流量之和，小于各泵单独工作时的流量之和，而大于一台泵单独工作时的流量；并联时的扬程大于一台泵单独工作时的扬程。并且，并联工作时管路特性越平坦，并联后的流量越接近于泵单独工作时的流量和，经济性越好；并联时压头小的泵输出流量很少，甚至输不出，因此负荷降低时应优先停小压头的泵。

两台串联工作时，由泵的串联特性可知：两台泵串联时所产生的总压头小于各泵单独工作时压头之和，大于串联前单独运行时单泵的扬程，等于串联时各泵压头之和；而串联后的流量比一台泵单独工作时大。泵在串联工作时，管路特性比较陡为好，如果管路特性过于平坦，串联时的扬程和流量反而小于只有一台大扬程泵单独工作时的扬程和流量。另一台泵相当于装置节流器，仅仅增加损失。

因此，在泵的实际应用中，要依靠泵的连接特性来合理连接泵组，合理调度泵组。下面以给水泵为例，说明泵在实际应用中的合理经济调度。

1. 单元制给水泵

单元制机组一般配制半容量给水泵三台，高负荷时两台运行，一台备用。在负荷变化的情况下改变运行方式，能够节省的能耗可以直接进行计算。年节省能耗取决于各种方式运行的累积运行小时数。

机组配备的半容量给水泵，每台实际带负荷能力，往往比一半大得多。当机组负荷下降，原来两台运行，停运一台也能满足上水要求时，以一台运行获得的节能效果是相当显著的。同时，这样做还降低了给水系统承受的压力（定速泵），提高了可靠性。而且，泵在设计工况的高效区运行，也延长了泵的寿命，因为泵在小负荷下运行会形成环流，引起泵的振动。

在主机半负荷时，若单泵运行，即半容量泵带主机一半负荷，则泵是全负荷流量。由于输送管道按全负荷设计，若无给水调节阀节流限量，半容量泵单泵运行工况点会超出泵的允许范围；若以变转速和节流调节并用于半容量单泵运行的给水量调节，运行将不会超出泵的允许范围，但会降低经济性。如图 4-19 所示，A、B、C、D 为单泵在转速 n_1、n_2、n_3、n_4时的特性曲线，A′、B′、C′、D′ 为在相应转速下并联的特性曲线，曲线 2、4 分别为单泵和两泵并联的设计流量的相似工况抛物线，曲线 1、3 分别为单泵和两泵并联的最小流量的相似工况抛物线。因此单泵的允许运行范围为曲线 1 和曲线 2 之间的区域，并联运行的允许范围为曲线 3 和 4 之间的区域，而水泵变速特性曲线的上、下限由允许的最高和最低转速决定。

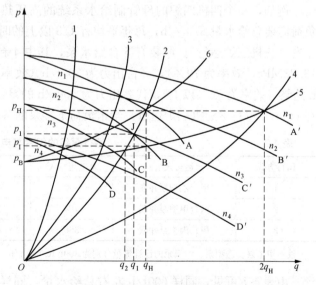

图 4-19　半容量调速泵负荷工况曲线

曲线 5 为管路特性曲线，当给水流量在 q_H 和 q_2 之间时，曲线 5 与各种转速下单泵的特性曲线的交点在 O2 线以外（右侧）。也就是说，在此负荷下，若单泵运行时，会超出泵的允许范围。在这种情况下，如果有给水调节阀节流，那么给水管道阻力特性就为曲线 6，它与单泵在各转速下的特性曲线的交点均在曲线 2 的左侧，即在允许运行范围之内。例如，320MW机组，配用 $3 \times 50\%$ 容量电动液力联轴器调速泵，主机在定压运行方式下的估算结果：在锅炉上水流量正好和单泵的额定流量 $q_{mH} = 550t/h$ 一致时，变速加节流调节电动机耗功4460kW 左右（包括前置泵）；用两台泵变速，无节流调节运行，同样 550t/h 流量，两台泵的电动机总共需要功率 6290kW。可见单泵运行经济。在相同的条件下，单泵运行不加节流调节，运行工况点超出相似工况设计点规定不是很多，泵的超出力在不超过额定流量的20%（一般是允许的）时，可较加节流调节少消耗功率。如前述 320MW 机组中，主机半负荷单泵无节流调节纯变速运行时，q_H 超出 q_J 的数值不到 20%。若锅炉给水量 $q_{mH} = 550t/h$，电动机功率消耗则下降到 4050kW（包括前置泵），较在同样给水负荷下，用单泵调速加节流或两泵并联运行时的功率消耗分别低 410kW、2240kW。这就说明，运行调度得当，可以收到很好的经济效益。

2. 母管制给水系统

在给水采用母管制的中、小型电厂，给水母管常由多台给水泵并联供水。根据给水泵性能的不同，选择并联投运的台数及组合，除了应保证向锅炉安全地供给所需的水量外，同时尽可能降低给水母管的压力。

在锅炉运行方式和负荷相同的情况下，投运不同台数组合的泵组，可以获得不同的节能效果，最佳方案可通过试验比较而定。给水系统内装设的均为电动定速泵时，一般情况下，保持最低母管压力在安全供水范围的泵组运行台数组合是最经济的。运行的总电耗功率最小，对于其中有球压联轴器的泵，不能只看耗功率的大小，还要计及液压联轴器未能传给水泵的那部分耗功。在调速泵与定速泵并联运行时，调节调速泵的负荷要注意定速泵的流量，以免定速泵的流量过载或流量过小。

例如，一个四机四炉的母管制给水系统的高压热电厂，锅炉容量约为 220t/h，一般满负荷需要总给水量 810t//h，每年平均有 1/3 以上的时间运行负荷的给水量总需求为 600t/h左右（三机三炉运行）。原装有 5 台给水泵，其中 4 台出力为 400t/h（出口压力为 $12.74 \sim 13.23$MPa，效率为 79%），一台出力为 300t/h（效率约 60%）。而后改进一台出力为 230t/h 的泵（效率为 76% 以上），代替出力为 400t/h 的泵，以适应总给水量 600t/h 的运行工况。在 600t/h 左右（三机三炉运行）给水负荷下，泵的各种搭配运行方式和电流数值见表 4-7。

表 4-7   运行泵组的组合与电流

运行方式	运行泵组	总电流（A）	各泵电流（A）	运行效率
1	甲、乙型泵并联	390	甲 200，乙 190	
2	两台甲型泵并联	404	甲 202	73%
3	甲、丙型泵并联	360	甲 220，丙 142	77%~78%

注 甲型泵、乙型泵、丙型泵的设计流量分别为 400t/h、300t/h、230t/h。

由表 4-7 可见，同样 600t/h 左右总给水量，同样也用两台泵运行，但调配合理，电流可分别降低 14、28、42A。由运行实际统计，运行方式 3 较其他方式每天电耗下降9800kWh 以上，每年可平均节电 96 万 kWh 以上。这个收益是由于提高泵的运行效率和减少节流压损得到的。

第六节　滑压运行机组最优运行初压的确定

火力发电厂单元机组运行"初压"指的是，机组并网发电运行中自动主汽阀前的蒸汽压力，运行现场也常称为"主汽压力、新汽压力"。

在满足电网调度发电功率指令的前提下，对于火力发电厂单元机组的最优运行初压的概念，可以简述为调节初压（主汽压力）使得供电标准煤耗率最少；或者更全面地解释为调节初压（主汽压力）使得供电资源消耗率最少。

这里的资源包括燃料资源、水资源、环境资源。其中，环境资源用污染物排放量表示，污染物排放量多表示环境资源消耗量多。借助当时当地物价，将三种资源消耗量转换为货币数量并且相加，就形成了资源消耗的数量表示。供电资源消耗率具有与供电标准煤耗率同形式的表达式，不同的仅是将分子换成资源消耗量，单位为元/kWh。可见，最优运行初压的更全面解释与供电运行成本关系更加密切，但是，寻优计算过程也更加复杂。

一、最优运行初压实现的可行性

由于制造费用的考虑和负荷率常小于1的考虑，当代火力发电厂单元机组的额定初压并不等于理论上的最有利初压（对应实际循环效率最高的主汽压力），而是略低于理论上的最有利初压。所以，如果在某给定的发电功率下调整主汽压力从低于额定初压逐渐升高，接下来可以明确的变化现象是，一方面，实际循环效率随主汽压力的提高而提高的，有利于减少消耗；另一方面，给水泵的功耗也随主汽压力的提高而增加，不利于减少能耗，并且汽轮机部分开启调节阀的节流损失也一并成为增加消耗的技术原因。

问题是，在有利因素和不利因素同时存在的情况下，最优运行初压，即使得供电消耗率最少的主汽压力，是多少呢？运行经验和寻优计算给出的回答是一致的：最优运行初压是发电功率的函数，并且与机组参数等级、机组配置、机组健康状态和环境条件有关。最优运行初压随发电功率变化的一般规律：高负荷为定压运行，主汽压力为额定压力；低负荷也为定压运行，主汽压力为某较低压力；高、低负荷之间的负荷为变压运行，主汽压力随发电功率呈近似直线变化。这就是常说的"定-滑-定"运行方式。总之，最优运行初压是存在的，并且需要在机组变工况之前预先确定。

在满足电网调度发电功率指令的前提下，单元机组主汽压力或运行初压（自动主汽阀前汽压）的调节手段是多样的，主要包括以下几个方面，须要根据实际情况选用：

（1）汽轮机调节阀，在一定范围内，关小使主汽压力升高，开大使主汽压力降低。

（2）2个调节阀全开的主汽压力高于3个调节阀全开的主汽压力。

（3）对于汽包锅炉，增加燃烧率，主汽压力升高，发电功率随之增加；减少燃烧率，主汽压力降低，发电功率随之减少。

（4）对于汽包锅炉，上调直流燃烧器仰角，主汽压力降低；下调直流燃烧器仰角，主汽压力升高。

（5）对于直流锅炉，增加给水泵转速或开大给水调节阀，主汽压力升高；减少给水泵转速或关小给水调节阀，主汽压力降低。

原则上讲，预先确定了最优运行初压之后，合理选用上述手段，可以使机组在不超过额定的任何主汽压力下运行。

二、最优运行初压的确定

最优运行初压的确定步骤：

（1）建立单元机组消耗数学模型，本节推荐原理模型，其中包含影响消耗的各个因素和环节。

（2）根据单元机组消耗数学模型的需要，建立原始数据文件，供寻优计算使用。注意更新原始数据文件，以反映机组的情况真实。

（3）选择优化算法。

（4）求出最优运行初压。

主汽压力和循环水量是单元机组运行中的两个独立可控参数（在各自的安全范围内），即主汽压力和循环水量的最佳值要同时搜索。

从汽轮机原理和运行经验可知，在给定发电功率的滑压运行方式下（调节阀固定位置），只要循环水量选定，主要运行参数便随之确定了，其中包括主汽压力、汽轮机耗汽量、锅炉燃煤量、厂用电量和供电标准煤耗率（主汽温度和再热蒸汽温度保持额定值）。换言之，这些主要运行参数都是循环水量的单值函数。所以，这里以供电标准煤耗率最少为优化目标，令循环水量为决策变量，采用 0.618 法（黄金分割法）为优化计算方法。

从单元机组的运行现实情况考虑，由于给水泵和循环水泵均为双泵配置，都存在从一台泵到两台泵的运行方式转换，或者从两台泵转为一台泵的运行方式转换，因此引起给水泵或循环水泵空载耗电功率的较大变化，导致供电标准煤耗率关于循环水量的变化曲线有突变拐点，成为具有三个极小点的单值曲线。为了使得数学模型能够反映这个现实情况，优化计算程序在使用 0.618 法做精确搜索之前，首先按照一定的步长搜索循环水量的变化全程，并保留对应供电标准煤耗率较小的运行方案。然后与 0.618 法的结果比较，取供电标准煤耗率最小的为最优方案。

三、应用实例

以 N300-16.65/537/537 型汽轮机配循环流化床锅炉的单元机组为例，以供电标准煤耗率最少为运行目标，进一步说明最优运行初压（主汽压力）的确定方法。关于以供电资源消耗率最少为运行目标的最优运行初压确定方法，只需按照当时当地物价，将目标函数改写为三种资源消耗的货币量之和即可。该单元机组是：亚临界一次中间再热、循环流化床锅炉、3 台高压加热器、1 台除氧器、4 台低压加热器、一级连续排污扩容、回热加热器疏水逐级自流、电动给水泵、自然通风冷却塔循环供水、2 台凝结水泵、2 台变频调速循环水泵、双风机平衡通风系统、4 个汽轮机高压调节阀。原始数据表见表 4-8，记录着原始数据和迭代参数的初值。

表 4-8   原始数据表

符号	数值	单位	含义	符号	数值	单位	含义
Dfw0	945	t/h	设计给水量	etpu	0.82		给水泵效率
An	13 000	m^2	凝汽器面积	etn	0.70		凝结水泵效率
dn	24	mm	传热面管子内径	etdq	0.99		汽轮机机械效率
nco	4000		传热面管子根数	ete	0.985		发电机效率
z	2		凝汽器冷却管水流程数	etq	0.97		给水泵电机效率

符号	数值	单位	含义	符号	数值	单位	含义
efan0	330	kW	两台送风机空载功率	etne	0.95		凝结水泵电机效率
efan10	220	kW	两台一次风机空载功率	etgd	0.995		汽水管道效率
eex0	300	kW	两台引风机空载功率	Qke	181.8	m³/s	送风机设计空气量
Nf0	190	kW	一台给水泵空载功率	gcm	0.85		管材修正系数
Ncir	170	kW	一台循环水泵空载功率	gys2	0.94		管道压力效率
Nn0	170	kW	一台凝结水泵空载功率	pLs	0.001		汽水损失份额
Hfe	4	kPa	送风机设计全压	pde	0.027 13		减温水份额
em0	12	kWh/t	破碎系统耗电率	twk	20	℃	冷空气温度
dH0	4	m	循环水设计流动阻力	etj	0.98		加热器效率
Qke1	121.2	m³/s	一次风机设计空气量	dPrh	0.32	MPa	再热系统设计压损
Hn	178	mH2O	凝结水泵设计扬程	etsh	0.881 6		高压缸相对效率
Hye	5.2	kPa	引风机设计全压	etst	0.908		中低压缸相对效率
qjie	0.8		传热面清洁度 修正系数	dP0e	1.99	MPa	过热器和主汽管道 设计流动阻力之和
Hr0	12	m	冷却塔淋水盘与 循环水泵进口高差	dPfwe	2.9	MPa	给水系统和水冷壁 设计流动阻力之和
Hfe1	9.5	kPa	一次风机设计全压				

本例优化计算针对了四种运行方式：1、2 阀全开 3 阀关滑压、1、2 阀全开 3 阀开 40%滑压、1、2、3 阀全开滑压和顺序阀定压。

图 4-20 为四种运行方式在凝汽器循环水进口温度为 20℃的供电标准煤耗率对比曲线，从图 4-20 可以看出：

（1）四种运行方式的供电标准煤耗率均随发电功率降低而增加，并且，发电功率越低，降低速度越快。

（2）对于顺序阀定压运行方式，发电功率 100MW 的供电标准煤耗率是 300MW 的约 1.75 倍。

（3）四种运行方式的供电标准煤耗率曲线比较接近，并且有交叉。

（4）在发电功率 100～130MW 范围内，1、2 阀全开 3 阀开 40%的滑压运行方式煤耗率最低；在发电功率 140～260MW 范围内，1、2 阀全开 3 阀关闭的滑压运行方式煤耗率最低；在发电功率 270～300MW 范围内，顺序阀定压的运行方式煤耗率最低。

（5）对比可见，1、2、3 阀全开的滑压运行方式为不可取的方式。

（6）寻找最优初压最多可以减少供电标准煤耗率 13.37g/kWh。

（7）在发电功率 180～190MW 之间，煤耗率对比曲线有突变是因为水泵（给水泵、循环水泵、凝结水泵）运行台数变化引起空载功率变化，以及煤耗率变化。

图 4-21 为四种运行方式在凝汽器循环水进口温度为 20℃的主汽压力曲线，从图 4-21 可以看出：

（1）滑压运行的主汽压力基本上与发电功率呈线性关系。

（2）相同发电功率下，阀门开得越多，汽压越低。

（3）当发电功率增加到 270MW 时，仅开两个调节阀的滑压运行方式，应该转为顺序阀定压运行方式。

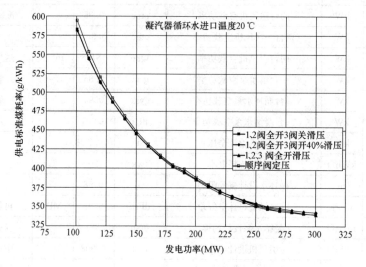

图 4-20　四种运行方式的供电标准煤耗率对比曲线

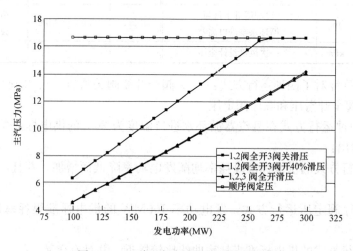

图 4-21　四种运行方式的主汽压力曲线

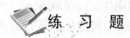

1. 火电调峰机组的机动性能要包括哪几个方面？
2. 在电网的现实条件下，度过电力负荷曲线低谷的可用方法有哪几个？
3. 简述两班制运行、低速热备用和少蒸汽无功运行的基本特点。
4. 何谓发电厂热力设备的动力特性？
5. 何谓汽轮机组的动力特性？
6. 何谓锅炉设备的动力特性？
7. 经济分配负荷的方法有哪些？

8. 已知某 300MW 机组启停一次耗标准煤 240t，额定发电标准煤耗率 310g/kWh，150MW 期间发电标准煤耗率为 480g/kWh，且要持续 8h。试判断，应该采用低负荷运行，还是应该采用两班制运行。

9. 某发电厂有四套单元机组参加调峰，煤耗特性见下表，试在总负荷 800～1700MW 范围内安排调度方案。

煤 耗 特 性

机组编号	1	2	3	4
空载煤耗量（t/h）	4.24	4.22	4.85	4.74
变载煤耗率（kg/kWh）	0.315 7	0.326 8	0.256 5	0.255 4
额定功率（MW）	300	300	600	600
最低稳定功率（MW）	45	45	60	60

10. 借助泵特性曲线说明，为什么给水泵变速调节要比调节阀节流调节节能？

11. 借助泵特性曲线说明，两台泵并联运行时，流量等于各泵流量之和，小于各泵单独运行的流量之和，大于一台泵单独运行的流量。

12. 试根据锅炉热效率实验数据制作锅炉热效率关于蒸发量的计算表达式，实验数据见下表。

锅炉热效率实验数据

蒸发量（t/h）	300	400	500	600	700	800	900	1000	1100
锅炉热效率（%）	57	66.5	74	80.2	84.5	87.6	89.5	90.3	90.3

第五章　汽轮机真空系统的运行优化

火电机组的凝汽设备与真空系统是电厂的重要组成部分，它的工作性能直接影响整个机组的经济性与安全性，因此，对真空系统的运行进行优化，是实现整个电厂优化的重要手段。本章中，首先介绍背压变化对汽轮机电功率影响的热力学计算方法，然后，介绍汽轮机极限背压和最优背压的概念及循环水泵常用的调节方法，并介绍了基于试验和计算确定汽轮机最佳背压（凝汽器最佳真空）的确定方法。同时，针对人们水资源保护意识逐渐提高的实际情况，提出了考虑节水因素的凝汽器最佳真空的确定方法。另外，还介绍了决定凝汽器备用抽气设备投入是否合适的问题。最后，针对目前凝汽器大都采用胶球定期清洗的实际情况，介绍了凝汽器胶球清洗最佳周期的确定方法。

第一节　汽轮机背压变化对汽轮机功率的影响

汽轮机背压变化对汽轮机功率的影响，可以通过汽轮机的真空变化试验得到，也可以通过计算得到。这里，对这两种方法分别进行介绍。

真空变化试验的目的，就是要求在除了背压变化外，其他所有运行条件均保持不变的条件下，汽轮机电功率随背压的变化特性。汽轮机背压的变化，可以通过改变冷却水流量、放入空气或关小抽汽设备空气门等方法来实现。从理论上讲，用试验方法得到的汽轮机背压变化对电功率的影响是最可靠的方法，结果也最符合实际。但事实上，由于允许的终参数变化范围不大，很难通过真空试验得到汽轮机的极限背压。而且在试验时很难做到其他参数一直维持不变，而只有背压在控制下变化，因而也将引起误差。因此，真空试验方法现在很少用，一般是在缺乏制造厂提供的排汽压力修正曲线或制造厂提供的修正曲线误差较大时才进行。

一、汽轮机背压变化对汽轮机功率影响的热力学方法

如图 5-1 所示为汽轮机装置的一次中间再热循环图。由图 5-1 可见，一次中间再热机组 1kg 蒸汽在锅炉中的吸热量为

$$Q = T_h \Delta s = (h_0 - h_{fw}) + \alpha_{rh}(h_{rh} - h_{gp}) \quad (5\text{-}1)$$

$$\Delta s = (s_0 - s_{fw}) + \alpha_{rh}(s_{rh} - s_{gp}) \quad (5\text{-}2)$$

式中：T_h 为蒸汽在锅炉中的平均吸热热力学温度，K；α_{rg} 为再热蒸汽份额；s_0、s_{fw}、s_{rh}、s_{gp} 分别为主蒸汽、给水、再热蒸汽及高压缸排汽的熵，kJ/(kg·K)；h_0、h_{fw}、h_{rh}、h_{gp} 分别为主蒸汽、给水、再热蒸汽及高压缸排汽的焓，kJ/kg；Δs 为工质在循环过程中的熵增，kJ/(kg·K)。

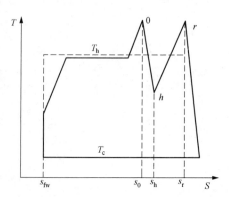

图 5-1　汽轮机装置的一次中间再热循环图

对于非中间再热机组，$\alpha_{th}=0$。

如图 5-1 所示循环的理想循环热效率为

$$\eta_t = 1 - \frac{T_c}{T_h} \tag{5-3}$$

式中：T_c 为蒸汽在冷源中的放热热力学温度，$T_c = t_c + 273.15$，K；t_c 为汽轮机的排汽温度，℃。

汽轮发电机组的电功率可以表示为

$$P = Q\eta_t\eta_h\eta_m\eta_g \tag{5-4}$$

当汽轮机背压发生变化时，将引起汽轮机理想循环热效率和汽轮机相对内效率的变化，即

$$\Delta P = \frac{\partial P}{\partial \eta_t}\Delta\eta_t + \frac{\partial P}{\partial \eta_{ri}}\Delta\eta_{ri}$$

即

$$\frac{\Delta P}{P} = \frac{\Delta\eta_t}{\eta_t} + \frac{\Delta\eta_{ri}}{\eta_{ri}} \tag{5-5}$$

其中，由于背压变化引起汽轮机理想循环热效率的变化可以表示为

$$\Delta\eta_t = \frac{\partial\eta_t}{\partial T_c}\Delta T_c = -\frac{\Delta T_c}{T_h} \tag{5-6}$$

将式（5-6）带入式（5-5），得到由于背压变化所引起汽轮机电功率变化为

$$\frac{\Delta P}{P} = \frac{\Delta\eta_{ri}}{\eta_{ri}} - \frac{\Delta T_c}{T_h - T_c} \tag{5-7}$$

式中，等号右边第二项是由于汽轮机背压变化，汽轮机排汽温度改变所引起的电功率的变化率，$\Delta T_c = T_{c1} - T_c$；第一项是由于背压变化汽轮机相对内效率改变引起的电功率的变化率，这主要是背压变化导致汽轮机最末级余速损失变化而引起的。

$$\Delta\eta_{ri} = \eta_{ri} - \eta_{ri} = \frac{\Delta h_{c2}}{\Delta H_t} - \frac{\Delta h_{c21}}{\Delta H_{t1}}$$

式中：Δh_{c2}、Δh_{c21} 分别为背压变化改变前后的最末级余速损失，其数值可以由制造厂家提供的汽轮机余速损失曲线查得；ΔH_t、ΔH_{t1} 分别为背压变化改变前后整个汽轮机的理想焓降。

如图 5-2 所示是用计算方法得到的汽轮机背压变化引起的汽轮机功率变化曲线。由曲线可以看出，在背压变化的较大范围内，汽轮机功率成直线变化，直到背压低于某个值（极限压力）时，再降低背压，汽轮机功率不仅不增加，反而减小。由此可见，在汽轮机运行过程中，汽轮机背压并不是越低越好。

二、凝汽器极限真空与最佳真空的概念

凝汽器的最佳真空包括最佳设计真空和最佳运行真空，它们是两种不同的概念。凝汽器的最佳设计真空，是在新设计一个发电厂时，从整个电站冷却系统上所选择的设备容量、设备参数、设备相互匹配以及年运行费用为最少所确定的凝汽器压力（或汽轮机背压）。凝汽器的最佳运行真空，是在一个已经投运的发电厂中，设备形式、容量、参数以及设备匹配关系都是确定了的条件下，能使汽轮机运行中净出力最大，或净汽耗、热耗为最小的凝汽器压力（或汽轮机背压）。

从背压改变对汽轮机的功率修正曲线（如图 5-2 所示）可以看出，当汽轮机背压降低到一定数值时，再降低背压，汽轮机出力已不再增加，这是由于汽轮机末级叶栅发生"阻塞"，

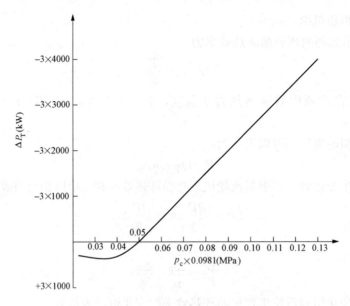

图 5-2　汽轮机背压变化引起的汽轮机功率变化曲线

即蒸汽在叶栅的斜切部分之外膨胀，末级熔降不再增加，再降低汽轮机背压，汽轮机功率不再增加，反而由于背压降低，凝结水温度下降，最低压力加热器抽汽量增大，又使末级功率减小，此时汽轮机的背压称为极限背压，即极限真空。

　　另外，极限背压的概念还可以从汽轮机热力循环的角度来理解。当背压降低时，汽轮机的理想循环热效率提高，但最末级的余速损失增大，汽轮机相对内效率降低。在背压降低的初始阶段，理想循环热效率的升高起主要作用，故随着背压的降低，汽轮机电功率增大。但当背压降低到一定程度时，汽轮机相对内效率降低起主要作用，使实际循环热效率开始降低。因此将汽轮机实际循环热效率开始降低时的背压称为极限背压。

　　运行人员了解汽轮机的极限背压，对指导经济运行具有重要意义。如冬季冷却水温很低，同样冷却水量可以达到更低的凝汽器压力。但如果已经低于极限背压，则多消耗循环水泵功率而没有任何效益，此时应降低冷却水量，使凝汽器压力低于极限真空，表 5-1 列出几种典型的汽轮机极限背压，可供运行人员参考。

表 5-1　　　　　　　　　　　　几个典型汽轮机末级叶栅的极限背压

单机功率 （MW）	低压缸排汽口数量和末级叶片高度 （mm）	设计工况下的极限背压 （MPa）
200	3F665	0.003 43
200	2F710	0.005 29
200	2F800	0.004 32
300	2F869	0.004 45
600	4F869	0.004 45
600	4F1044	0.003 69

　　运行在某个季节的汽轮机，当汽轮机排汽量和冷却水温度均一定时，只能借助于增加冷却水量来降低凝汽器压力。此时汽轮机电功率和循环水泵的耗功率均增加。这就存在背压降

低使汽轮机功率增加的数值能否补偿增加水量使循环水泵耗功率的增加值，因此有了最佳真空（或最佳背压）的概念。显然，最佳真空与汽轮机末级叶栅特性有关，也与凝汽装置和循环水泵的运行有关，故是指运行中的最佳真空。

汽轮机极限背压和经济背压与冷却水流量之间的关系如图 5-3 所示。运行中，保持汽轮机的进汽量不变，排汽量 D_c 不变，冷却水温度 t_{w1} 一定，当选取一个初始循环水量，有一个初始的凝汽器压力 p_{c1}；增加循环水量，同样条件下凝汽器压力降低了，汽轮机功率增加了 ΔP_t，拖动循环水泵的电动机耗功率也增加 ΔP_p，则汽轮机净收益为功率差 $\Delta P = \Delta P_t - \Delta P_p$。如图 5-3 所示，$\Delta P$ 开始随 D_w 的增加而增加，到 a 点时为最大，以后又开始下降，直到 x 点就降到零值。则 a 点对应的冷却水量就是最佳水量。相应的 b 点所对应的凝汽器压力就是最佳真空 P_{cop}，而当冷却水流量增加到 c 点时，汽轮机电功率基本不变，则 c 点所对应的凝汽器压力就是极限真空 p_{clim}。

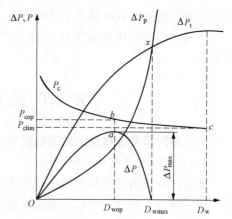

图 5-3 汽轮机极限背压和经济背压
与冷却水流量之间的关系

由图 5-3 可见，通过改变冷却水流量，可以使汽轮机背压达到最佳或近似达到最佳，从而使汽轮机运行净收益达到或近似达到最大。

三、循环水流量的调节方法

以前，设计、运行的电站多为常年采用同一冷却水量，以保证水泵在高效区运行，有利于防止水泵发生汽蚀并且维持凝汽器中冷凝管内水流速度为定值，保证其中不积垢和结垢。但国内受苏联的影响，所设计的电站均视气象、水文条件等因素而采用变化水量运行，美国、英国、奥地利、新西兰等国家也在研究变循环水量运行方式，以便减少厂用电。

冷却水量的改变关系到循环供水系统中水流速度的相应改变，同样也引起水泵克服系统阻力所需水头的改变。由于供水系统中水源水位的季节性涨落而引起吸水几何高度的改变，也影响总扬程数值的变化，因此循环水泵就有作经济调节的必要。而调节的目的在于获得最经济的冷却倍率、最佳冷却水流速，维持凝汽器中最有利的真空，保证向电力系统供应更多的电能。

水泵的调节可以用以下方法来实现：①调节水泵出口阀门的开度；②调节水泵的运行台数（整台泵调节）；③调节水泵的转速（变速调节）；④在轴流式水泵中调节工作叶片角度。

实践证明，用调节阀门开度来改变水泵出水量，一般是没有效果的，因为此时随水泵出水量的减少，虽然可适当减少水泵的耗功，但由于关小阀门开度，使得局部阻力增加而又使水泵耗功增大，故一般不采用这种调节方式。用阀门来调节只有当以此来显著降低凝结水的过冷度时，才是合算的。

改变转速是离心式水泵的最经济的调节方法。但是在凝汽设备中，实现这种调节方法需要采用无级变速或双速电动机，或者由液力联轴节使水泵接连在普通的等速电动机上，这样做无疑增大了正常工况下的额外耗功，同时也提高了设备的价格。因此，应该通过技术经济比较后确定。

在轴流式水泵中所采用的调节工作叶片安装角度的方法是调节水泵出水量和扬程的最完善的方法。这种调节方法在很多场合比起离心式水泵的变速调节还要经济。

在独立的循环水泵装置系统中，对于采用等速电动机来拖动的循环水泵，用改变同时工作的水泵台数来调节水泵出水量的方法，已经在电厂中获得了广泛的应用。

下面，就以循环水泵定速运行方式为例，讨论汽轮机最佳背压（最佳真空）的确定方法。

第二节　凝汽器最佳真空的确定方法

一、凝汽器最佳真空的试验确定方法

（一）试验方法及试验步骤

通过试验找出当冷却水流量（循环水泵运行台数）变化时，汽轮机功率净收益最大的工况，也就找到了最佳冷却水流量或者循环水泵的最佳组合。

试验通常是在某一确定的冷却水温度下，改变汽轮机负荷，即改变汽轮机排汽量来进行的。

由于运行中汽轮机排汽量没有测量装置，排汽量需要通过计算得到，即

$$\frac{D_c}{D_{c0}} = \frac{p_e}{p_{e0}}$$

则

$$D_c = D_{c0} \frac{p_e}{p_{e0}} \tag{5-8}$$

式中：D_c 为汽轮机排汽量，kg/s；D_{c0} 为设计工况下汽轮机的排汽量，kg/s；p_{e0} 为最末段（压力最低）回热抽汽压力（该数值可以由机组说明书或机组热平衡图得到），MPa；p_e 为实测的最末段回热抽汽压力，MPa。

另外，冷却水流量可以采用超声波流量计测量或根据凝汽器的热平衡计算来确定。

试验可按下列步骤进行：

（1）进行汽轮机真空变化试验，得到 $\frac{\Delta P_t}{D_c} = f\left(\frac{p_c}{D_c}\right)$ 或 $\frac{\Delta P_t}{p_e} = f\left(\frac{p_c}{p_e}\right)$ 的关系。

（2）在某一冷却水温度条件下，依次改变汽轮机负荷，即选择若干个汽轮机排汽量 D_c 或最末段回热抽汽压力 p_e，在单台、两台、三台循环水泵运行条件下，分别测量冷却水在凝汽器中的温升 Δt_1、Δt_2、Δt_3 以及凝汽器端差 δt_1、δt_2、δt_3，即可以得到在某一确定的冷却水温度 t_{w1} 下，单泵、两台泵、三台泵运行所对应冷却水流量 D_{w1}、D_{w2}、D_{w3} 条件下，凝汽器端差 δt_1、δt_2、δt_3、冷却水温升 Δt_1、Δt_2、Δt_3 与汽轮机排汽量 D_c 或最末段回热抽汽压力 p_e 之间的关系曲线，如图 5-4 所示 [图 5-4（a）为单台泵运行时凝汽器端差与汽轮机排汽量之间的关系]。根据图 5-4（b）可以得到关系式 $\Delta t = f(D_c, D_w)$ 或 $\Delta t = f(p_e, D_w)$。并同时测量单台泵、两台泵和三台泵运行时循环水泵耗功量 P_{p1}、P_{p2}、P_{p3}。其中循环水泵的耗功可以采用单相或三相电度表进行测量。

（3）在一年中的不同季节，亦即不同冷却水温度 $t_{w1min} \sim t_{w1max}$ 条件下，分别重复步骤（2）。从而得到对应不同冷却水温度 $t_{w1min} \sim t_{w1min}$ 条件下的凝汽器端差 δt_1、δt_2、δt_3 与汽轮机排汽量之间的关系 [类似于图 5-4（a）中的一簇曲线]。此时，可以得到关系式 $\delta t = f(t_{w1},$

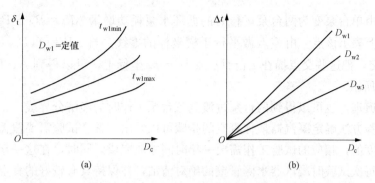

图 5-4　冷却水流量、温升、汽轮机排汽量、凝汽器端差工况图

(a) $\delta t = f(t_{w1}, D_c, D_w)$；(b) $\Delta t = f(D_c, D_w)$

D_c，D_w）或 $\delta t = f(t_{w1}, p_e, D_w)$。但由于冷却水在凝汽器中的温升与冷却水温度无关，故关于冷却水温升的项目就可以省略。

（二）试验结果的数据整理

试验结果整理可按下列步骤进行：

（1）任意选定某一冷却水温度，对应于不同的循环水泵运行台数，选定不同的汽轮机排汽量或最末段回热抽汽压力，由图 5-4（a）得到与给定冷却水温度、循环水泵运行台数相对应的凝汽器端差 δt_1、δt_2、δt_3；同时，由图 5-4（b）得到与各循环水泵运行台数相对应的冷却水温升 Δt_1、Δt_2、Δt_3。

（2）根据公式 $t_c = t_{w1} + \Delta t + \delta t$，计算对应上述情况下的汽轮机排汽温度值，并依据水蒸气性质表得到相应的凝汽器压力 p_{c1}、p_{c2}、p_{c3}。

（3）由关系曲线 $\dfrac{\Delta P_t}{D_c} = f\left(\dfrac{p_c}{D_c}\right)$ 或 $\dfrac{\Delta P_t}{p_e} = f\left(\dfrac{p_c}{p_e}\right)$，可以得到对应选定冷却水温度，汽轮机各排汽量或最末段回热抽汽压力下，循环水泵运行台数改变时所产生的汽轮机电功率的增量 ΔP_t，并将其表示在图 5-5（a）中。

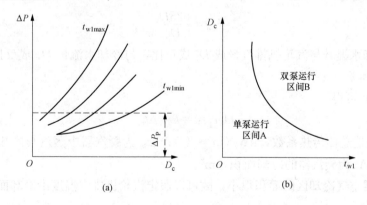

图 5-5　确定循环水泵组的最佳运行方式

（4）再分别选定不同的冷却水温度 $t_{w1min} \sim t_{w1max}$，重复上述各个步骤，得到反映汽轮机各个排汽量或最末段回热抽汽压力与汽轮机电功率增量之间关系的一簇曲线 $\Delta P_t = f(D_c, t_{w1})$ 或 $\Delta P_t = f(p_e, t_{w1})$，如图 5-5（a）所示［图 5-5（b）中只表示出了由单台泵变为两台泵运行的情况］。

（5）计算由单台泵变为两台泵运行时的循环水泵耗功增量 $\Delta P_{\mathrm{p}}=P_{\mathrm{p1}}-P_{\mathrm{p2}}$，并在图 5-5（a）的纵坐标上表示该点。由该点做平行于横坐标的虚线，与 $\Delta P_{\mathrm{t}}=f(D_{\mathrm{c}}$，$t_{\mathrm{w1}})$ 或 $\Delta P_{\mathrm{t}}=f(p_{\mathrm{e}}$，$t_{\mathrm{w1}})$ 相交，把这些交点描在 $t_{\mathrm{w1}}-D_{\mathrm{c}}$ 或 $t_{\mathrm{w1}}-p_{\mathrm{e}}$ 坐标上，可以得到 A、B 区的分界线。如图 5-5（b）所示。

（6）同样道理，也可以得到两台泵过渡到三台泵工作时的经济分界线。

由上述试验方法确定凝汽器最佳真空的步骤可以看出，整个试验需要覆盖全年各个季节下的冷却水温度值，相应的试验工作需要一年时间才能完成。同时，在这一年中的历次试验中，必须保证每次试验时凝汽器水侧管壁的绝对清洁，并保持具有较好的真空系统严密性状态或抽气设备良好的工作性能。这一点，对于保证凝汽器最佳真空的准确性具有重要的意义。

二、凝汽器最佳真空的计算确定方法

（一）主要因素变化对凝汽器压力的影响

1. 冷却水温升

由凝汽器热平衡

$$D_{\mathrm{c}}(h_{\mathrm{c}}-h'_{\mathrm{c}})=D_{\mathrm{w}}c_{\mathrm{p}}\Delta t=kA_{\mathrm{c}}\Delta t_{\mathrm{m}} \tag{5-9}$$

得到冷却水在凝汽器内的温升为

$$\Delta t=\frac{D_{\mathrm{c}}(h_{\mathrm{c}}-h'_{\mathrm{c}})}{D_{\mathrm{w}}c_{\mathrm{p}}} \tag{5-10}$$

$h_{\mathrm{c}}-h'_{\mathrm{c}}$ 表示 1kg 蒸汽在凝汽器中凝结放出的热量。由于在较大的凝汽器压力变化范围内，$h_{\mathrm{c}}-h'_{\mathrm{c}}$ 值的变化范围很小，因此，一般可以近似将其取为 2200kJ/kg（小型机组约为 2300kJ/kg）；冷却水比热容 $c_{\mathrm{p}}=4.186\ 8$kJ/（kg·℃）；k 为凝汽器总体传热系数，kW/（m² ·℃）；Δt_{m} 为凝汽器中蒸汽与冷却水之间的对数平均温差，℃；A_{c} 为凝汽器的冷却面积，m²。

则，式（5-10）变为

$$\Delta t=\frac{525D_{\mathrm{c}}}{D_{\mathrm{w}}}$$

可见，冷却水温升与汽轮机排汽量成 D_{c} 成正比，与冷却水流量 D_{w} 成反比。

2. 凝汽器端差

由式（7-8）可得

$$D_{\mathrm{w}}c_{\mathrm{p}}\Delta t=kA_{\mathrm{c}}\Delta t_{\mathrm{m}} \tag{5-11}$$

式中：k 为凝汽器总体传热系数，kW/（m² ·℃）；Δt_{m} 为凝汽器中蒸汽与冷却水之间的对数平均温差，℃；A_{c} 为凝汽器的冷却面积，m²。

由于凝汽器空气冷却区的面积很小，故可以假定汽轮机排汽温度沿冷却面积不变，则

$$\Delta t_{\mathrm{m}}=\frac{\Delta t}{\ln\dfrac{\Delta t+\delta t}{\delta t}}$$

代入式（5-11）得

$$\delta t=\frac{\Delta t}{e^{\frac{kA_{\mathrm{c}}}{c_{\mathrm{p}}D_{\mathrm{w}}}}-1} \tag{5-12}$$

3. 凝汽器传热系数

目前，凝汽器总体传热系数的计算还没有一个普遍公认的计算方法，各国（包括各汽轮机制造厂家）都有自己的经验公式。我国目前普遍采用的是前苏联全苏热工研究所（ВТИ）的别尔曼（Берман）公式和美国传热学会（HEI）推荐公式。这里仅以别尔曼公式为例进行介绍。

别尔曼公式的表达式为

$$k = 4.07 \varphi \varphi_w \varphi_t \varphi_z \varphi_d \varphi_M \tag{5-13}$$

式中：φ 为凝汽器冷却面积清洁程度修正系数，当直流供水时，$\varphi = 0.8 \sim 0.85$；循环供水时，$\varphi = 0.75 \sim 0.80$；冷却水较脏时，$\varphi = 0.65 \sim 0.75$。

φ_w 为冷却水流速和管径修正系数，它是冷却水流速 c_w（m/s）、管子内径 d_1（mm）、凝汽器进口水温 t_{w1}（℃）和清洁系数 φ 的函数，即

$$\varphi_w = \left(\frac{1.1 c_w}{\sqrt[4]{d_1}} \right)^{0.12 \varphi_M (1 + 0.15 t_{w1})} \tag{5-14}$$

φ_t 为冷却水温度修正系数

$$\varphi_t = 1 - \frac{0.42 \sqrt{\varphi \varphi_M}}{1000} (35 - t_{w1})^2 \tag{5-15}$$

φ_z 为冷却水流程数 z 的修正系数

$$\varphi_z = 1 + \frac{z - 2}{10} \left(1 - \frac{t_{w1}}{35} \right) \tag{5-16}$$

φ_d 为凝汽器单位负荷 $\left(d_c = \frac{D_c}{A_c} \right)$ 修正系数，当 d_c 在额定值 $(d_c)_n$ 到临界值 $(d_c)_{cr} = (0.9 - 0.012 t_{w1})(d_c)_n$ 之间变化时，$\varphi_d = 1$；运行时若 $d_c < (d_c)_{cr}$ 时，则，其中 $\varphi_d = \delta_0 (2 - \delta_0)$，其中 $\delta_0 = \frac{d_c}{(d_c)_{cr}}$。

φ_M 为凝汽器管材及壁厚修正系数，对于壁厚为 1mm 的黄铜管，$\varphi_M = 1$；对于铜镍合金管，$\varphi_M = 0.95$；对于不锈钢管，$\varphi_M = 0.85$。

由式（5-13）可见，目前凝汽器总体传热系数的计算方法中没有考虑汽侧空气量的影响。这主要是因为目前对空气对蒸汽凝结放热系数影响的机理尚不十分清楚，运行中无法准确测量漏入凝汽器中的空气量的缘故。

4. 汽轮机负荷变化时凝汽器端差的变化

由别尔曼公式即式（5-13）可见，当汽轮机排汽量略小于设计值时，传热系数保持不变，此时凝汽器端差与汽轮机排汽量成正比。但当汽轮机排汽量小于设计值较大时，传热系数的变化比较大。这是因为在低负荷时，汽轮机真空系统的范围扩大，漏入凝汽器的空气量增大，使凝汽器的传热系数减小。由此可以发现，当汽轮机排汽量略小于设计值时，凝汽器端差几乎与汽轮机排汽量成正比；当汽轮机排汽量小于设计值较大时，由于传热系数的减小，使凝汽器端差不再随汽轮机排汽量的减小而降低，而是近似保持不变，甚至还可能出现上升趋势。而且，冷却水温度越低，则端差开始转为平稳的数值越早，如图 5-6 所示。

对于真空系统严密性很好的汽轮机，随着负荷的降低，漏入真空系统的空气量几乎不变，所以图 5-6 中的直线将向下延长，水平段将出现在更小的负荷处。

当汽轮机负荷较高时，凝汽器端差也可以采用由原苏联学者提出的经验公式计算，即

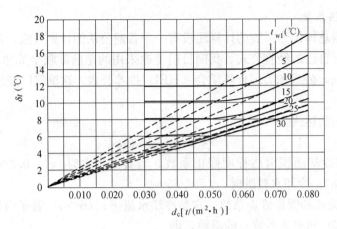

图 5-6　凝汽器端差与单位负荷之间的关系

$$\delta t = \frac{n}{31.5 + t_{w1}}\left(\frac{D_c}{A_c} + 7.5\right) \qquad (5\text{-}17)$$

这里，汽轮机排汽量 D_c 采用的单位为 kg/h。系数 $n=5\sim 7$，对水侧清洁、真空严密性良好的凝汽器取小值；对于一般通常的凝汽器则取较大的值。当利用式（5-17）确定凝汽器端差应达值时，系数 n 的选择应该根据 D_c、δt 的设计参数代入式（5-17）进行计算确定。

（二）凝汽器最佳真空的计算

采用计算的方法确定凝汽器的最佳真空，仍然需要结合有关试验来进行。这里，为了说明凝汽器最佳真空的计算方法，以配两台循环水泵的汽轮机为例，来说明其计算步骤。

表 5-2　　　　　　　　　　　　凝汽器最佳真空的计算步骤

序　号	名　称	符　号	单　位	公式或来源	结　果
1	汽轮机排汽量	D_c	kg/s	式（5-8）	
2	冷却水温度	t_{w1}	℃	实测	
一台循环水泵运行					
3	冷却水流量	D_{w1}	kg/s	实测	
4	冷却水温升	Δt_1	℃	$525 D_c/D_{w1}$	
5	凝汽器传热系数	k_1	kw/(m²·℃)	式（5-13）	
6	凝汽器端差	δt_1	℃	式（5-12）	
7	凝汽器凝结温度	t_s	℃	$t_{w1}+\Delta t_1+\delta t_1$	
8	凝汽器压力	p_{c1}	MPa	t_{s1} 对应的饱和压力	
9	循环水泵耗电功率	P_{p1}	kW	实测	
两台循环水泵运行					
10	冷却水流量	D_{w2}	kg/s	实测	
11	冷却水温升	Δt_2	℃	$525 D_c/D_{w2}$	
12	凝汽器传热系数	k_2	kW/(m²·℃)	式（5-13）	
13	凝汽器端差	δt_2	℃	式（5-12）	

续表

序　号	名　称	符　号	单　位	公式或来源	结　果
两台循环水泵运行					
14	凝汽器凝结温度	t_{s2}	℃	$t_{w1}+\Delta t_2+\delta t_2$	
15	凝汽器压力	p_{c2}	MPa	t_{s2} 对应的饱和压力	
16	循环水泵耗电功率	P_{p2}	kW	实测	
17	汽轮机功率增加值	ΔP_t	kW	由背压变化对汽轮机功率影响曲线	
18	循环水泵消耗电功率增加值	ΔP_p	kW	$P_{p2}-P_{p1}$	
19	决策			如果 $\Delta P_t>\Delta P_p$，则投入两台泵；否则，投入一台泵	

（三）考虑节水因素的凝汽器最佳真空的计算方法

前面介绍的凝汽器最佳真空的概念，是以汽轮机电功率收益作为优化目标的，即汽轮机电功率的增加值与循环水泵耗电量增加值之差 $\Delta P=\Delta P_t-\Delta P_p$ 达到最大所对应的真空。但实际上，随着水资源保护意识和环境保护意识的提高，冷却水本身的费用已经不容忽视。例如，某电厂采用江水作为冷却水，每用 1t 水需要向自来水公司交纳 2 分钱（人民币），冷却水经过凝汽器后，由于温度升高，再排回到江里时，环保部门又收取 2 分钱/t。这样，该电厂每用 1t 水就付出了 4 分钱的费用。200MW 汽轮机额定冷却水流量为 25 000t/h，一年按照运行 5000h 计算，则该厂每台 200MW 汽轮机每年因为冷却水而支出 515 万元（人民币）的费用。如果冷却水采用闭式循环，则采用地下水作为冷却水补水，而地下水的价格更高，由此会造成更大的经济损失。可见，冷却水本身的费用确实应该给予考虑。因此，前面介绍的最佳真空只能说是能量意义上的最佳真空，而不是真正意义上的最佳真空。为了得到真正经济意义上的最佳真空，必须将冷却水本身的费用考虑进去。

考虑到冷却水本身的费用后，应该以汽轮机最大经济收益时所对应的真空作为最佳真空，即

$$(\Delta C)_{max}=(\Delta P_t-\Delta P_p)\,c_e-c_w D_w$$

式中：c_e、c_w 分别为售电价格和冷却水的价格。

采用与上述类似的过程，可以得到考虑冷却水费用后的真正经济意义上的最佳真空。

下面以 N600-24.2/566/566 型单元机组为例说明给定功率条件下考虑冷却水费用后的真正经济意义上的最佳真空确定方法。

N600-24.2/566/566 型单元机组的主要配置特征为 3 台高压加热器、4 台低压加热器、1 台除氧器、2 台汽动给水泵、2 台电动前置给水泵、1 台电动给水泵及前置泵、高压加热器疏水自流至除氧器、低压加热器疏水自流至凝汽器、自然通风冷却塔循环供水、2 台凝结水泵、2 台变频调速循环水泵、2 台叶片可调轴流一次风机、2 台叶片可调轴流送风机、2 台叶片可调轴流引风机、单压双进双出水冷凝汽器。

设该单元机组处于给定功率控制方式下，如果人为改变循环水量，机组将从当前稳定工况转到另一个稳定工况，虽然机组实发功率仍然等于给定功率，但是主要运行参数（例如蒸汽量、耗煤量、耗水量、辅机耗电量等）或多或少都有所变化，以增加循环水量为例（设凝汽器真空没有达到极限真空），向降低或减少方向变化的参数包括蒸汽量、给水量、热力系

统补充水量、燃料量、风机耗电、磨煤机耗电、凝结水泵耗电、烟尘和有害气体排放量；向提高或增加方向变化的参数包括凝汽器真空、循环水量、循环水损失量、循环水泵耗电。配合使用能量守恒定律、质量守恒定律、传热放热方程、泵和风机特性经验公式和汽水物性参数经验公式，可以求解上述问题。

为了在给定功率的前提下确定最佳循环水量，存在多种优化目标可供选择，如供电煤耗率最低、发电煤耗率最低、供电功率最大、生产利润最多、生产成本最少和资源消耗最少。这里选择资源消耗最少为例说明数学模型的建立过程，因为资源消耗最少最符合国家对火电厂的运行要求。

火电厂的资源消耗包括燃料资源、水资源、电能和环境资源，都是随循环水量改变发生变化的资源。单元机组的供电资源费率 C_r（元/度），要通过当时当地物价计算：

$$C_r = \frac{10(C_f + C_w + C_e + C_s + C_a)}{P_{se}}$$

式中：C_f 为燃料费；C_w 为水费；C_e 为电费，等于当地上网电价乘以自用电量；C_s 为二氧化硫排污费；C_a 为烟尘排污费；P_{se} 为供电功率，MW。

计算求解上述数学模型，也就是，在给定功率的条件下求得最佳循环水量的数值。供电资源费最低优化计算原始数据表见表 5-3。表 5-4 为凝汽器入口循环水温度为 20℃ 的最佳循环水量和最佳真空的计算结果。

表 5-3　　　　　　　　　　　　　供电资源费最低优化计算原始数据表

参　数	单位	符号	数值	参　数	单位	符号	数值
冷空气温度	℃	t_{wk}	20	1 台给水泵空载功率	kW	P_{f0}	450
传热面清洁度修正系数		q_{jie}	0.8	1 台循环水泵空载功率	kW	P_{cir}	600
管材修正系数		g_{cm}	0.85	1 台凝结水泵空载功率	kW	P_{n0}	420
主汽或再热汽管道压力效率		g_{ys1}	0.97	一次风机设计全压	kPa	H_{fe1}	4.5
抽汽管道压力效率		g_{ys2}	0.95	送风机设计全压	kPa	H_{fe}	4
汽水损失份额		p_{Ls}	0.001	引风机设计全压	kPa	H_{ye}	4.2
减温水份额		p_{de}	0.027 1	制粉系统耗电率	kWh/t	E_{m0}	24
加热器效率		e_{tj}	0.99	冷却塔淋水盘高度	m	H_{r0}	15
原煤单价	元/t	C_{coal}	430	循环水系统设计流动阻力	m	dH_0	8
原煤收到基碳百分数	%	C_{ar}	57.42	上网电价	元/度	P_{se}	0.3
原煤收到基氢百分数	%	H_{ar}	3.81	柴油单价	元/t	C_{oil}	6800
原煤收到基氧百分数	%	O_{ar}	7.16	水资源单价	元/t	P_{re}	0.2
原煤收到基氮百分数	%	N_{ar}	0.93	火电厂水处理单价	元/t	P_{wp}	60
原煤收到基硫百分数	%	S_{ar}	0.46	纯烧油负荷	MW	P_{om}	13
原煤收到基灰百分数	%	A_{ar}	21.37	开始混烧油负荷	MW	P_{os}	330
原煤收到基水百分数	%	W_{ar}	8.85	轴封漏汽份额		a_{sg1}	0.000 1
原煤收到基低位发热量	kJ/kg	$Q_{ar,net}$	20 830	轴封漏汽焓	kJ/kg	h_{sg1}	3396.0
前置给水泵扬程	mH₂O	H_q	60	轴封漏汽份额		a_{sg2}	0.002 9
小汽轮机机械效率		et_{xq}	0.99	轴封漏汽焓	kJ/kg	h_{sg2}	3323.8

参　数	单位	符号	数值	参　数	单位	符号	数值
大汽轮机机械效率		et_{dq}	0.998	轴封漏汽份额		a_{sg3}	0.000 7
发电机效率		et_e	0.988	轴封漏汽焓	kJ/kg	h_{sg3}	2716.2
前置给水泵电机效率		et_q	0.97	轴封冷却器疏水焓	kJ/kg	h_{sg31}	415.05
凝结水泵电机效率		et_{ne}	0.95	凝汽器面积	m²	A_n	30 000
汽水管道效率		et_{gd}	0.995	传热面管子内径	mm	d_n	24
给水系统和水冷壁设计流动阻力	MPa	dP_{fwe}	3.0	传热面管子根数		n_{co}	14 000
过热器和主蒸汽管道设计流动阻力	MPa	dP_{0e}	3.2	凝汽器冷却管水流程数		z	2
设计给水量	t/h	D_{fw0}	1740	送风机空载功率	kW	e_{fan0}	730
凝结水泵扬程	mH₂O	H_n	184	两台一次风机空载功率	kW	e_{fan10}	600
再热系统设计压损	MPa	dP_{rh}	0.405	两台引风机空载功率	kW	e_{ex0}	2000
汽轮机高压缸相对热效率		et_{sh}	0.881 6	1 台前置泵空载功率	kW	P_{q0}	170
汽轮机中低压缸相对热效率		et_{st}	0.912 8				

表 5-4　　　　　　最佳循环水量汇总表（凝汽器入口循环水温度 20℃）

发电功率（MW）	最佳循环水量（t/h）	最佳凝汽器压力（kPa）	资源费（元/度）
400	31 852	5.77	0.266 5
450	31 524	6.35	0.256 0
500	33 589	6.61	0.247 9
550	34 999	6.97	0.241 2
600	34 999	7.53	0.235 8

（四）抽气设备合理的运行方式确定

由于循环水泵耗电量比较大，通常留有很小的富裕容量。但抽气器（或真空泵）通常有较大的备用容量，正常运行过程中，通常是一台运行，一台备用。这样，在运行过程中，就存在是否应该投入备用抽气器的问题。

1. 抽气设备运行状况对凝汽器压力的影响

在真空系统严密性状态正常的情况下，汽轮机排汽在凝汽器中的凝结温度 t_c 取决于冷却水温度 t_{w1}、冷却水温升 Δt 和凝汽器水侧管壁的脏污程度。其中，冷却水温度取决于环境温度或冷却塔的冷却性能；冷却水温升取决于冷却水流量和汽轮机排汽量。

抽气设备的作用不是用来建立真空，而是用来维持凝汽器的真空。在汽轮机运行过程中，处于真空状态的设备，不可避免地要漏入一部分空气，从而影响凝汽器的真空。抽气器的作用就是不断抽出漏入真空系统的空气量，达到维持凝汽器真空的目的。如果抽气设备的容量合适，凝汽器的真空主要取决于冷却水温度、冷却水流量及汽轮机负荷等因素。

然而，如果抽气设备容量不合适，则汽轮机背压升高，凝汽器真空降低，汽轮机理想循环热效率降低。此时，抽气设备限制凝汽器的真空。

无论何种原因，当抽气设备不能在当时凝汽器压力下抽出漏入真空系统的空气量时，则凝汽器的压力将升高,此时,凝汽器压力取决于抽气设备的工作情况。同时,当凝汽器压力受到抽气设备的限制时,由于凝汽器中空气分压力的增大,使凝结水中的含氧量急剧增大。

投入备用抽气设备,对于提高抽气设备的总容量,降低凝汽器压力,提高汽轮机的理想循环热效率具有重要的作用。但是,随着备用抽气设备的投入,使厂用电也相应增加。因此,对于备用抽气设备的投入,同样存在一个优化的问题。

2. 抽气器耗功

以射水抽气器为例,来讨论抽气器运行过程中所消耗的电功率。

当取工作水的密度为 $\rho_w = 1000 \text{kg/m}^3$ 时,在压差 Δp_w 作用下,工作喷嘴出口截面的流速为

$$v_w = \varphi \sqrt{\frac{2}{\rho_w} \Delta p_w \times 10^6} = \varphi \sqrt{2000 \Delta p_w} \tag{5-18}$$

式中:φ 为喷嘴的速度系数,通常取为 $0.92 \sim 0.98$;Δp_w 为工作喷嘴进、出口压差,即 $\Delta p_w = p_w - p_c''$,这里,p_w、p_c'' 分别为射水抽气器的工作水压力和吸入室的压力,MPa。

工作水的容积流量为

$$V_w = \frac{1}{4} \pi d^2 v_w$$

式中:d 为工作喷嘴出口的直径,m。

射水泵消耗功率为

$$P_v = \frac{V_w [(p_w - p_{atm}) \times 10^6 + H_0 \rho_w g]}{\eta_p \eta_e \times 10^3} \tag{5-19}$$

式中:P_v 为射水泵消耗的电功率,kW;p_{atm} 为当地大气压,MPa;H_0 为射水泵安装平面到工作喷嘴的出口处的距离,m;g 为重力加速度,m/s^2;η_p、η_e 分别为射水泵和电动机的效率。

3. 投入射水抽气器的效益分析

投入备用射水抽气器后,设凝汽器压力降低 Δp_c,则由汽轮机背压与电功率之间的关系可以得到汽轮机电功率的增加值 $\Delta P_t'$,当 $\Delta P_t' > P_v$ 时,投用备用抽气器才是合适的。否则,备用抽气器应该停止运行。

第三节　凝汽器清洁率的测量方法及其应用

一、凝汽器清洁率概念的定义方法

由式(5-13)得到的凝汽器的总体传热系数,仅对凝汽器的运行参数如冷却水温度、汽轮机排汽量和冷却水流量(流速)进行了修正。这里,令式(5-13)中的脏污程度修正系数等于1,即表示凝汽器水侧绝对清洁条件下的凝汽器总体传热系数,将其称为理想传热系数,并用 k' 表示。

同时,运行中凝汽器的真实传热系数可以表示为

$$k_p = \frac{c_p D_w}{A_c} \ln \frac{\delta t + \Delta t}{\delta t} \tag{5-20}$$

该传热系数不仅与当时的运行参数有关,而且还与汽侧空气量、水侧管壁脏污程度及凝汽器的管束布置方式有关;因此,k_p 与 k' 的比值是一个仅与汽侧空气量、水侧管壁脏污程

度及管束布置方式有关的量，即

$$C=\frac{k_p}{k'}=C_f C_s \qquad (5\text{-}21)$$

式中：C_f 为凝汽器的清洁率值；C_s 为凝汽器管束布置系数。

由此得到凝汽器的清洁率为

$$C_f=\frac{k_p}{k' C_s} \qquad (5\text{-}22)$$

此即为计算凝汽器清洁率的一般表达式。该清洁率的概念实际上综合反映了凝汽器水侧管壁的脏污程度和汽侧空气量的大小。

由式（5-22）可见，当真空系统严密性正常且水侧管壁足够清洁时，应有 $C_f=1.0$，此时，即有

$$C_s=\frac{k_p}{k'} \qquad (5\text{-}23)$$

对于管束布置形式一定的凝汽器，其管束布置系数是一定值。

通过这样定义，不仅使凝汽器清洁率概念上更加合理（水侧清洁真空系统严密性正常时 $C_f=1.0$），而且还考虑管束布置方式的影响，使凝汽器清洁率概念的物理意义更加明显。

二、凝汽器清洁率的应用

1. 真空系统严密性正常时的测定

当汽轮机的真空系统严密性正常或抽气器的抽吸能力足够好时，汽侧空气量对凝汽器总体传热系数的影响很小，可以忽略不计。则由式（5-22）即可以得到此时的凝汽器清洁率值。

为了检验本算法的合理性，以某机组真空严密性正常时的实测数据进行计算。取其清扫后的运行数据分别代入式（5-13）和式（5-20），再由（5-23）式得到该凝汽器的管束布置系数 $C_s=0.902$。然后将 C_s 及凝汽器各不同时刻的实测运行数据代入式（5-22），即可以得到不同时刻的凝汽器清洁率的值，见表 5-5。

表 5-5 清扫后各不同时刻凝汽器清洁率计算表

距清扫后时间	排汽温度	理想传热系数	实际传热系数	清洁率
h	℃	kW/(m²·℃)	kW/(m²·℃)	—
0	31.5	3.25	2.93	1.000
2	32.0	3.25	2.76	0.942
4	32.0	3.15	2.25	0.793
6	31.5	3.15	2.36	0.831
8	32.0	3.15	2.25	0.793
10	33.0	3.13	2.20	0.780
12	33.0	3.15	2.36	0.805
14	34.0	3.25	2.25	0.769
16	35.0	3.25	2.06	0.705
18	35.0	3.25	2.06	0.705
20	35.5	3.16	2.00	0.703

距清扫后时间	排汽温度	理想传热系数	实际传热系数	清洁率
h	℃	kW/(m² · ℃)	kW/(m² · ℃)	—
22	35.5	3.18	2.03	0.709
24	35.0	3.18	2.03	0.709
26	35.0	3.09	2.04	0.730
28	35.0	3.37	2.27	0.747
30	35.0	3.09	1.81	0.651
32	35.0	3.15	1.85	0.649
34	36.0	3.06	1.78	0.644

由表 5-5 可见，采用本文推荐的方法，由于考虑了凝汽器的管束布置修正，其清洁率的物理意义更加清楚。对于刚清扫彻底的清凝汽器，其清洁率值是 1.0，真实地反映了凝汽器水侧管壁的脏污程度。

2. 凝汽器清洁率概念的应用

由前面的讨论可以看出，由于目前空气量的测量没有好的办法，同时对含有空气的蒸汽凝结放热系数的研究还不够深入，空气对传热系数的影响还不能定量确定，因此，前面给出的凝汽器清洁率是综合反映凝汽器水侧和汽侧综合性能的一个指标。当真空系统严密性正常时，该清洁率才能准确反映凝汽器水侧管壁的脏污程度。

虽然凝汽器清洁率是一个综合指标，但在汽轮机运行过程中，可以根据其变化趋势，对凝汽器的状态进行准确评价。

例如，某汽轮机在满负荷下测得凝汽器的清洁率在 0.75～0.8 范围内变化，但当汽轮机低负荷下，凝汽器清洁率降低到 0.18。由于汽轮机负荷变化不会影响到凝汽器水侧管壁的脏污程度，因此，可以断定此清洁率的降低是由于漏入空气量增加所致。实际检查结果证明了这个结论。

第四节　胶球清洗凝汽器装置的最佳运行方式

一、凝汽器清洁率对真空的影响

胶球清洗装置能清洗圆形水管式凝结器及热交换器，清除管内脏污与结垢，以保持良好的传热效果，是一种节约能源，防止水管腐蚀，延长设备寿命的有效措施，电站中已广泛应用。

在国外，胶球清洗装置的设备运行费用与节能所回收的费用相比，常认为是微不足道的。为了取得最大的经济利益，装置多是连续运行，以使凝结器持续处在最佳的传热系数下。

但是，国内由于胶球价格高，寿命短，造成装置运行费用高，因此，目前大多数电站都采用定期、间断运行的方式。有的电厂规定每天清洗一次，每次 1～2h。这样，凝结器运行只能在短暂的时间内接近最佳的传热系数，若处理不好，能源浪费问题就不能得到较好的解决。

由图 5-7 显示的凝汽器压力与清洁率之间的关系可以看出：①当清洁率接近或达到设计值后，清洁度的进一步提高对凝汽器真空的改善的效果逐渐减小；②冷却水温度越低，清洁率的提高对真空改善的效果越小。这样，在凝汽器清洁率较高或冷却水温度较低而清洁率又较高时，投入胶球清洗可能得不偿失。因此，任何时候采用同一个固定不变的清洗周期是不合适的。

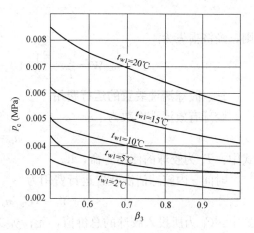

图 5-7　凝汽器压力与清洁率之间的关系

二、凝汽器脏污损失费用

凝汽器运行中，如不进行清洗，则随着运行时间的增加，污垢逐渐积聚，真空随之下降，它导致了机组功率和效率的逐渐减小。通过测取机组清洁率随时间变化的曲线，就可以得到脏污情况下汽轮机排汽压力随时间的变化关系。即

$$p_c = f_1(\tau) \tag{5-24}$$

由汽轮机功率随排汽压力变化关系曲线，得

$$P_e = f_2(p_c) \tag{5-25}$$

结合式（5-24）和（5-25），可以得到由于脏污所引起的汽轮机功率随时间的变化式

$$\Delta P_{e1} = f_3(\tau) \tag{5-26}$$

当清洗系统投入运行时，污垢的清除也是逐渐进行的，随着清洗过程的继续，由脏污所造成的损失逐渐减小，直至清洗 T_{clean} 后，脏污所引起的损失为零。

$$\Delta P_{e2} = f_4(\tau) \tag{5-27}$$

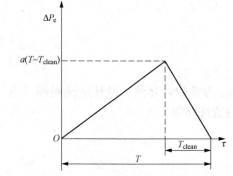

图 5-8　定期清洗的功率损耗线性化曲线

为简化计算，在不长的时间间隔内，可以将功率损失曲线近似作直线处理，如图 5-8 所示。

则有

$$\Delta P_{e1} = \alpha\tau \tag{5-28}$$

$$\Delta P_{e2} = -\frac{a(T - T_{clean})}{T_{clean}}(\tau - T) \tag{5-29}$$

式中：T、T_{clean} 分别为清洗周期和每次的清洗时间，h；a 为脏污所引起的单位时间功率损失量，kW/h。

则在一个清洗周期内，汽轮机由于脏污引起的电量损失即为图 5-8 中两个三角形的总面积

$$W = \frac{1}{2}a(T - T_{clean})^2 + \frac{1}{2}a(T - T_{clean})T_{clean} \tag{5-30}$$

式中：W 为损失的电量，kWh。

相应的经济损失为

$$Y_e = C_e W \tag{5-31}$$

式中：Y_e 为脏污所造成的经济损失，元；c_e 为电价，元/kWh。

时间 τ 内胶球的清洗次数为

$$n = \frac{\tau}{T} \tag{5-32}$$

则，经济损失为

$$Y_e = n c_e W = \frac{\tau}{T} c_e \left[\frac{1}{2} a (T - T_{clean})^2 + \frac{1}{2} a (T - T_{clean}) T_{clean} \right] \tag{5-33}$$

三、胶球清洗装置的运行费用

胶球有效清洗次数为

$$n_a = T_a / T_{clean} \tag{5-34}$$

式中：T_a 为胶球的使用寿命，h。

时间 τ 内胶球清洗装置运行费用为

$$Y_b = (C_b / n_a + y_b T_{clean}) n + y_0 \tau \tag{5-35}$$

式中：C_b 为所投入胶球的总价值，元；y_b、y_0 分别为单位时间的运行费用和设备的折旧费用，元/h。

将式（5-32）、式（5-34）代入式（5-35），得

$$Y_b = (C_b / T_a + y_b) \frac{T_{clean}}{T} \tau + y_0 \tau \tag{5-36}$$

则，单位时间内胶球清洗的总费用为

$$\begin{aligned} Y &= Y_e + Y_b \\ &= \frac{1}{T} c_e \left[\frac{1}{2} a (T - T_{clean})^2 + \frac{1}{2} a (T - T_{clean}) T_{clean} \right] + (C_b / T_a + y_b) \frac{T_{clean}}{T} + y_0 \\ &= \frac{1}{2} a T c_e - \frac{1}{2} a T_{clean} c_e + (C_b / T_a + y_b) T_{clean} \frac{1}{T} + y_0 \end{aligned} \tag{5-37}$$

令

$$A = \frac{1}{2} a c_e, \quad B = y_0 - \frac{1}{2} a T_{clean} c_e, \quad C = (C_b / T_a + y_b) T_{clean}$$

则

$$Y = A T + \frac{C}{T} + B \tag{5-38}$$

根据我国的实际使用情况，通常假定清洗时间 T_{clean} 为常数，显然，最佳清洗间隔（也就是最佳清洗周期）是使单位时间内的总费用达最小的清洗间隔。

令

$$\frac{\mathrm{d} Y}{\mathrm{d} T} = A - \frac{C}{T^2} = 0$$

得到凝汽器的最佳清洗周期为

$$T = \sqrt{\frac{C}{A}} = \sqrt{\frac{2 (C_b / T_a + y_b) T_{clean}}{a c_e}} \tag{5-39}$$

四、胶球清洗最佳周期的计算实例

机组型号：N50-90-1 型单缸、冲动、凝汽式汽轮机；

凝汽器型号：N-3500-1 型双回路表面回热式；

冷却面积：3500m² ；铜管数量：6222 根；

铜管尺寸：$\phi 25 \times 1 \times 7220$mm；

机组与胶球清洗装置运行数据：

胶球投入个数：150～200 个（铜管根数/4 的 10%）；

单个胶球价格：0.30 元；

胶球寿命 T_a：280h；

每次清洗运行费用 $y_b \times T_{clean}$：20 元；

每次清洗持续时间 T_{clean}：(0.5～1)h，这里取 0.5h；

脏污速度：$a = 6 \sim 12 kW/h$，取 8kW/h；

电价 c_e：0.5 元/kWh；

$$A = \frac{1}{2} a c_e = \frac{1}{2} \times 8 \times 0.5 = 2$$

$$C = (C_b / T_a + y_b) T_{clean} = (150 \times 0.5 / 280 + 20 / 0.5) \times 0.5 = 50.13$$

最佳清洗时间间隔：

$$T = \sqrt{\frac{C}{A}} = \sqrt{\frac{50.13}{2}} = 5h$$

即可认为每班清洗一次，清洗时间 30min 为宜。

从式（5-39）可以看出，胶球的价格越高、投入的胶球数量越多、胶球清洗运行费用越高、清洗时间越长，则最佳清洗周期越长；反之，脏污速度越快、售电价格越高，则最佳清洗周期越短。由图 5-7 可见，在冬季冷却水温度比较低，凝汽器清洁率变化对汽轮机电功率影响比较小，亦即凝汽器脏污对汽轮机电功率影响较小，即脏污速度 a 较小，则最佳清洗周期较长。

练 习 题

1. 计算 300MW 或 600MW 机组在 80%、90% 和 100% 额定功率下的极限真空（末级动叶或静叶出口达到当地音速）及其对应的循环冷却水量，设凝汽器进口的循环冷却水温度分别为 10、15、20℃。

2. 在给定主蒸汽参数和流量条件下，计算并绘制循环冷却水量在正常范围内变化时，汽轮机背压和汽轮机功率的变化曲线，设凝汽器进口的循环冷却水温度为 20℃。

3. 在不同发电功率下，求出不同优化目标（供电标准煤耗率最低、发电标准煤耗率最低、供电功率最大、生产利润最多、生产成本最少和资源消耗最少）的主要技术经济参数（供电功率、供电标准煤耗率、生产成本、生产利润、循环冷却水量、污染排放量）并对比分析，找出最符合国家能源环保政策的优化目标。设凝汽器进口的循环冷却水温度为 20℃。

4. 设凝汽器进口循环冷却水温度为 20℃，在求取凝汽器真空时，考虑与不考虑低压加热器疏水在凝汽器闪蒸放热，真空值和供电标准煤耗率差多少？

5. 设凝汽器进口循环冷却水温度为 20℃，在求取凝汽器真空时，考虑与不考虑补充水在凝汽器吸热，真空值和供电标准煤耗率差多少？

6. 请用优化计算数据说明，凝汽器最佳真空随发电负荷、凝汽器循环水入口温度、高压加热器投入率如何变化？

7. 在 N600-24.2/566/566 型单元机组给定功率条件下的最佳真空确定方法中，还没有考虑汽轮机进汽阀门的阻力损失，试写出数学表达式并加入优化程序中。

8. 在 N600-24.2/566/566 型单元机组给定功率条件下的最佳真空确定方法中，还没有考虑真空泵的能耗和对汽轮机做功的影响，试写出数学表达式并加入优化程序中。

9. 计算在 N600-24.2/566/566 型单元机组给定进汽量条件下的最佳真空和最佳循环冷却水量。循环水温度分别取 10、20、25℃。采用变频调速循环水泵。

10. 设汽轮机末级达到了临界状态，如果继续增加循环冷却水量，试说明发电功率如何变化？并说明其原因。

第六章 热电厂运行优化

对于热电厂运行优化,将分别讨论对于背压机组、一次调整抽汽式、两次调整抽汽式汽轮机之间进行热负荷的最优分配,同时,还将讨论如何在并列运行锅炉之间进行蒸汽量的最优分配、如何在母管制热电厂各供热机组间进行热电负荷的最优分配、如何为以热电厂为热源的热网确定最优运行参数。

第一节 热电负荷分配优化

一、供热式汽轮机组的动力特性

供热式汽轮机组的动力特性,就是指汽轮机的汽耗量、热耗量与电功率、对外供热量之间的关系,这种关系常用解析式或线图来表示。

1. 背压式汽轮机组的动力特性

背压式汽轮机组的基本特点是排汽压力比凝汽式机组高很多,要根据热用户的要求设计。根据能量平衡可得背压式汽轮机组的电功率为

$$P_d = \frac{D(h_0 - h_h)\eta_m\eta_g}{3600} = \frac{Q_h}{3600} \cdot \frac{h_0 - h_h}{h_h - \bar{t}_h} \cdot \eta_m\eta_g \tag{6-1}$$

式中:P_d 为电功率,kW;D 为进汽量,kg/h;h_0 为新蒸汽焓,kJ/kg;h_h 为排汽焓(供热焓),kJ/kg;$\bar{t}_h$ 为回水焓,kJ/kg;Q_h 为供热量,kJ/h;η_m、η_g 为汽轮机机械效率和发电机效率。

由式(6-1)可以看出,背压式机组的电功率和供热量,都是进汽量的单值函数。热负荷随外界热用户的需要而改变,这使得电功率也随热负荷的大小而随之增减,因此背压式机组不能同时满足热、电负荷变化的需要。

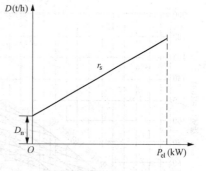

图 6-1 背压式机组工况图

将式(6-1)进行变换可得背压式机组的汽耗特性方程(动力特性)为

$$D = D_n + \int_0^P r_s \mathrm{d}P \tag{6-2}$$

式中:D_n 为空载汽耗量,kg/h;r_s 为汽耗微增率,kg/kWh。

由式(6-2)可知,背压式机组的动力特性与凝汽式机组相似,其工况图如图 6-1 所示。

从热电联产方面看,由于将热功转换的冷源损失放给了热用户,背压式机组的能源利用率(电能与热能产出量之和与所耗燃料热能的比值)是最高的,仅决定于锅炉效率、管道效率、汽轮机机械效率和发电机效率。

2. 一次调整抽汽式机组的动力特性

一次调整抽汽式机组的通流部分,可以认为是由一台背压式机组(高压部分)和一台凝

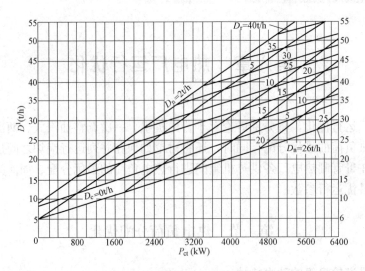

图 6-2　一次调整抽汽式汽轮机工况图

汽式机组（低压部分）所组成。因而，其电功率在一定范围内可随外界电负荷而变化，不受热负荷的限制。在工况变化时，抽汽机组的功率、主蒸汽流量和调节抽汽量三者之间的关系如图 6-2 所示。

3. 二次调整抽汽式机组的动力特性

和一次调整抽汽式机组一样，两次调整抽汽式机组的动力特性是指主蒸汽流量与电功率、高压抽汽量和低压抽汽量之间的关系，如图 6-3 所示。

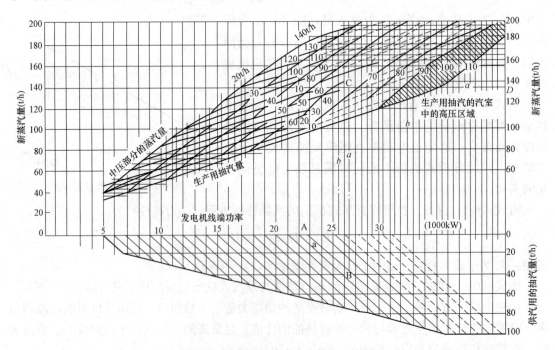

图 6-3　两次调整抽汽式汽轮机工况图

对于调整抽汽式汽轮机，其汽耗特性曲线可以通过试验得到，也可以通过汽轮机的工况图（如图 6-2 和图 6-3 所示）进行拟合得到，还可以通过对汽轮机进行变工况计算得到。

二、供热机组间热、电负荷的优化分配

（一）并列运行背压式汽轮机之间负荷的优化分配

并列运行的供热式汽轮机型式的不同，对负荷经济分配的影响有所不同。背压式汽轮机的独特之处在于以热定电，即热负荷单一地确定了相对应的电负荷，因此，对于背压式汽轮机而言，不存在电负荷的优化分配问题，只存在热负荷的优化分配。

对于背压式汽轮机其对外供热量为

$$Q_h = D_h(h_h - \bar{t}_h)$$
$$= D(1 - \sum \alpha_i - \alpha_{sg})(h_h - \bar{t}_h) \tag{6-3}$$

式中：$\sum \alpha_i$ 为回热抽汽或自用汽系数之和；α_{sg} 为轴封漏汽系数。

将式（6-3）代入式 $Q = D(h_0 - h_{fw})$，得

$$Q = D(h_0 - h_{fw}) = \frac{(h_0 - h_{fw})}{(h_h - \bar{t}_h)(1 - \sum \alpha_i - \sum \alpha_{sg})} Q_h = \xi_{bh} Q_h \tag{6-4}$$

式中：D_h、h_h 为汽轮机排汽量和排汽焓；$\bar{t}_h$ 为回水焓；$\xi_{bh} = \dfrac{(h_0 - h_{fw})}{(h_h - \bar{t}_h)(1 - \sum \alpha_i - \sum \alpha_{sg})}$ 称为背压式汽轮机的供热热值系数，其物理意义是每增加单位供热量汽轮机热耗量的增加值。

这样，当外界热负荷发生增减时，应该按照供热热值系数由小到大依次增加热负荷，或由大到小依次减小热负荷。

（二）并列运行一次调整抽汽式汽轮机之间负荷的优化分配

当一次调整抽汽式汽轮机并列运行时，各汽轮机的热、电负荷优化分配的目的是使汽轮机分场的总热耗量最小。

由于汽轮机热耗量既取决于汽轮机的电功率，又取决于其对外供应的热负荷，即

$$Q = f(P, Q_h)$$

其总的热耗微增率应该以热负荷和电负荷热耗量偏导数的全微分的形式求得，即

$$dQ = \frac{\partial Q}{\partial P}dP + \frac{\partial Q}{\partial Q_h}dQ_h = r_q dP + \xi_h dQ_h$$

这样，一次调整抽汽式汽轮机之间的热负荷和电负荷的优化分配问题就显得复杂起来。

由上式可以发现，如果功率不变，即 $dP = 0$，则有 $dQ = \xi_h dQ_h$；反之，如果对外供热量不变，即 $dQ_h = 0$，则有 $dQ = r_q dP$。在实际应用中，为了简化一次调整抽汽式汽轮机之间的热负荷和电负荷的优化分配问题，可以采用汽轮机的汽耗或热耗特性方程（曲线），对机组之间的热负荷或电负荷进行优化分配。

1. 一次调整抽汽式汽轮机的汽耗及热耗特性

一次调整抽汽汽轮机（如图 6-4 所示）的电功率可以表示为

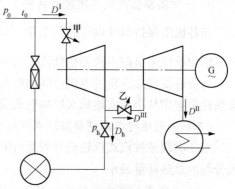

图 6-4　一次调整抽汽式汽轮机示意图

$$P = \left[\frac{D\Delta H_t \eta_{ri}\left(1 - \sum\limits_{i=1}^{z} \alpha_i Y_i - \sum \alpha_{sg} Y_{sg}\right)}{3600} - \frac{D_h \Delta H_t^L \eta_{ri}^L - \Delta P_m}{3600} \right] \eta_g \tag{6-5}$$

则汽轮机的汽耗特性方程为

$$D = \frac{3600P}{\Delta H_t \eta_{ri}\left(1 - \sum\limits_{i=1}^{z} \alpha_i Y_i - \sum \alpha_{sg} Y_{sg}\right)\eta_g} + \frac{3600\Delta P_m}{\Delta H_t \eta_{ri}\left(1 - \sum\limits_{i=1}^{z} \alpha_i Y_i - \sum \alpha_{sg} Y_{sg}\right)}$$

$$+ \frac{\Delta H_t^L \eta_{ri}^L}{\Delta H_t \eta_{ri}\left(1 - \sum\limits_{i=1}^{z} \alpha_i Y_i - \sum \alpha_{sg} Y_{sg}\right)} D_h$$

即

$$D = r_d P + D_n + \zeta D_h \tag{6-6}$$

式中：z 为汽轮机总的回热抽汽级数；ΔH_t^L、η_{ri}^L 分别为低压缸的理想焓降和相对内效率；ζ 为纯凝汽工况时 1kg 蒸汽在低压缸产生的内功率与回热工况时 1kg 蒸汽在整个汽轮机中产生的内功率的比值。

将式（6-6）两边同时乘以 1kg 蒸汽在锅炉中的吸热量 $h_0 - h_{fw}$，并结合式（6-3），得到一次调整抽汽式汽轮机的热耗特性方程为

$$Q = r_q P + Q_n + \xi_{h1} Q_h \tag{6-7}$$

这里，$\xi_{h1} = \dfrac{h_0 - h_{fw}}{h_{l_1} - t_h} \zeta = \dfrac{h_0 - h_{fw}}{h_h - t_h} \dfrac{\Delta H_t^L \eta_{ri}^L}{\Delta H_t \eta_{ri}\left(1 - \sum\limits_{i=1}^{z} \alpha_i Y_i - \sum \alpha_{sg} Y_{sg}\right)}$ 称为一次调整抽汽式汽

轮机抽汽热值系数。

2. 一次调整抽汽式汽轮机之间热负荷的优化分配

当各机组保持对外供应的电负荷一定，而对外供应的热负荷发生变化时，$\dfrac{\partial Q}{\partial Q_h} = \xi_{h1}$ 即表示每增加单位热负荷一次调整抽汽式汽轮机所增加的热耗量。

与各凝汽式汽轮发电机组间的负荷经济分配原则一样，对于各一次调整抽汽式汽轮机间的热负荷经济分配，按抽汽热值系数的大小，从小到大依次分配热负荷，即按抽汽热值系数从小到大地依次增加热负荷，或由大到小地依次减热负荷。

3. 一次调整抽汽式汽轮机之间电负荷的优化分配

当各机组保持对外供应的热负荷一定，而对外供应的电负荷发生变化时，$\dfrac{\partial Q}{\partial P} = r_q$ 即表示每增加单位电负荷一次调整抽汽式汽轮机所增加的热耗量。

与普通凝汽式汽轮发电机组间的电负荷经济分配原则一样，一次调整抽汽式汽轮机也是按热耗微增率从小到大地依次增加电负荷，或由大到小地依次减电负荷。

（三）并列运行二次调整抽汽式汽轮机之间热、电负荷的优化分配

当二次调整抽汽式汽轮机并列运行时，各汽轮机的热、电负荷优化分配的目的是使汽轮机分场的总热耗量最小。

1. 二次调整抽汽式汽轮机的汽耗及热耗特性

二次调整抽汽汽轮机的电功率可以表示为

$$P=\left[\frac{D\Delta H_{\mathrm{t}}\eta_{\mathrm{ri}}\left(1-\sum\limits_{i=1}^{z}\alpha_{i}Y_{i}-\sum\alpha_{\mathrm{sg}}Y_{\mathrm{sg}}\right)}{3600}-\frac{D_{\mathrm{hH}}\Delta H_{\mathrm{t}}^{\mathrm{M}}\eta_{\mathrm{ri}}^{\mathrm{M}}}{3600}-\frac{D_{\mathrm{hL}}\Delta H_{\mathrm{t}}^{\mathrm{L}}\eta_{\mathrm{ri}}^{\mathrm{L}}}{3600}-\Delta P_{\mathrm{m}}\right]\eta_{\mathrm{g}}$$

则汽轮机的汽耗特性方程为

$$D=\frac{3600P}{\Delta H_{\mathrm{t}}\eta_{\mathrm{ri}}\left(1-\sum\limits_{i=1}^{z}\alpha_{i}Y_{i}-\sum\alpha_{\mathrm{sg}}Y_{\mathrm{sg}}\right)\eta_{\mathrm{g}}}+\frac{3600\Delta P_{\mathrm{m}}}{\Delta H_{\mathrm{t}}\eta_{\mathrm{ri}}\left(1-\sum\limits_{i=1}^{z}\alpha_{i}Y_{i}-\sum\alpha_{\mathrm{sg}}Y_{\mathrm{sg}}\right)}$$

$$+\frac{\Delta H_{\mathrm{t}}^{\mathrm{M}}\eta_{\mathrm{ri}}^{\mathrm{M}}}{\Delta H_{\mathrm{t}}\eta_{\mathrm{ri}}\left(1-\sum\limits_{i=1}^{z}\alpha_{i}Y_{i}-\sum\alpha_{\mathrm{sg}}Y_{\mathrm{sg}}\right)}D_{\mathrm{hH}}+\frac{\Delta H_{\mathrm{t}}^{\mathrm{L}}\eta_{\mathrm{ri}}^{\mathrm{L}}}{\Delta H_{\mathrm{t}}\eta_{\mathrm{ri}}\left(1-\sum\limits_{i=1}^{z}\alpha_{i}Y_{i}-\sum\alpha_{\mathrm{sg}}Y_{\mathrm{sg}}\right)}D_{\mathrm{hL}}$$

即

$$D=r_{\mathrm{d}}P+D_{\mathrm{n}}+\zeta_{\mathrm{H}}D_{\mathrm{hH}}+\zeta_{\mathrm{L}}D_{\mathrm{hL}} \tag{6-8}$$

式中：z 为汽轮机总的回热抽汽级数；$\Delta H_{\mathrm{t}}^{\mathrm{M}}$、$\eta_{\mathrm{ri}}^{\mathrm{M}}$ 分别为中压缸的理想焓降和相对内效率；ζ 为纯凝汽工况时 1kg 供热抽汽的做功不足与回热工况时 1kg 蒸汽在整个汽轮机中产生的内功率的比值。

同样，有二次调整抽汽式汽轮机的热耗特性为

$$Q=r_{\mathrm{q}}P+Q_{\mathrm{n}}+\xi_{\mathrm{hH}}Q_{\mathrm{hH}}+\zeta_{\mathrm{hL}}Q_{\mathrm{hL}} \tag{6-9}$$

这里，$\xi_{\mathrm{hH}}=\dfrac{h_{0}-h_{\mathrm{fw}}}{h_{\mathrm{hH}}-\bar{t}_{\mathrm{h}}}\zeta_{\mathrm{H}}=\dfrac{h_{0}-h_{\mathrm{fw}}}{h_{\mathrm{hH}}-\bar{t}_{\mathrm{h}}}\dfrac{\Delta H_{\mathrm{t}}^{\mathrm{M}}\eta_{\mathrm{ri}}^{\mathrm{M}}}{\Delta H_{\mathrm{t}}\eta_{\mathrm{ri}}\left(1-\sum\limits_{i=1}^{z}\alpha_{i}Y_{i}-\sum\alpha_{\mathrm{sg}}Y_{\mathrm{sg}}\right)}$ 称为二次调整抽汽式汽轮

机高压抽汽热值系数，

$\xi_{\mathrm{hL}}=\dfrac{h_{0}-h_{\mathrm{fw}}}{h_{\mathrm{hL}}-\bar{t}_{\mathrm{h}}}\zeta_{\mathrm{L}}=\dfrac{h_{0}-h_{\mathrm{fw}}}{h_{\mathrm{hL}}-\bar{t}_{\mathrm{h}}}\dfrac{\Delta H_{\mathrm{t}}^{\mathrm{L}}\eta_{\mathrm{ri}}^{\mathrm{L}}}{\Delta H_{\mathrm{t}}\eta_{\mathrm{ri}}\left(1-\sum\limits_{i=1}^{z}\alpha_{i}Y_{i}-\sum\alpha_{\mathrm{sg}}Y_{\mathrm{sg}}\right)}$ 称为二次调整抽汽式汽轮机低

压抽汽热值系数。

2. 二次调整抽汽式汽轮机之间电负荷的优化分配

与一次调整抽汽式汽轮机间的热负荷经济分配原则一样，对于各二次调整抽汽式汽轮机间的热负荷经济分配，也按抽汽热值系数从小到大地依次增加热负荷，或由大到小地依次减热负荷。

同样，对于电负荷的分配，也是按热耗微增率从小到大地依次增加电负荷，或由大到小地依次减电负荷。

（四）凝汽式汽轮机与供热式汽轮机之间电负荷的优化分配

1. 凝汽式汽轮机与背压式式汽轮机之间热、电负荷的优化分配

当发电厂中既有凝汽式汽轮机，又有背压式汽轮机时，背压式汽轮机应该采用"以热定电"的原则，即让背压式汽轮机满足外界热负荷的要求，凝汽式汽轮机满足外界电负荷的要求。

2. 凝汽式汽轮机与调整抽汽式汽轮机之间热、电负荷的优化分配

当发电厂中既有凝汽式汽轮机，又有调整抽汽式汽轮机时，启动时应该首先让调整抽汽式汽轮机带负荷发电，剩余负荷分配给凝汽式汽轮机。

当这两种机组并列运行时，在热负荷一定的前提下，同样存在电负荷的分配问题。当外界电负荷增加时，也应该按照热耗或汽耗微增率从小到大的依次增加电负荷，或从大到小依

次减少负荷，使汽轮机分场的总热（汽）耗量为最小。

实际运行中一般让凝汽式汽轮机增加电负荷，然后再增加调整抽汽式汽轮机的电负荷的分配方式比较有利。因为调整抽汽式汽轮机进入凝汽器的汽流要经过调节阀或旋转隔板的节流，因而导致调整抽汽式汽轮机的发电经济性较差。

3. 凝汽式汽轮机与调整抽汽式汽轮机、背压式汽轮机之间热、电负荷的优化分配

当发电厂中既有凝汽式汽轮机，又有调整抽汽式汽轮机，同时还有背压式汽轮机，并且背压式汽轮机与调整抽汽汽轮机通过同一热网向用户供热，则启动时，首先启动供热式汽轮机并带热负荷，一般按照背压式汽轮机和调整抽汽式汽轮机热耗率由小到大的顺序依次带负荷。即先启动热耗率比较小的供热式汽轮机，然后再启动热耗率较大的供热式汽轮机，最后启动凝汽式汽轮机。

当这些机组并列运行时，背压式汽轮机不参与电负荷的分配，只参与热负荷的分配。而调整抽汽式汽轮机既参与热负荷又参与电负荷的分配，凝汽式汽轮机只参与电负荷的分配。具体分配原则仍然是按照热值系数、热（汽）耗微增率由小到大的顺序增加热负荷、电负荷。

（五）单元制供热汽轮机之间热电负荷优化分配的通解方法

单元机组热、电负荷优化分配的目的：在同时满足热、电负荷的前提下，合理分配各单元机组承担的热、电负荷，使得总耗热量最少。

进行热、电负荷优化分配之前，各单元机组的能耗特性方程为已知，并且是其发电功率和供热抽汽量的函数，如式（6-10）所示

$$
\left.
\begin{aligned}
B_i &- f_i(P_i) \text{ 凝汽机} \\
B_i &= f_i(D_i) \text{ 背压机} \\
B_i &= f_i(D_{1i}, D_{2i}) \text{ 抽背机} \\
B_i &= f_i(P_i, D_i) \text{ 单抽机} \\
B_i &= f_i(P_i, D_{1i}, D_{2i}) \text{ 双抽机}
\end{aligned}
\right\} i = 1, 2, \cdots, m \tag{6-10}
$$

式中：i 为单元机组编号；m 为参加负荷优化分配的单元机组数量；B_i 为第 i 套单元机组的能耗量，MW；P_i 为第 i 套单元机组的发电功率，MW；D_i 为第 i 套单元机组的供热抽汽量或排汽量，t/h，如果热电厂具有两种供热参数，增加下标以示区别，例如，D_{1i}、D_{2i}。

单元机组能耗特性方程的产生有三个方面：其一，实验取得；其二，理论计算制作；其三，利用运行记录数据，借助最小二乘法制作。

单元机组热、电负荷优化分配的目的可以用式（6-11）表示。

$$
\min B = \min \sum_{i=1}^{m} B_i \tag{6-11}
$$

在进行单元机组热、电负荷优化分配的过程中需要满足的条件包含四个方面：各单元机组发电功率之和等于总发电功率、各单元机组供热抽汽之和等于总供热蒸汽量、各机组的发电功率要在其最小功率和最大功率之间以及各机组供热抽汽量要小于或等于其最大抽汽量，如式（6-12）所示。

$$
\sum_{i=1}^{m} P_i = P
$$

$$
\sum_{i=1}^{k} D_{1i} = D_1; i = 1, 2, \cdots, k
$$

$$\sum_{i=1}^{n} D_{2i} = D_2 \; ; i = 1,2,\cdots,n$$

$$P_{\min(i)} \leqslant P_i \leqslant P_{\max(i)} \; ; i = 1,2,\cdots,m$$

$$0 \leqslant D_{1i} \leqslant D_{\max1(i)} \; ; i = 1,2,\cdots,k$$

$$0 \leqslant D_{2i} \leqslant D_{\max2(i)} \; ; i = 1,2,\cdots,n \tag{6-12}$$

式中：P 为总发电功率，MW；D_1、D_2 为两种供热参数的总供热蒸汽量，t/h；$P_{\min(i)}$、$P_{\max(i)}$ 分别为第 i 套单元机组的最小功率和最大功率，MW；$D_{\max1(i)}$、$D_{\max2(i)}$ 为第 i 套单元机组的最大抽汽量，t/h。

单元机组热、电负荷优化分配问题可以叙述为数学问题：在满足约束条件式（6-12）的前提下，求目标函数式（6-11）的极小值。现在已经将热电厂的优化运行问题转化为有约束的多元极值的数学问题，可以用多种方法求解，例如，线性规划法、梯度下降法、枚举法。

例 6-1 设三套单元机组发电功率分别用 P_1、P_2、P_3（MW）表示，抽汽量分别用 D_1、D_2、D_3（t/h）表示。工况一，总电功率 400MW、总供热蒸汽量 500t/h；工况二，总电功率 700MW、总供热蒸汽量 1100t/h。试写出两个工况总耗热量最少的热、电负荷优化分配数学模型，并求解给出优化分配结果。已知数据：

（1）三套单元机组的最小功率（MW）和最大功率（MW）为

$$P_{\min(1)} = 100 、 P_{\max(1)} = 300$$

$$P_{\min(2)} = 110 、 P_{\max(2)} = 350$$

$$P_{\min(3)} = 60 、 P_{\max(3)} = 200$$

（2）三套单元机组的最大抽汽量（t/h）为 $D_{\max(1)} = 580$、$D_{\max(2)} = 600$、$D_{\max(3)} = 400$。

（3）三套单元机组的能耗量方程分别为

$$B_1 = 13.15 + 2.828P_1 + 0.562D_1$$

$$B_2 = 14.15 + 2.916P_2 + 0.562D_2$$

$$B_3 = 8.407 + 2.802P_3 + 0.565D_3$$

解：

工况一：

$$\min B = 35.707 + 2.828P_1 + 0.562D_1 + 2.916P_2 + 0.562D_2 + 2.802P_3 + 0.565D_3$$

$$\text{s. t.} \begin{cases} P_1 + P_2 + P_3 = 400 \\ D_1 + D_2 + D_3 = 500 \\ 100 \leqslant P_1 \leqslant 300 \\ 110 \leqslant P_2 \leqslant 350 \\ 60 \leqslant P_3 \leqslant 200 \\ D_1 \leqslant 580 \\ D_2 \leqslant 600 \\ D_3 \leqslant 400 \end{cases}$$

利用单纯形法求解可得分配结果，见表 6-1。

表 6-1　　　　　　　　　　　　　　　　单元机组热、电负荷分配结果表

	能耗量（MW）	发电量（MW）	供热抽汽量（t/h）
单元机组 1	295.95	100.0	0.0
单元机组 2	615.91	110.0	500.0
单元机组 3	540.79	190.0	0.0
合计	1452.65	400.0	500.0

工况二：

$$\min B = 35.707 + 2.828P_1 + 0.562D_1 + 2.916P_2 + 0.562D_2 + 2.802P_3 + 0.565D_3$$

$$\text{s. t.} \begin{cases} P_1 + P_2 + P_3 = 700 \\ D_1 + D_2 + D_3 = 1100 \\ 100 \leqslant P_1 \leqslant 300 \\ 110 \leqslant P_2 \leqslant 350 \\ 60 \leqslant P_3 \leqslant 200 \\ D_1 \leqslant 580 \\ D_2 \leqslant 600 \\ D_3 \leqslant 400 \end{cases}$$

利用单纯形法求解可得分配结果，见表 6-2。

表 6-2　　　　　　　　　　　　　　　　单元机组热、电负荷分配结果表

	能耗量（MW）	发电量（MW）	供热抽汽量（t/h）
单元机组 1	1142.55	300.0	500.0
单元机组 2	934.55	200.0	600.0
单元机组 3	568.81	200.0	0.0
合计	2645.91	700.0	1100.0

第二节　并列运行锅炉间负荷优化分配

并列运行锅炉间负荷的优化分配，是在全厂锅炉负荷没有带满的情况下，如何在满足用汽需要、保证系统运行稳定和主要设备"健康"的前提下，最合理地将所需蒸汽负荷，经济分配给各锅炉，使得总的能量消耗最少的问题。

一、等微增能耗率分配法

假定电厂内并列运行锅炉之间的组合是给定的（有 n 台锅炉共同承担负荷），在某一时刻所需的蒸汽量为 D，经济分配负荷使该厂的总煤耗为最小。其数学表达式为

$$\left. \begin{array}{l} D = D_1 + D_2 + \cdots + D_n = \text{const} \\ B = B_1 + B_2 + \cdots + B_n = \min \end{array} \right\} \tag{6-13}$$

式中：D 为所需的总蒸汽量；B 为电厂的总煤耗量；D_j（$j=1, 2, \cdots, n$）为第 j 台锅炉承担的负荷；B_j（$j=1, 2, \cdots, n$）第 j 台机组的煤耗量。

经济分配负荷问题，即数学上的等式约束条件下求多变量函数的极值问题，式（6-13）

中第一式为等式约束条件，其第二式是优化目标函数，即在满足第一式的条件下，使第二式为最小值。

应用拉格朗日乘子法，将条件极值问题转化为无条件极值问题进行求解，对 $W = D_1 + D_2 + \cdots + D_n - D$，引入待定乘子 λ 及拉格朗日函数 $L = B - \lambda W$。条件极值的必要条件为附加目标函数 L 的一阶偏导数为零，其充分条件为 L 的二阶偏导数大于零，则存在极小值。

于是问题变成以 D_1、D_2、$\cdots$、D_n 为多变量，求附加目标函数 L 的无条件极值，即 L 对多变量 D_j 的一阶导数为零

$$\left.\begin{array}{l} \dfrac{\partial L}{\partial D_1} = \dfrac{\partial B}{\partial D_1} - \lambda\,\dfrac{\partial W}{\partial D_1} = 0 \\[2mm] \dfrac{\partial L}{\partial D_2} = \dfrac{\partial B}{\partial D_2} - \lambda\,\dfrac{\partial W}{\partial D_2} = 0 \\[2mm] \cdots \quad \cdots \quad \cdots \quad \cdots \\[2mm] \dfrac{\partial L}{\partial D_n} = \dfrac{\partial B}{\partial D_n} - \lambda\,\dfrac{\partial W}{\partial D_n} = 0 \end{array}\right\} \tag{6-14}$$

显然，每一机组的煤耗量仅仅与其自身的煤耗特性有关，故

$$\frac{\partial B}{\partial D_1} = \frac{\partial B_1}{\partial D_1}, \frac{\partial B}{\partial D_2} = \frac{\partial B_2}{\partial D_2}, \cdots, \frac{\partial B}{\partial D_n} = \frac{\partial B_n}{\partial D_n} \tag{6-15}$$

另外，当电厂承担的总功率 D 为一定值时，有

$$\frac{\partial W}{\partial D_1} = 1, \frac{\partial W}{\partial D_2} = 1, \cdots, \frac{\partial W}{\partial D_n} = 1 \tag{6-16}$$

将式（6-15）、式（6-16）代入式（6-14），得

$$\frac{\partial B_1}{\partial D_1} = \frac{\partial B_2}{\partial D_2} = \cdots = \frac{\partial B_n}{\partial D_n} = \lambda \tag{6-17}$$

其中，$\dfrac{\partial B_j}{\partial D_j}$ 表示机组每增加单位蒸汽量所增加的煤耗量，称为微增煤耗率，用 b_j 表示。则式（6-17）即为等微增煤耗率方程。

为了说明按照微增煤耗率相等的原则，即按照式（6-17）求得的电厂总煤耗量为极小，而不是极大，对附加目标函数 L 求二阶偏导数，得（6-18）。

$$\begin{bmatrix} \dfrac{\partial^2 B}{\partial D_1 \partial D_1} & \dfrac{\partial^2 B}{\partial D_1 \partial D_2} & \cdots & \dfrac{\partial^2 B}{\partial D_1 \partial D_n} \\[3mm] \dfrac{\partial^2 B}{\partial D_2 \partial D_1} & \dfrac{\partial^2 B}{\partial D_2 \partial D_2} & \cdots & \dfrac{\partial^2 B}{\partial D_2 \partial D_n} \\[3mm] \vdots & \vdots & \vdots & \vdots \\[3mm] \dfrac{\partial^2 B}{\partial D_n \partial D_1} & \dfrac{\partial^2 B}{\partial D_n \partial D_2} & \cdots & \dfrac{\partial^2 B}{\partial D_n \partial D_n} \end{bmatrix} = \begin{bmatrix} \dfrac{\partial b_1}{\partial D_1} & 0 & \cdots & 0 \\[3mm] 0 & \dfrac{\partial b_2}{\partial D_2} & \cdots & 0 \\[3mm] \vdots & \vdots & \vdots & \vdots \\[3mm] 0 & 0 & \cdots & \dfrac{\partial b_n}{\partial D_n} \end{bmatrix} \tag{6-18}$$

由高等数学的知识，附加目标函数 L 取极小值的充分条件为式（6-18）的对角线上的所有子行列式都是正值，即矩阵是正定的，也即其二阶导数大于零。而锅炉的微增煤耗率特性曲线是连续向上凹的，且随负荷的上升而单调地增大，即所有子行列式均为正值，故按等微增率分配负荷的总煤耗为最小。

通常，以锅炉不投油燃烧时的最小稳定蒸发量作为锅炉的最小负荷。但很显然，式（6-13）的约束条件中并没有考虑这个问题。因此，单纯采用等微增率确定的锅炉负荷分配方案有时是不

可行的。

二、基于拉格朗日乘子法的锅炉负荷优化分配

1. 锅炉煤耗特性的整理

由煤耗量与锅炉蒸发量之间的关系（非再热锅炉且不考虑排污），有

$$B_b q_b \eta_b = D_b(h_b - h_{fw}) \tag{6-19}$$

其中：h_b 为锅炉主蒸汽焓，kJ/kg，如果额定参数运行为定值，如果变压力运行要采用锅炉厂提供的或近期实验得到的变压力曲线方程计算蒸汽焓；h_{fw} 为锅炉给水焓，kJ/kg，要通过汽轮机变工况计算或现场实验得到；η_b 为锅炉效率；这三个参数都可以制作成锅炉产汽量 D_b 的函数，如式（6-20）所示。

$$h_b = f_{hb}(D_b)$$
$$h_{fw} = f_{hfw}(D_b)$$
$$\eta_b = f_{\eta_b}(D_b) \tag{6-20}$$

锅炉标准煤耗量也可以通过数据拟合得到如下的多项式函数关系

$$B = a_0 + a_1 D_b + a_2 D_b^2 + \cdots + a_n D_b^n \tag{6-21}$$

利用计算机，上述过程很容易进行。

2. 锅炉负荷分配优化算法

锅炉负荷分配优化模型为

$$\left. \begin{aligned} D &= D_1 + D_2 + \cdots + D_n = \text{const} \\ B &= B_1 + B_2 + \cdots + B_n = \sum_{j=1}^{n}(a_{0j} + a_{1j}D_j + a_{2j}D_j^2 + \cdots + a_{nj}D_j^n) = \min \\ (D_j)_{\max} &\geqslant D_j \geqslant (D_j)_{\min} \quad (j = 1, 2, \cdots, n) \end{aligned} \right\} \tag{6-22}$$

3. 锅炉负荷分配优化算例

例 6-2 已知某电厂装有两台凝汽式汽轮发电机组，并配有 400t/h 锅炉 1 台，380t/h 锅炉 1 台。两台锅炉以母管制并列运行。两台锅炉的技术最低负荷均为 120t/h。当需要不同的蒸汽量时，试对两台锅炉之间的负荷进行最优分配。

解：通过建立该厂两台锅炉的煤耗特性方程，采用拉格朗日方法，并考虑一定的约束条件，即可以对这两台锅炉之间的负荷进行最优分配（中间过程略）。其最优分配方案见表 6-3。

表 6-3 并列运行锅炉之间负荷分配结果

全　厂		1 号机组		2 号机组	
负荷（MW）	煤耗（t/h）	负荷（MW）	煤耗（t/h）	负荷（MW）	煤耗（t/h）
212.099	68.2	120.235	38.3	91.864	29.8
215.826	69.2	121.046	38.6	94.780	30.6
220.483	70.6	122.059	38.9	98.424	31.7
223.212	71.3	123.072	39.2	100.140	32.2
225.941	72.2	124.085	39.4	101.856	32.7
228.124	72.8	124.895	39.7	103.229	33.1

第三节　母管制并列运行机组间负荷优化分配

母管制运行方式是指锅炉的给水是经过给水母管进行供给，锅炉生产的蒸汽是经过蒸汽母管分配给每台汽轮机组。供热机组的负荷优化分配实质就是在满足一定的热负荷和电负荷条件下，根据各机组的热力特性，合理分配各个运行热电机组之间的热、电负荷，使全厂总的蒸汽消耗量达到最小。接下来，利用第二节的方法将该总蒸汽量在并列运行锅炉之间进行优化分配。换言之，母管制热电厂的热、电负荷优化分配是分两步进行的，优化分配的目的也是能耗最少。第一步，将热电负荷在汽轮机组之间分配，取得总蒸汽量最小值，第二步，将总蒸汽量最小值在锅炉机组之间分配，得出最少的燃料消耗量。

母管制并列运行机组间负荷优化分配的过程与并列运行锅炉间负荷优化分配类似，即，建立机组耗汽量数学模型，建立数学规划数学模型，选择合适方法求解。

一、母管制并列运行机组的特点

在采用母管制的热电厂，由于各锅炉之间相互会产生影响，热电厂的热电负荷调节必须考虑全厂所有并列运行的母管制锅炉提供的热负荷（产汽量）与外界（包括所有的汽轮机组和减温减压、热网系统）所需要的热负荷（用汽量）的平衡；同时，又需要考虑全厂所有并列运行的母管制锅炉总的出力与外界（所有的汽轮发电机组）所需要的电负荷的平衡。因此，并列运行的母管制机组的运行特点：

（1）并列运行的母管制锅炉之间相互影响，使主蒸汽母管的压力发生波动。

（2）并列运行的母管制锅炉提供的热负荷与外界所需要的热负荷。

（3）并列运行的母管制锅炉共同来维持主蒸汽母管压力的稳定；同时要满足用户的电负荷和热负荷的需求。

（4）并列运行机组总的出力与外界所需要的电负荷的平衡。

（5）由于是"以热定电"，因此并列运行汽轮发电机组总的有功功率必须在规定的范围内变化。

二、母管制并列运行机组负荷分配

凝汽机组和供热机组耗汽量数学模型具有如式（6-23）的一般形式

$$\left.\begin{aligned}
D_{0(i)} &= f_i(P_i) \text{ 凝汽机} \\
D_{0(i)} &= f_i(D_i) \text{ 背压机} \\
D_{0(i)} &= f_i(D_{1i}, D_{2i}) \text{ 抽背机} \\
D_{0(i)} &= f_i(P_i, D_i) \text{ 单抽机} \\
D_{0(i)} &= f_i(P_i, D_{1i}, D_{2i}) \text{ 双抽机}
\end{aligned}\right\} i = 1, 2, \cdots, m \qquad (6-23)$$

式中：i 为机组编号；m 为参加负荷优化分配的机组数量，如果有电负荷参入负荷分配，就应该包括凝汽机组；$D_{0(i)}$ 为第 i 套机组的耗汽量，t/h；P_i 为第 i 套机组的发电功率，MW；D_i 为第 i 套单元机组的供热抽汽量，t/h，如果热电厂具有两种及以上供热参数，增加下标以示区别，例如，D_{1i}、D_{2i}。

机组耗汽量方程的产生有三个方面。其一，实验取得；其二，理论计算制作；其三，利用运行记录数据，借助最小二乘法制作。

母管制机组热、电负荷优化分配的目的：合理分配各个运行机组之间的热、电负荷，使全厂总的蒸汽消耗量达到最小，可以用式（6-24）表示。

$$\min D_0 = \min \sum_{i=1}^{m} D_{0(i)} \tag{6-24}$$

式中：D_0 为全厂总蒸汽消耗量，t/h；$D_{0(i)}$ 为第 i 套机组的耗汽量，t/h。

　　在进行机组热、电负荷优化分配的过程中需要满足的约束条件包含四个方面：各机组发电功率之和等于总发电功率、各机组供热抽汽之和等于总供热蒸汽量、各机组的发电功率要在其最小功率和最大功率之间以及各机组供热抽汽量要小于或等于其最大抽汽量，如式（6-25）所示。

$$\sum_{i=1}^{m} P_i = P$$

$$\sum_{i=1}^{k} D_{1i} = D_1 ; i = 1, 2, \cdots, k$$

$$\sum_{i=1}^{n} D_{2i} = D_2 ; i = 1, 2, \cdots, n \tag{6-25}$$

$$P_{\min(i)} \leqslant P_i \leqslant P_{\max(i)} ; i = 1, 2, \cdots, m$$

$$0 \leqslant D_{1i} \leqslant D_{\max1(i)} ; i = 1, 2, \cdots, k$$

$$0 \leqslant D_{2i} \leqslant D_{\max2(i)} ; i = 1, 2, \cdots, n$$

式中：P 为总发电功率，MW；D_1、D_2 分别为两种供热参数的总供热蒸汽量，t/h；k、n 分别为可以按照供热参数 1 和供热参数 2 供热的机组总数；$P_{\min(i)}$、$P_{\max(i)}$ 分别为第 i 套机组的最小功率和最大功率，MW；$D_{\max1(i)}$、$D_{\max2(i)}$ 为第 i 套机组的最大供热抽汽量或排汽量 t/h。

　　母管制机组热、电负荷优化分配问题可以叙述为数学问题：在满足约束条件式（6-25）的前提下，求目标函数式（6-24）的极小值。现在已经将母管制机组热、电负荷优化分配问题转化为有约束的多元极值的数学问题，可以用多种方法求解，例如，线性规划法、梯度下降法、枚举法。

第四节　热网运行优化

　　集中供热系统由三大部分组成：热源、热网和热用户。热网运行的目的在于维持采暖建筑物室内气温适合，使建筑物始终处于得热与失热的平衡状态。热网承担着将热源的热量及时地输送、分配给各个热用户的任务，起到连接热源和热用户的桥梁作用，是供热系统的重要组成部分。热网一般分为一次管网和二次管网两级，中间以换热站连接。一次管网与二次管网均包含供水管和回水管。热源生产的热量通过一级换热站进入一次管网，将热量合理分配到各个二级换热站。再经过二次管网，将热量送达热用户，同时，冷却后的工质进入回水管形成循环。

　　在热量的输送过程中，需要调节的供热参数主要包括供水温度、回水温度、循环水流量等，而整个调节的依据便是集中供暖系统实际的供热量或者供暖热负荷。加大供回水温差，降低循环水流量，会降低循环水泵的电耗，但是，供热参数还要受到相关的热平衡的制约。此外，为了避免供热系统发生严重的水力失调现象，循环水流量也不能降得过低。那么如何在保证供热量的前提下，合理有效地降低输送过程的耗能或者运行费用，是一个需要优化的问题。

　　根据热量调节运行策略，当集中供热系统的供热量发生变化时，运行管理人员需要按照供热量或者供暖热负荷来调节控制热源端的供热设备的运行负荷（出力）等。那么这就涉及热源的优化调度问题。热源的优化调度主要研究的是当集中供热系统的供暖热负荷发生变化的时候，如何确定各个供热设备的运行负荷分配以达到按需供热，同时又要实现热源端的运行费用最小化或者是能源消耗的最小化。

　　一、热网的设计优化

　　近年来，随着我国城市集中供热事业迅速发展，集中供热系统供热面积逐渐增大，管网的结构越来越复杂，相应地在供热管网上面的投资也越来越大，热网越来越显示其重要性。供热管网越来越多地走向人们的生活，热电厂集中供热范围快速增加。我国城市供热管网的特点是热用户分布区域广、分支多，有些热网为提高供热可靠性和应付供热发展的不确定性，在规划设计时就将热网像市政给水管网一样成网格状布置，却存在热水力工况和控制复杂，网格状管网投资非常高的问题。因此，我国城市供热管网仍然多为多条枝状管网放射型布置。在现阶段，部分城市集中供热管网存在管道老化、腐蚀严重、技术落后、热能浪费、安全事故时有发生等问题，造成了不应有的浪费，影响了城市生产和生活秩序。因此，为了减少能源消耗、降低运行费用、提高运行安全性和经济性，供热管网的优化运行迫在眉睫。保证将生产的热能，按热网用户需要进行合理分配，这就要求热网在设计中选择最优方案、进而搞好城市的供热问题。

　　关于热网设计的优化目标，这里主要涉及采暖供热，可以分两种热源情况制定不同的优化目标。对于热水锅炉为热源的热网，热网设计的优化目标是年能耗最少，主要指的是热网循环水泵的电耗和热水锅炉的燃料耗量。对于供热汽轮机为热源的热网，热网设计的优化目标是热电联产汽流的净发电量最多。热网循环水量的调整不但引起水泵耗电的改变，也将引起热电联产汽流的发电量改变。净发电量指的是热电联产汽流发电量与热网循环水泵耗电量的差值。

　　集中供热管网的设计需要考虑建设投资和运行能耗两个方面的筹划。建设投资和运行能耗都是越少越好，但是两者之间还存在着技术关联着的矛盾，例如，采用较小管径使得建设投资降低，也使得热网循环水泵耗电增加。对于一个布局已定的集中供热管网的设计，存在着寻求这两个目标综合起来形成一个目标的优化问题。年费用最少分析方法是解决布局已定的树状热网设计最优化问题的常用方法，其核心内容是基于热网水阻力计算的线性规划。目标函数是年费用最少的表达式，包括建设投资在计划回收期内的每年分摊费用、年运行检修费用、循环水泵年耗电费用、年用水费用、年燃料费用。决策变量包括各段管网内径、额定循环水量。约束条件：循环水泵扬程与各段管网计算阻力之和的差值不小于热用户的高程要求。

　　二、热网运行优化

　　目前，我国大部分地区供热系统管网优化运行计算仍然使用逐段计算的方法，该方法计算效率低，工作量大，适应性差。由于计算量巨大、计算过程复杂，单纯使用手算的方法已难于达到要求。随着计算机技术的迅速发展以及管网计算理论和方法的不断完善，使得我们运用计算机解决复杂管网的水力计算并快速选择最优调节方案成为可能。只有以准确的水力计算为基础，快速地对大型供热管网进行多方案择优、可靠性分析以及技术经济性计算，才能适应日益复杂的供热管网运行要求及发展。对供热管网而言，运行参数是供热运行中重要的技术指标，参数的合理性直接关系到供热系统的经济性以及热用户的供热质量。从运行参数优化入手，将运行参数优化与热网水力平衡和热力平衡有机地结合起来，可以达到供热节能的效果。另外，充分考虑热网的供水温度与流量变化的综合影响，对热网的供热量及时而有效的调节是保证供热质量和效益的前提。因此，研究供热管网的优化运行方法是保证热网安全、经济运行的有效手段和必需措施，具有重要的现实意义。

1. 供热管网运行优化方法

供热管网调节是一项复杂细致理论性和专业性较强的工作，其目的是使热用户内散热器的放热等于热用户的热损失，以确保热用户室内温度达标，既节约能源，又保证供热质量。因此，有必要对集中供热管网的优化设计进行理论分析，逐步改进和发展，以解决热网系统的优化问题。在集中供热管网的具体设计过程中可以从以下方面出发来优化集中供热管网的设计。

（1）调节优化。初调节一般在供热系统正式运行前进行，也可以在供热系统运行期间进行。初调节的目的是将各个热用户的运行流量调节至理想流量，即满足热用户实际热负荷需求的流量。只有保证了初调节的质量，使实际流量达到设计流量，才能保证对热用户持续稳定的供热，更有利于用户端的调节。目前初调节的方法包括阻力系数法、预定计划法等，但因为调节工作量大，一般很难在实际中得到运用。随着各种平衡阀以及智能仪表的开发应用，为解决实际运行工况下的失调问题，又陆续提出了多种初调节方法，如比例法、补偿法、模拟分析法、模拟阻力法、温度调节法等，这些方法在实际供热系统中都得到了不同程度的应用。

（2）参数优化。二次网供、回水压差要满足克服系统阻力的要求，由于循环泵消耗功率与介质体积流量的三次方成正比，因此在考虑二次网供回水压差时应优先确定系统合理的体积流量，以降低运行电耗；二次网定压压力应保证运行时最不利端充满水，并能将气体排净，具体确定时要考虑以下四个方面的因素：热力站供热半径、热网最高点高度、供热运行方式以及系统阻力；二次网热力站一般采用变频补给水泵定压，定压点可设在供热系统总回水管上或补给水泵出口总管上，以保证定压压力的合理确定。

（3）多热源联网调度优化。供热系统多热源联网运行可以提高系统的可靠性以及不同形式热源合理匹配带来的热源运行的经济性等，但在具体的运行调度时还应注意以下几方面的问题：

1）各个热源热负荷的分配。热源承担热负荷的能力受到热源本身容量的限制，同时受到热网输配是否可及的限制。另外，不同热源制备热能和输送热能的成本随承担的负荷而变化，在实际操作中还要考虑不同热源的经济性、可靠性和灵活性等。因此，主热源应为热电厂，优先安排承担供热负荷；次热源为区域锅炉房，在热电厂达到最大出力时投入；燃气、燃油锅炉房作为备用热源可以随时投入。随着分布式能源梯级利用研究深入，风能、太阳能和生物质能等可再生能源的热利用逐渐加入到供热热源中，作为主热源，由于其不确定性，对热源热负荷的合理、优化分配问题将更加突出。

2）首先考虑维持整个二次网的供、回水平均温度一致，也就基本上实现了均匀供热。具体的调度方法是：按照各个热源的热负荷分配比例调度各个热源的供热量，同时按照最不利环路的运行工况调整整个供需关系，控制各个热源处循环泵的转速，使各个热源的供水温度保持一致。

3）热网水力工况的调整。热网水力工况的优化调度，可以使得管网充分发挥其输配能力；此外，输配系统本身的动力消耗巨大，水力工况的优化调度可以尽可能地减少这部分能量消耗。因此，需要对多热源联网运行进行水力工况模拟分析，计算出水力会交点的位置、热网的压力和流量分布、各热源循环水泵的运行工况和耗电量等，以便于及时调整水力工况，指导多热源的联网运行调度。

2. **热电联产热网运行优化数学模型**

关于热网的热源运行优化可以划分为两类情况，其一是针对供热锅炉为热源的热网，其运行优化的目标是热网运行耗电最少；其二是针对热电厂为热源的热网，其运行优化的目标是净电功率最多，也就是汽轮发电机组发电功率与热网运行耗电功率的差值最大。本节主要介绍热电厂为热源的热网运行优化方法。

从宏观上分析，减少热网循环水量可以减少热网循环水泵耗电，于经济性有利。但是，同时也加大了热网供水与回水的温度差，供水温度随之升高，汽轮机供热压力随之升高，导致发电功率减少，对经济性不利。可见，合理选取热网循环水量使得热电联产供热系统的净电功率达到最大，是普遍存在的、以热电厂供热汽轮机为热源的热网运行优化问题。

热网循环水泵的耗电功率和供热汽轮发电机的发电功率都可以表示为热网循环水量的函数，换言之，热电联产供热系统的净电功率是热网循环水量的单值函数。下面针对凝汽器供热的热网系统，详述该数学模型的主要关系式。

采暖建筑物向周围环境的散热量（包括换气热量）随室外气温的变化规律可用式（6-26）估计

$$Q_l = Q_h \frac{t_n - t}{t_n - t_w} \tag{6-26}$$

式中：Q_l 为采暖建筑物散热量，MW；Q_h 为采暖设计供热量，MW；t_n 为室内设计温度，$t_n = 18 \sim 22℃$，其中，18℃为国家规定的最低采暖室内空气温度，如果考虑舒适度，可以取较高值；t 为室外气温，℃；t_w 为室外采暖计算气温，℃，用来确定供暖系统容量，我国取用20年内的每年不保证5天的日平均最低气温。

采暖设计供热量 Q_h（MW）是当气温降低到室外采暖计算气温及以下时供给采暖建筑物的热量，用式（6-27）表示

$$Q_h = \frac{q_h A}{10^6} \tag{6-27}$$

式中：q_h 为采暖热指标按表6-4取用，W/m^2；A 为采暖建筑物的建筑面积，m^2。

表6-4 采暖热指标（适合于华北、东北和西北地区，已包含5%热网损失） （W/m^2）

建筑物类型	住宅	居住区综合楼	学校办公	医院托幼	旅馆	商店	食堂餐厅	影剧院展览馆	大礼堂体育馆
尚未采取节能措施	58～64	60～67	60～80	65～80	60～70	65～80	115～140	95～115	115～165
已经采取节能措施	40～45	45～55	50～70	55～70	50～60	55～70	100～130	80～105	100～150

热用户散热器放出的热量，用式（6-28）表示

$$Q_2 = KF(t_{pj} - t_n)$$
$$t_{pj} = 0.5(t_g + t_h)$$

(6-28)

式中：Q_2 为散热器放出的热量，MW；K 为散热器的传热系数，W/(m^2 · ℃)；F 为散热器的散热面积，10^6 m^2；t_{pj} 为散热器内的热水平均温度，℃，t_n 为室内设计温度，℃；t_g、t_h 为采暖热用户的供水温度和回水温度，℃。

热网送给采暖热用户的热量，用式（6-29）表示

$$Q_3 = \frac{Gc(t_g - t_h)}{3600}$$

(6-29)

式中：Q_3 为热网送给采暖热用户的热量，MW；G 为供热循环水量，t/h；c 为热水的比热容 $c = 4.187$ kJ/(kg · ℃)；t_g、t_h 为采暖热用户的供水温度和回水温度，℃。

热网稳定运行时，采暖建筑物散热量 Q_1、散热器放热量 Q_2 和热网送给采暖热用户的热量 Q_3 是相等的，如式（6-30）所示。

$$Q_1 = Q_2 = Q_3$$

(6-30)

采暖热用户的供水温度 t_g 和回水温度 t_h 可以表示为供热循环水量 G 的函数，为此，将式（6-28）、式（6-29）改写为

$$t_g + t_h = 2\left(\frac{Q_2}{KF} + t_n\right)$$

(6-31)

$$t_g - t_h = \frac{3600Q_3}{Gc}$$

(6-32)

式（6-31）＋式（6-32）得到供水温度 t_g 的表达式，如式（6-33）

$$t_g = Q_2\left(\frac{1}{KF} + \frac{1800}{Gc}\right) + t_n$$

(6-33)

式（6-31）－式（6-32）得到回水温度 t_h 的表达式，如式（6-34）

$$t_h = Q_2\left(\frac{1}{KF} - \frac{1800}{Gc}\right) + t_n$$

(6-34)

热电厂的供水温度 t_{gh} 和回水温度 t_{hh} 与采暖热用户的供水温度 t_g 和回水温度 t_h 的差别是沿途散热引起的温度降低，如式（6-35）和式（6-36）

$$t_{gh} = t_g + \Delta t_g$$

(6-35)

$$t_{hh} = t_h - \Delta t_h$$

(6-36)

式中：Δt_g、Δt_h 分别为热网供水管和回水管由于沿途散热引起的温度降低，考虑管道内 1m 长的水体从热电厂到热用户，流经热网管道时的温度降低，如式（6-37）和式（6-38）

$$\Delta t_g = \frac{2.5\pi(D_n + 2\delta)\left(\frac{t_{gh} + t_g}{2} - t\right)\frac{L}{v}}{10^t c\pi \frac{D_n^2}{4}}$$

(6-37)

$$\Delta t_h = \frac{2.5\pi(D_n + 2\delta)\left(\frac{t_{hh} + t_h}{2} - t\right)\frac{L}{v}}{10^6 c\pi \frac{D_n^2}{4}}$$

(6-38)

式中：2.5 为室外自然对流放热系数估取值，W/(m^2 · ℃)；D_n 为热网管道内径，m；δ 为热网管道保温层和保护层的厚度之和，m；t 为室外气温，℃；L 为热网管道长度，m；v 为

热网管道内水的流速，m/s；c 为水的比热容，kJ/(kg·℃)。

汽轮机排汽温度 t_c 由式（6-39）计算

$$t_c = t_{gh} + \delta t$$

$$= t_{gh} + \frac{t_{gh} - t_{hh}}{e^{\frac{3.6 K_n A_n}{c D_w}} - 1} \tag{6-39}$$

式中：δt 为凝汽器端差，℃；K_n 为凝汽器传热系数，kW/(m²·℃)；A_n 为凝汽器传热面积，m²；D_w 为凝汽器冷却水量，t/h。

汽轮机排汽量 D_c（t/h），如果是 8 级回热、疏水逐级自流、汽动给水泵不设独立凝汽器的给水回热系统，由式（6-40）计算

$$D_c = \frac{\frac{c D_w (t_{gh} - t_{hh})}{0.99} - D_{fw}(h_c - h'_c) - (h_{8s} - h'_c) \sum_{j=5}^{8} D_j}{h_c - h'_c} \tag{6-40}$$

式中：0.99 为凝汽器热效率；D_{fw} 为给水泵汽轮机耗汽量，t/h；h_c 为汽轮机排汽焓，kJ/kg；h'_c 为汽轮机凝汽器凝结水焓，kJ/kg；D_j 为低压加热器耗汽量，t/h，其计算方法请参见本教材其他章节或《热力发电厂》热力系统计算一节，这里不赘述；h_{8s} 为汽轮机第 8 级回热疏水焓，kJ/kg。

汽轮发电机发电功率 P（MW）用式（6-41）计算

$$P = \frac{0.985 \times 0.98}{3600} \sum_{j=1}^{9} D_j H_j \tag{6-41}$$

其中，

$$H_j \begin{cases} h_0 - h_j & \text{再热前的抽汽} \\ h_0 - h_j + \Delta h & \text{再热后的抽汽或排汽} \end{cases}$$

式中：0.985 为发电机效率；0.98 为汽轮机机械效率；D_j 为各级抽汽量或排汽量，t/h；H_j 为抽汽或排汽的实际焓降，kJ/kg，$j = 1 \sim 8$ 对应 $1 \sim 8$ 段抽汽，$j = 9$ 对应汽轮机排汽；Δh 为再热焓升，kJ/kg。

热网水流动阻力可以分段计算再求和，用式（6-42）计算

$$\Delta P = 10 \Delta P_e + \sum \left(\frac{\lambda L}{D_n} + n_w \xi \right) \frac{\rho v^2}{2000} \tag{6-42}$$

式中：ΔP 为热网水流动阻力，kPa；ΔP_e 为热用户进口要求压力，mH₂O；λ 为管道材料摩擦阻力系数；n_w 为 90°弯管数量；L 为热网管道长度，m；D_n 为热网管道内径，m；ξ 为 90°弯管流动阻力系数；$\rho = 1000$kg/m³ 为水密度；v 为热网管道内水的流速，m/s。

热网循环水泵耗电功率用式（6-43）计算

$$\Delta P = \Delta P_0 + \frac{\Delta P D_w}{3600 \eta_p \eta_g} \tag{6-43}$$

式中：ΔP 为热网循环水泵耗电功率，kW；D_w 为循环水泵输送的水量，t/h；ΔP_0 为空载功率，kW，按制造厂提供数据选取，一般为额定耗电功率的 20%～40%；η_p 为水泵效率，按制造厂提供的效率曲线计算；η_g 为电动机效率。

3. 热电联产热网运行优化实例

例 6-3　某 300MW 汽轮发电机组以凝汽器供热方式与热网连接，形成热电联产系统。其主要技术特征参数见表 6-5。

表 6-5		某 300MW 汽轮机凝汽器供热主要技术特征参数	
采暖建筑面积（万 m^2）	600	热水网设计流速（m/s）	1.5
采暖指标（W/m^2）	35	凝汽器面积（m^2）	6800
散热器面积（$10^6 m^2$）	1.8	水的比热容［$kJ/(kg·℃)$］	4.187
热网管道长度（km）	30	散热器传热系数［$W/(m^2·℃)$］	5.98
热网分支数	4	设计热负荷（MW）	210
热网管道内径（mm）	1100	采暖室外计算温度（℃）	－23
单支管道流通断面积（m^2）	0.949 9	采暖室内设计温度（℃）	20

采用上述数学模型，针对不同气温的热电联产净电功率分析计算结果如图 6-5～图 6-10 所示，其一般规律总结如下：

（1）对应于采暖期的任何室外气温，均存在一个使得热电联产系统的净电功率达到最大的供热循环水量值，称为"最佳供热循环水量"，如图的最高点对应的横坐标值。

（2）最佳供热循环水量随气温降低而增大。

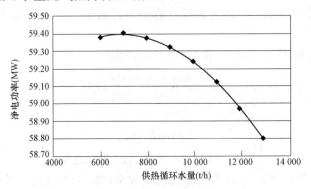

图 6-5　汽轮机凝汽器供热净功率曲线（气温 5℃）

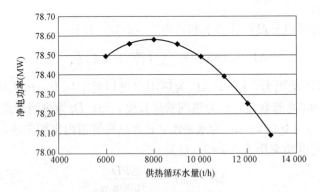

图 6-6　汽轮机凝汽器供热净功率曲线（气温 0℃）

三、热负荷预测

采暖供热的负荷预测可分为两大类。其一，预测未来几年后某城区的采暖热负荷增长趋势和增长量，以供城市供热规划和热源建设之用。其二，预测几个小时后或者次日某热网覆盖范围内的采暖热负荷变化趋势和变化量，以供热网运行的宏观调整作为依据。这里仅介绍后者的预测方法之一：利用天气预报数据预测采暖热负荷。

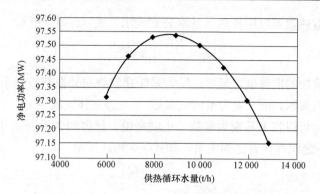

图 6-7　汽轮机凝汽器供热净功率曲线（气温−5℃）

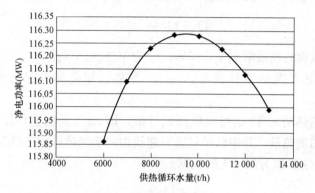

图 6-8　汽轮机凝汽器供热净功率曲线（气温−10℃）

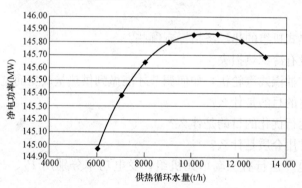

图 6-9　汽轮机凝汽器供热净功率曲线（气温−18℃）

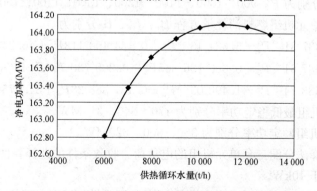

图 6-10　汽轮机凝汽器供热净功率曲线（气温−23℃）

采暖建筑物的散热量可以用传热学基本公式表示，式（6-44）所示

$$Q = \frac{KF(t_n - t_w)}{10^6} \tag{6-44}$$

式中：Q 为采暖建筑物的散热量，MW；K 为采暖建筑物对外散热放热系数，W/(m² · ℃)；F 为采暖建筑物外表面积，m²；t_n 为室内气温，℃；t_w 为室外气温，℃。

用于宏观估计，可以将 KF 视为常数。也就是说，任何两个不同室外气温 t_{w1} 和 t_{w2} 的建筑物散热量 Q_1 和 Q_2 之间存在着比例关系，如式（6-45）所示

$$\frac{Q_1}{t_n - t_{w1}} = \frac{Q_2}{t_n - t_{w2}} \tag{6-45}$$

或者写成一般形式，如式（6-46）所示

$$Q = Q_1 \frac{t_n - t_w}{t_n - t_{w1}} \tag{6-46}$$

式中：Q 为采暖建筑物的预报散热量，MW；t_w 为室外预测气温，℃，一般取自天气预报数据；t_{w1} 为某已知供热工况的室外气温，℃；Q_1 为某已知供热工况的采暖建筑物的散热量，MW。

对于初次投运的热网 t_{w1} 和 Q_1 可以取用设计值，即 t_{w1} 为采暖室外计算温度，Q_1 为对应采暖室外计算温度的散热量，其中已经包含了建筑物的换气热量和热网沿途热损失；对于运行正常的热网 t_{w1} 和 Q_1 常取为前一天的数据。

练 习 题

1. 热电厂及供热式机组的热经济指标有哪些？

2. 哪种汽轮机没有冷源热损失？

3. 对于一次调整抽汽式汽轮机，如何调节才能做到供热量改变而电功率不变？

4. 热网运行调整的目的是什么？

5. 热网的热源运行优化的目的是什么？

6. 采暖供热的常用介质是什么？

7. 设某火力发电厂运行有三套单元机组，发电功率分别用 P_1、P_2、P_3（MW）表示，并已知：

(a) 总电负荷分别为 $P = 900$、1000、1100、1200、1300、1400、1500、1600MW。

(b) 三套运行单元机组燃料消耗量方程 B_1、B_2、B_3 分别为

$B_1 = 6.337\ 31^{-7}P_1^3 - 5.624\ 46^{-5}P_1^2 + 0.164\ 400\ 113P_1 + 46.242\ 3$

$B_2 = 2.987\ 61^{-7}P_2^3 - 0.000\ 185\ 865P_2^2 + 0.209\ 730\ 758P_2 + 79.140\ 1$（t/h）

$B_3 = 1.383\ 74^{-7}P_3^3 - 1.498\ 03^{-5}P_3^2 + 0.157\ 388\ 28P_3 + 84.275\ 9$

(c) 三套单元机组最低稳定功率分别为 170、340、310MW。

(d) 三套单元机组额定功率分别为 300、600、620MW。

试采用梯度下降法分配三套单元机组的电负荷。收敛条件的选择要使得任何一套机组的发电功率变化不大于 10kW。

8. 某热电厂运行一台抽汽式供热机组和两台背压式供热机组，其热力参数见下表。

机组热力参数

机组编号		1	2	3
汽轮机型号		C50-90/1.2	B50-90/2	B25-90/1.75
初压力	MPa	8.82	8.82	8.82
初温度	℃	535	535	535
采暖抽汽压力	MPa	0.07~0.248		
排汽压力	MPa	0.002 85	0.196（$x=0.994$）	0.172
给水温度	℃	229.4	229.4	229.4
给水压力	MPa	10.1	10.1	10.1
汽轮机相对效率	%	83	81	81
额定工况进汽量	t/h	266.6	285.3	145.2
额定采暖抽排汽量	t/h	180	223	115
最低允许排汽量	t/h	27	29	15
锅炉热效率	%	88.5	89.1	87.2

试在采暖热负荷 300、610、1084GJ/h 情况下，求能源利用率最高的采暖负荷分配方案，并给出各分配方案的发电功率和标准煤消耗量。

9. 设母管制发电厂运行着三台锅炉，总蒸发量需要 1500、1700、2000、2500、2900t/h；三台锅炉的蒸发量分别用 D_1、D_2、D_3 表示，三台锅炉的标准煤消耗特性方程 B_1、B_2、B_3 分别为

$B_1 = -4.933\ 4^{-11}D_1^4 + 1.578\ 8^{-7}D_1^3 - 0.000\ 157\ 16D_1^2 + 0.118\ 74D_1 + 15.371$

$B_2 = -7.811\ 0^{-11}D_2^4 + 2.326\ 0^{-7}D_2^3 - 0.000\ 229\ 8D_2^2 + 0.154\ 93D_2 + 6.048\ 7$ （t/h）

$B_3 = -3.174\ 7^{-11}D_3^4 + 1.183\ 0^{-7}D_3^3 - 0.000\ 138\ 15D_3^2 + 0.135\ 84D_3 + 0.548\ 38$

试采用梯度下降法进行优化分配蒸发量。各台的允许蒸发量范围均为 400~1000t/h。

第七章　单元机组的经济运行

在我国电源结构中，火力发电设备容量约占总装机容量的 63%，年发电量占总发电量的 72% 以上。在相当长的时期内，火力发电仍将在我国电源结构中占主导地位。虽然我国火电机组平均效率与国际先进水平比较接近，但供电煤耗平均比德国、日本等发达国家高约 $10\sim20\mathrm{g/kWh}$，因此控制好各热力设备、热力系统的生产指标，提高其运行经济性仍是当前的首要任务，同时也是完成"十三五"节能减排目标任务的重要途径。本章从运行管理的角度，阐述提高单元机组运行经济性的措施。

第一节　单元机组的经济指标及提高经济性的措施

一、单元机组的主要热经济指标

单元机组的经济运行状况，主要取决于其燃料和电量的消耗情况，因此，单元机组的主要热经济指标是发电标准煤耗率和厂用电率。

发电标准煤耗率计算式为

$$b^s = \frac{B \times 10^6}{W} \times \frac{Q_{net}^r}{29270} \tag{7-1}$$

式中：B 为锅炉燃料消耗量，t；W 为机组发电量，kWh；b^s 为标准煤耗率，g/kWh；Q_{net}^r 为燃料的应用基低位发热量，kJ/kg。

厂用电率计算式为

$$\zeta_{ap} = \frac{p_{ap}}{p_{el}} \tag{7-2}$$

式中：ξ_{ap} 为厂用电率；P_{ap} 为单元机组的自用电功率，kW；P_{el} 为单元机组发电功率，kW。

将单元机组的自用电量从机组发电量中扣除后，得到向电网输送 1 度（kWh）电所需要的耗煤量，即供电标准煤耗率，其计算式为

$$b_n^s = \frac{B \times 10^6}{W(1 - \zeta_{ap})} \times \frac{Q_{net}^r}{29\ 270} \tag{7-3}$$

标准煤耗率及厂用电率的大小主要取决于机组的设计、制造及选用的燃料。但运行人员的调整、运行方式的选择对这两项指标也有很大影响。单元机组的经济运行就是要保证实现标准煤耗率和厂用电率的设计值，并尽可能地降低，以获得最大的经济效益。

根据火力发电厂的热功（电）转换理论可知，标准煤耗率可改写为

$$b^s = \frac{3600 \cdot B}{P_{el}} = \frac{123}{\eta_{cp}} \tag{7-4}$$

$$\eta_{cp} = \frac{Q_b}{W_{cp}} \cdot \frac{Q_0}{W_b} \cdot \frac{P_t}{Q_0} \cdot \frac{P_i}{P_t} \cdot \frac{P_m}{p_i} \cdot \frac{P_{el}}{P_m} = \eta_b \eta_p \eta_t \eta_{ri} \eta_m \eta_g$$

式中：η_{cp} 为发电的热效率，$\%$；η_b 为锅炉效率，$\%$；η_p 为管道效率，$\%$；η_t 为循环热效率，$\%$；

η_{ri} 为汽轮机相对内效率，%；η_m 为机械效率，%；η_g 为发电机效率，%。

由式（7-4）可见，要降低煤耗应从提高单元机组热效率，即提高能量转换各环节的效率入手，根据各环节的特点采取措施，以提高整个机组的热经济性。

二、单元机组的技术经济小指标

在运行实践中，常把单元机组的标准煤耗率和厂用电率等主要热经济指标分解成各项技术经济小指标。控制这些小指标，也就是具体地控制了各环节的效率和厂用电率，从而保证了机组的热经济性。

1. 锅炉效率

锅炉效率是表征锅炉运行经济性的主要指标。影响锅炉效率的主要因素有以下几方面。

（1）排烟热损失。排烟热损失是锅炉热损失中最大的一项，一般占锅炉热损失的 4%～8%。影响排烟热损失的主要因素是排烟温度和排烟量。排烟温度越高，排烟量越大，则排烟热损失越大。

在锅炉运行中，受热面积灰、结渣等会使传热减弱，促使排烟温度升高。因此，在运行中应注意及时吹灰打渣，保持吹灰装置运行正常，使受热面保持清洁；另外，由于排烟温度太低会引起锅炉尾部的酸性腐蚀，因而也不允许排烟温度降得太低，特别是在燃用硫分较高的燃料时，排烟温度应保持高一些。

为减少排烟容积，在减少炉膛及烟道漏风的前提下，要保持锅炉有较合理的过量空气系数。过量空气系数过大会增大排烟容积，过小会引起其他损失增大。

（2）化学不完全燃烧热损失。化学不完全燃烧热损失是指可燃气体随烟气排出炉外所造成的热损失。影响这项损失的主要因素是燃料性质、过量空气系数、炉膛温度以及炉内燃料与空气的混合情况等。当风量不足、氧气及燃料混合不好时，就会有一部分燃料未完全燃烧而生成一氧化碳从烟道排出。如烟气中含 1% 的 CO，就会增加 5% 左右的锅炉热损失。

（3）机械不完全燃烧热损失。机械不完全燃烧热损失是指飞灰及排渣含碳造成的热损失。该项损失仅次于排烟热损失。影响机械不完全燃烧热损失的主要因素是燃料性质和运行人员的操作水平。如煤中含灰分、水分、挥发分高，煤粉细度不合理以及运行中锅炉一、二次风不匹配等均会使机械不完全燃烧热损失增加。

（4）散热损失。影响散热损失的因素有锅炉容量、负荷、炉相对表面积、环境温度、炉保温情况。加强保温是减少散热损失的有效措施。

（5）灰渣物理热损失。灰渣物理热损失是指炉渣排出炉外时带出的热量。影响灰渣物理热损失的因素有燃料灰分、炉渣占总灰量的比例及炉渣温度。一般固态排渣煤粉炉的该项损失很小。

2. 主蒸汽压力

主蒸汽压力是单元机组在运行中必须监视和调节的主要参数之一。汽压的不正常波动对机组安全、经济运行影响很大。同时，大型机组一般均采用定压—滑压—定压的运行方式，除在负荷高峰期采用定压运行外，大部分时间采用滑压运行，因此，必须控制主蒸汽压力在机组滑压运行曲线允许范围。主蒸汽压力降低，蒸汽在汽轮机内作功的焓降减小，从而使汽耗增大，主蒸汽压力太高，旁路甚至安全门动作，机组运行的经济性降低。所以，在火力发电厂单元机组运行中，必须控制主蒸汽参数压红线（额定值）运行。

3. 主蒸汽温度

主蒸汽温度的波动同样对机组安全、经济运行有着很大的影响。汽温升高可提高机组运行经济性，但汽温过高会使工作在高温区域的金属材料强度下降，缩短过热器和机组使用寿命，严重超温时，可能引起过热器爆管。汽温过低，汽轮机末几级叶片的蒸汽湿度增加，对叶片的冲蚀作用加剧，同时，使机组汽耗、热耗增加，经济性降低。

4. 凝汽器真空

凝汽器的真空对煤耗影响很大，真空每下降 1%，煤耗约增加 1%～1.5%，出力约降低 1%。

在单元机组运行中，影响真空的因素很多，如真空系统的严密性、冷却水入口温度、进入凝汽器的蒸汽量、凝汽器铜管的清洁程度等。因此，运行值班人员应根据机组负荷、冷却水温、水量等的变化情况，对凝汽器真空变化及时做出判断，以保证凝汽器的安全、经济运行。

5. 凝汽器端差

凝汽器端差通常为 3～5℃。凝汽器端差每降低 1℃，真空约可提高 0.3%，汽耗约可降低 0.25%～3%。降低端差的措施有：

（1）保持循环水水质合格，并做好定期排污和加药工作，减轻凝汽器结垢。

（2）保持凝汽器胶球清洗系统运行正常，铜管清洁。

（3）防止凝汽器汽侧漏入空气。

6. 凝结水过冷度

凝结水过冷度通常应低于 1.5℃。凝结水出现过冷却，不仅使凝结水中含氧量增加引起设备腐蚀，而且凝结水本身的热量额外地被循环水带走，影响机组的安全、经济运行。减小凝结水过冷度的措施有以下两点：

（1）消除真空系统的不严密性，定期进行真空严密性试验，及时消除泄漏；加强对凝结水泵的监视，防止空气自凝结水泵轴封漏入；加强对低压汽封的监视及调整，防止空气漏入；对真空系统密封水加强监视，防止因密封水中断，漏入空气。

（2）保持凝汽器低水位运行，防止出现凝结水淹没铜管现象。

7. 给水温度

机组运行中，应保持给水温度在设计值运行。给水温度对机组的经济性影响很大。给水温度每降低 10℃，煤耗约增加 0.5%。提高给水温度的措施有以下四点：

（1）提高加热器的检修质量，尤其要保证高压加热器投入率。

（2）消除加热器旁路门和隔板的漏泄，防止给水短路。

（3）保证加热器疏水器正确动作，维持加热器在低水位下运行。

（4）消除低压加热器的不严密性，防止空气漏入。

8. 厂用辅机用电单耗

辅机运行方式合理与否对机组的厂用电量、供电煤耗影响很大。各辅机启停应在满足机组启停、工况变化的前提下进行经济调度，以满足设计要求，提高机组运行的经济性。

三、提高单元机组经济性的主要措施

1. 维持额定的蒸汽参数

根据热工理论，提高蒸汽参数可提高循环效率。但由于受金属材料的限制，机组的蒸汽参数已在设计时确定，运行中的主要任务是维持规定的蒸汽参数，即压红线运行，防止由于蒸汽参数的降低而使机组的经济性降低。

2. 保持最佳真空

提高凝汽器真空可以增加可用焓降，减小凝汽损失，提高循环效率，因此运行时应使凝汽器保持最佳真空。具体办法有以下四点：

（1）降低循环水温度。当循环水温度在 20℃ 时，循环水温每下降 1℃，真空可提高 0.3%，降低煤耗 0.3%～0.5%。闭式循环供水系统应注意提高冷水塔和冷却水池的效率，降低循环水温。

（2）增加循环水量。增加循环水量可提高真空，但同时增加了循环水泵的耗电量，是否经济需综合比较。

（3）保证凝汽器传热面清洁。传热面的清洁程度可由凝汽器端差反映出来。清洁程度高，在相同的循环水温时，可改善传热效果，得到较低的排汽温度和较高的凝汽器真空。运行中要定期进行凝汽器的胶球清洗或反冲洗，以提高它的冷却效果。

（4）提高真空系统的严密性。其效果相当于提高了真空。

3. 充分利用回热加热设备，提高给水温度

利用回热加热设备，可减少冷源损失，提高给水温度，从而减少了煤耗，所以正常运行中要尽可能使高、低压加热器全部投入运行。运行中要注意加热器水位的调节、空气的抽出和加热器保护装置的维护，保证加热器的正常运行。

4. 保持合理的送风量

锅炉的送风量与锅炉的效率有直接关系。送风量过大，将增大锅炉排烟容积，使排烟损失增大，还增加了风机耗电率；送风量过小，将影响燃烧，使化学不完全燃烧热损失和机械不完全燃烧热损失增大。运行中除要保持合理的送风量外，还需维持最佳过量空气系数。最佳过量空气系数一般由锅炉热效率试验确定，运行中一般用氧量表来监视。最佳氧量值一般在 4%～5%。通过送风量的调节可维持最佳氧量值。

5. 选择合理的煤粉细度

煤粉较细，可减少机械不完全燃烧热损失，还可适当减少送风量，使排烟热损失降低；但为了得到较细的煤粉，要增加磨煤消耗的能量和设备的磨损。煤粉较粗时，情况刚好相反。所以运行时要选择合理的煤粉细度，使各项损失之和最小。这时的细度值一般称为经济细度。经济细度与锅炉负荷有一定的关系。锅炉负荷低时，由于炉膛温度低，燃料燃烧速度慢，煤粉应细一些；锅炉负荷高时，煤粉可粗一些。

6. 注意燃烧调整

通过燃烧调整，可减少不完全燃烧热损失，提高锅炉效率，降低煤耗。

在保证汽温正常的条件下，尽可能使用下排燃烧器，或加大下排燃烧器的负荷，减小上排燃烧器的负荷，以降低火焰中心，延长燃料在炉内的停留时间，达到完全燃烧。

运行中应注意随时观察炉内燃烧情况，必要时应加以调整。通过调整各燃烧器的一、二次风量配比，保持燃烧火焰中心适当。另外，应注意对飞灰可燃物含量的监测，发现飞灰可燃物超标应及时采取措施。

当煤粉燃烧器中有油喷嘴时，应当尽量避免在同一燃烧器内进行长时间的煤油混烧。因为同一燃烧器内煤油混烧时，油滴很容易粘附在碳粒表面，影响碳粒的完全燃烧，增大机械

不完全燃烧热损失，同时也易引起结渣和烟道再燃烧。

7. 降低厂用电率

发电厂在生产过程中要消耗一部分厂用电，用以驱动辅机和用于照明。随着蒸汽初参数的提高，厂用电率也增大。对单元机组来说，因发电量大，厂用电量的绝对数字也相当大，节省厂用电量成为单元机组经济运行的重要内容。

对燃煤电厂来说，给水泵、循环水泵、引风机、送风机和制粉系统所消耗的电量占厂用电的比例很大。如中压电厂给水泵耗电占厂用电的 14%左右；高压电厂给水泵耗电则占厂用电的 40%左右；超临界电厂如果全部使用电动给水泵，其耗电量可占厂用电的 50%。所以降低这些电力负荷的用电量对降低厂用电率效果最明显。

降低给水泵的耗电量可以采取的措施有：采用液压联轴器，通过变化转速来调节给水量以减少节流损失；改善管路形状等也可减少阻力；在保证负荷需要的前提下，尽量使运行的给水泵满载，以减少给水泵运行的台数。

降低循环水泵耗电量采取的措施有：尽可能减少管道阻力损失；排除水室内空气，以维持稳定的循环水管虹吸作用；在保持凝汽器最有利真空的前提下，使循环水泵在合理的方式下运行，如减少循环水流量和循环水泵运行台数。

降低引、送风机电耗的措施主要是采取合理的运行方式。如双速风机在低负荷时采用低速运行；两台以上风机并列运行时，可采用经试验方法确定的各种负荷下的最经济的运行方式（包括运行台数和负荷分配），使总的耗电量最少；及时消除烟道和炉膛各处的漏风，及时吹灰以减少烟道的阻力。另外，合理使用再循环风、暖风器以及加强对除尘器的维护以防堵灰也可减少电耗。

制粉系统电耗在厂用电中也占有相当比重，应该注意通过实践找出合理的磨煤机出力、通风量、通风温度、磨煤机出口温度和煤粉细度等，使制粉系统电耗降低。此外，减少球磨机电耗的措施还有维持合理的钢球装载量，及时补充钢球。减少中速磨电耗的措施则还有维持合理的磨辊压力。

8. 减少工质和热量损失

运行中应尽可能回收各项疏水，消除漏水漏汽，以减少凝结水和热量损失，降低补给水率。注意对汽轮机轴封的维护、调整，避免轴封漏汽量增加。加强对设备保温层的检查维护，减少散热损失。

9. 提高自动装置投入率

由于自动装置调节动作较快，易使各级设备和运行参数维持在最佳值，故自动装置的投入可提高锅炉效率 0.2%~1.5%，降低蒸汽参数的波动，从而提高循环效率，使实际热耗可降低 2%，并可以降低辅机电耗率。

第二节   单元机组的运行报表分析和运行管理

一、报表分析

运行报表是反应电厂各个时期生产活动、燃料消耗、小指标完成情况等的报表，也是信息反馈的最重要内容之一。

目前各厂报表种类大体有如下几类：

（1）生产日报表。

（2）发电厂高峰出力保证率报表。

（3）机组启动时汽水质量统计月报。

（4）电厂煤耗完成报表。

（5）水汽质量合格率月报。

（6）发电厂调峰报表。

（7）运行代表日报表。

（8）电压合格率报表。

（9）生产任务及小指标完成情况月报。

（10）机组运行方式月报。

（11）煤质试验日报。

对各种报表的科学分析是运行管理工作中的一项重要基础工作。报表分析的目的是通过对这些报表的分析，找出影响经济效益和不安全的各种因素，从而提出改进运行方式及运行操作调整的技术措施，以求得最佳运行方式及经济运行点，降低能耗，提高安全生产水平。因此，对生产日报、日志和月报的分析是运行各岗位值班人员、单元长、值长、车间主任、科长等各级管理干部必须进行的生产活动之一。

（一）建立系统的有层次的分析控制体系

运行值班表单是操作人员和单元长每时、每班必须分析的报表。各岗位运行日志是每班生产过程中重要操作、工况变化、影响正常生产的主要指标的记录。生产日报是电厂一天的生产情况统计，是统计、技术专责人及以上运行管理干部必须分析的报表。快速及时地分析表单、日志和日报可及时了解单元机组运行情况，发现生产过程中一些主要指标与定额的差距，以便于及时组织有关生产技术人员分析原因，采取对策，进行有效控制，防止偏差扩大和延续。

值班人员、单元长、值长及其他管理统计人员对表单和日报进行的分析是以指标定额为主进行的对比分析，是一项技术性很强的工作。分析人员必须熟悉生产过程，掌握生产操作及运行方式变更情况，并了解生产中薄弱环节。表单、日报分析是分层进行的。值班人员、单元长、值长以监视参数和对这些参数进行每小时分析为主，以便及时纠正生产过程各参数的偏差；职能科室、车间主任、专业工程师以分析日报为主，分析前一天生产过程中主要指标发生的偏差，重点对全厂各机组共性及特殊因素进行对比，对综合性指标进行控制；厂部对日报各项生产指标的分析重点放在价值指标和主要技术经济指标，如厂用电率、供电煤耗、补水率、设备等效可用系数等。这样，全厂形成系统的、分层并各有所侧重的分析体系，做到迅速、及时，各负其责，便于随时控制生产过程。

（二）对生产日报的分析方法

对生产日报的分析方法很多，现介绍几种主要分析方法。

（1）互相关联的分析法。用这种方法进行分析时，先找出煤耗、厂用电、补水率等主要指标，然后找出与主要指标有关联的指标，如煤耗和锅炉效率有关，再找出与锅炉效率有关的汽温、汽压、给水温度及锅炉各项损失指标，还可找出与汽轮机真空等有关指标，对这些组成像金字塔形式的指标由上而下进行分析。

（2）差额计算法。将机组运行中的小指标与小指标对大指标的影响值相比较，通过差额计算，分析出影响大指标的主要因素。如某 500MW 机组小指标对供电煤耗的影响如下：

1）主蒸汽压力每下降 0.1MPa，供电煤耗增加 0.15g/kWh。

2）主蒸汽温度每下降 1℃，供电煤耗增加 0.065g/kWh。

3）再热汽温每降低 1℃，供电煤耗增加 0.06g/kWh。

4）真空每变化 1kPa，影响煤耗 2.8g/kWh。

5）给水温度每下降 1℃，供电煤耗增加 0.14g/kWh。

6）高压加热器停运，供电煤耗增加 13.1g/kWh。

7）补给水每增加 1%，供电煤耗增加 1.2～4g/kWh。

8）厂用电率每增加 1%，供电煤耗增加 3.7g/kWh。

9）排烟温度每上升 1℃，供电煤耗增加 0.2g/kWh。

10）再热器减温水量每增加 1t，供电煤耗增加 0.14g/kWh。

11）飞灰含碳量每增加 1%，供电煤耗增加 2.2g/kWh。

12）汽泵停运，供电煤耗增加 2.97g/kWh。

13）过冷度每增 1℃，供电煤耗增加 0.07g/kWh。

这些数据因机组类型不同，各厂情况不同，而有所不同。各厂应通过热效率试验确定这些数据，为差额计算分析提供依据。

（3）分组比较法。对同类型机组进行比较及同一机组与历史同时期进行比较，找出经济效益的差异和原因，制定措施，以便赶上同类型先进机组。

二、运行管理

运行管理是发电企业生产技术管理的重要组成部分，发电企业的各项工作最终要通过运行生产表现出来，所以，运行管理要紧紧围绕安全、经济、文明这个对现代电力企业最基本、最本质的要求围绕企业达标、创一流这个中心，抓住设备、管理和人员素质三个环节进行，要抓好以下几方面的工作。

（1）坚持"安全第一，预防为主"的方针，制定安全目标，提高安全运行水平。

（2）建立厂、车间、单元三级安全责任制和安全管理网，定期开展活动，并按年、季、月编制运行反事故措施计划和安全技术措施计划，并落实到各单元的每个岗位。

（3）搞好季节性预防事故措施及特殊运行方式下的事故预想活动。一季度重点搞好春节前的安全大检查活动及防火检查工作；二季度重点做好春检工作，查思想、查事故隐患、查习惯性违章，并做好防暑过夏的准备工作，对现场控制柜的空调、风机及冷却器进行重点检查，防止因温度高造成设备停运；三季度一般在北方地区都有设备计划检修，要充分做好大修设备停用的安全措施，并保证运行机组的安全运行；四季度搞好冬季迎峰大检查活动，特别是北方地区要全面做好防寒防冻工作，堵塞漏洞，防患未然。

（4）在运行单元之间、值之间开展反事故斗争，重点是杜绝五种恶性事故，即人身死亡事故、全厂停电事故、主要设备损坏事故、火灾事故和严重误操作事故。事故发生后，要坚持"三不放过"的原则，根据事故情况订出反事故措施计划，防止频发性事故的发生。

（5）加强技术经济指标管理，搞好计划统计工作，根据机组试验得出的最佳技术指标和平均先进水平编制生产计划，按月向运行值、单元机组下达生产计划及各项技术经济指标。

（6）加强燃料管理，对来油、煤的数量及质量进行严格的监督检查。

（7）全面开展运行小指标竞赛，按值、单元、岗位进行指标分解和考核。

（8）加强运行分析，建立运行分析制度按分析内容分为岗位分析、定期分析、专题分析。按具体分析性质分为以下几种：

1）日常分析，指运行人员及各级管理人员的每小时岗位分析和日分析、月分析。

2）趋势分析，指专业人员根据积累的有关数据，监视设备工况渐变过程的分析。

3）专题分析，指对设备上存在的问题做出专门的研究分析。

4）预测分析，根据国内外资料及兄弟厂的经验教训，结合本厂实际情况提出针对性的预测分析。

5）运行方式分析，指对全厂公用系统及单元机组运行方式的经济性、安全性进行的分析，重点是一般运行方式的合理性，特殊运行方式的安全性及相应措施的可行性。

6）设备大、小修前后的分析。对设备修前、修后的各项经济技术指标进行对比分析，观察和鉴定检修与改进的效果，开展效益跟踪。

7）单元机组启停工况分析，指对单元机组在启停过程中的燃料消耗、参数控制等，在各值之间、单元机组之间进行分析比较。

8）事故、障碍和异常分析。

9）机组出力分析，重点分析影响高峰出力的原因及应采取的对策，提高机组的调峰水平。

（9）加强运行方式的管理。系统运行方式应符合安全经济合理的原则，对热力、电气各个公用系统的正常和特殊运行方式均应有明确的规定，节日调度、重大的试验要有措施，保证机组安全经济运行。

（10）加强经济调度和热力试验工作。机、炉热力试验要以提高机组的经济性为主，通过试验制定经济负荷分配方案，进行经济调度，保证机组在最佳工况下运行。

（11）搞好运行管理基础工作。制定各项运行管理制度．搞好运行的各项原始记录工作及其他台账管理工作，使其规范化、制度化、科学化。

（12）坚持以人为本的思想，搞好运行人员的培训工作，结合单元机组特点及自动控制水平，培养集控运行的全能值班员。

三、寿命管理

寿命管理就是寻求机组合理的启停方式及变工况运行时合理地控制各种参数的变化及其变化率，在启停过程中，使机组各部件的热应力、热变形、汽轮机转子与汽缸的胀差和转动部件的振动均维持在较好的水平上。

合理安排机组的启停方式，减少异常工况出现是减小应力的有效措施。如冷态启动时降低升温升压速度，正常运行中防止超温、超压或低汽温运行，工况变动时注意控制参数变化率。但在改变运行方式时，不仅要考虑机组寿命，也要顾及机组的经济性。单元机组的滑参数启停可以有效地减小应力，延长设备寿命。

目前，由于科学技术的发展和计算机技术的开发应用，大型单元机组均安装设备应力及寿命在线监测装置对寿命进行实时管理。利用计算机实时应力计算，指导运行人员在机组启动、变工况运行及停机过程中，保持应力接近许可最大值进行升速、升负荷或降负荷，可以在不增加额外寿命消耗的情况下缩短启动和停机时间，增加发电量，降低能耗。

另外，对汽轮机转子温度、应力场的实时计算，可以得到每次负荷变化的寿命消耗，到目前为止的寿命累积和消耗、自动报警；对老机组，可估算出转子剩余寿命，还可根据各种启动要求和变工况情况的许可寿命消耗及相应应力许可值。随着单元机组控制水平的不断提高，大型单元机组已实现计算机自启停控制。

第三节　单元机组的运行监视与调整

一、锅炉运行调节

（一）主蒸汽压力调节

锅炉的运行工况是与外界负荷相适应的。当外界负荷变化时，锅炉就需要进行一系列的调节，以保持运行工况的稳定，其中，主蒸汽压力是表征锅炉的运行工况是否与外界负荷相适应的最重要的参数。

1. 主蒸汽压力的调节方式

单元机组主蒸汽压力一般有三种调节方式。

（1）锅炉调压方式。当外界负荷变化时，汽轮机通过调节调速汽门开度保证负荷在要求值，锅炉通过调节燃料量来保证主蒸汽压力在要求值范围内。

（2）汽轮机调压方式。锅炉通过改变燃料量满足外界负荷的需要，汽轮机通过调节调速汽门开度保证主蒸汽压力在规定值范围内。

（3）锅炉、汽轮机联合调节方式。当外界负荷变化时，汽轮机开大调速汽门，锅炉同时增加燃烧率，这时主蒸汽压力实际值与给定值出现了偏差，偏差信号促使锅炉继续调节燃烧率，汽轮机继续调节调速汽门开度，使主蒸汽压力与给定压力相一致。

2. 主蒸汽压力的调节方法

启动初期，主蒸汽压力主要依靠汽轮机旁路系统来维持，通过调节旁路系统来控制升压速度；锅炉则通过调整燃烧来保证锅炉热负荷增长速度，防止主蒸汽压力过快增长，大容量单元机组一般采用变压运行方式。正常运行中，主蒸汽压力根据变压运行曲线的要求来控制，要求主蒸汽压力与给定压力相一致。给定压力与发电负荷在变压运行曲线上是一一对应的关系。

在汽轮机降负荷或甩负荷时，汽轮机的用汽量减少很快。但锅炉的减负荷速度要比汽轮机慢得多，这样，主蒸汽压力必然会迅速升高，此时锅炉要通过汽轮机旁路系统排放蒸汽，以保证主蒸汽压力在规定值范围内。

在异常情况下，汽压突然升高，用正常的方法操作无法维持汽压时，可采用开启过热器或再热器安全门或对空排汽门的办法以尽快降压。

（二）汽温调节

对大容量单元机组，由于系统复杂，过热器和再热器的材料在性能方面留有的裕量极为有限等原因，所以对运行参数和管壁温度有严格的限制。

烟气侧和蒸汽侧运行状态的变化影响着汽温的变化。烟气侧主要影响因素有燃料性质、风量及其分配、燃烧器的运行方式及受热面清洁程度等；蒸汽侧主要影响因素有蒸汽流量、饱和蒸汽湿度、减温水量和水温、给水温度等。大容量单元机组锅炉过热器一般设有 2～3 级喷水减温装置，用以维持过热器出口汽温正常，同时其他几级过热器也不超温。再热器调温方法较多，一般有喷水减温、摆动式燃烧器、烟气再循环和烟气旁路四种，特殊的还有蒸汽旁路法。以上几种方法可以组合运用，但绝大多数机组以喷水减温为辅，其他几种方法为主。

1. 过热器汽温调节

过热器汽温调节一般以烟气侧调节作为粗调，蒸汽侧通过喷水减温作为细调。大容量单元机组由于过热器管道加长，结构复杂，过热器汽温的时滞和惯性大大增加，故过热器汽温控制多采用分级控制系统，即将整个过热器分成若干级，每级设置一个减温装置，分别控制各级过热器的汽温，以维持主蒸汽温度为给定值。由于过热器受热面传热形式和结构的不同，采用不同的控制方法。如果整个过热器的受热面的传热属于纯对流形式，则应采用分级控制法将各级过热器汽温维持在一定值，每级设置独立的控制系统。如果过热器的受热面传热形式既有对流又有辐射，则必须采用温差控制系统，即前级喷水用以维持后级减温器前后的温差。

由于汽温动态特性的时滞和惯性较大，给调节带来一定的困难，故自动控制系统中除了以被调信号作为主调节信号外，一般还用减温器后某点的汽温或汽温变化率的信号来及时反映调节的作用（汽温调节示意图如图 7-1 所示），而该点汽温或汽温变化率能迅速反应喷水量的变化。如果该点的汽温（该级过热器的进口汽温度）能保持一定，该级过热器出口汽温就能基本稳定，从而改善了喷水减温的效果。为了进一步提高调节质量，有的调温系统中还加入能提前反映汽温变化的信号，如锅炉负荷、汽轮发电机功率等。

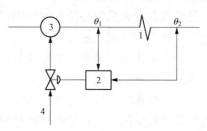

图 7-1　汽温调节示意图
1—某段过热器；2—调节装置；
3—减温器；4—减温喷水

实际运行过程中除了严密监视各级过热器出口汽温特别是出口过热器出口汽温为规定值外，要特别注意监视各减温器后的温度，当各减温器后温度大幅度变化时就应进行相应的调整，如果当过热器出口汽温变化时才作调整，则调温幅度大，汽温也不易稳定。另外，各级减温喷水均应留有一定的余量，正常运行中各减温喷水门均应保持一定的开度，若发现部分减温喷水门开度过大或过小，应及时通过燃烧调节来保证其正常的开度。

2. 再热器汽温控制

再热器汽温的控制，一般以烟气侧控制的方式为主，喷水减温只作为事故喷水或辅助调温手段。

（1）采用烟气挡板控制再热器汽温。采用烟气挡板控制再热器汽温的自动控制系统中，以再热器出口汽温作为主调信号，正常时主要靠烟气挡板来调节再热汽温，并能及时修正烟气挡板开度与汽温变化的非线性关系。低负荷时，烟气挡板不能将再热器汽温维持在给定值，因而在保证一定的过热度的条件下，可适当降低再热器汽温的给定值。为了防止锅炉异常时再热器超温，通过汽温偏差信号使事故喷水阀打开，当再热器汽温恢复正常时，汽温偏差信号消失，事故喷水阀关闭。另外，还引入蒸汽流量导前信号，使烟气挡板能提前动作，以克服再热器汽温的时滞和惯性。

（2）采用烟气再循环控制再热器汽温。采用烟气再循环控制再热器汽温的自动控制系统中，通过实际再热器汽温与给定值的偏差信号去改变烟气挡板的开度，使烟气再循环量相应改变，以控制再热器温度；当再热器超温时，能使再循环挡板关闭，烟气再循环失去调温作用，同时打开事故喷水阀，使再热器汽温保持在规定值范围内。为了防止系统由烟气再循环转入喷水时，喷水门过分频繁动作，降低机组热经济性，故允许汽温存在少量偏差。另外，为了防止高温烟气倒入再循环烟道烧坏设备，当再循环烟气挡板关闭时打开热风挡板，以密封再循环烟道；当再热器汽温回复至正常值时，关闭热风挡板，烟气再循环系统重新投入工作。

（3）改变燃烧器倾角控制再热器汽温。改变燃烧器的倾角即改变炉膛火焰中心高度，借以改变炉膛出口烟温，使炉膛辐射传热量和对流传热量的分配比例改变，从而实现再热器汽温调节，又称摆动式燃烧器调温。采用这种控制方法时，距炉膛出口越近的受热面，吸热量的变化越大。对于接受辐射热较强的再热器采用这种调温方法，再热器汽温调温幅度大，延迟小，调节灵敏，但燃烧器倾角的改变，将会直接影响炉内的燃烧工况，限制了燃烧器上下摆动的幅度，一般摆动角度为±（20°～30°）。当再热器布置在远离炉膛的对流烟道中时，再热器汽温受火焰中心位置的影响很小，再热器汽温的调节与过热器汽温的调节产生较大的矛盾，故不宜采用上述方法。

为了防止由于卡涩，使燃烧器倾角不能正常调节及事故情况下再热汽温超温，同时应设有事故喷水减温系统。

（4）喷水减温控制再热器汽温。喷水减温控制再热器汽温会降低机组的热经济性，一般情况应尽量少用。大容量中间再热机组为了保护再热器，往往还设有事故喷水，但在低负荷时应尽量不用事故喷水，遇骤减负荷或机组紧急停用时，应立即关闭事故喷水隔绝门，以防喷水倒入汽轮机高压缸。

再热器汽温的控制方法很多，不论采用哪种方法进行调节，都必须做到既能迅速稳定汽温，又能尽量提高机组的经济性。

（三）水位调节

水位是锅炉运行中的一个重要参数。它间接地表示了锅炉负荷和给水的平衡关系。维持水位是保持汽轮机和锅炉安全运行的重要条件。

随着锅炉参数的提高和容量的扩大，因下述主要原因对给水控制提出了更高的要求。

（1）汽包体积减小，使汽包的蓄水量和蒸发面积减小，从而加快了汽包水位的变化速度。

（2）锅炉容量的增大，显著地提高了锅炉蒸发受热面的热负荷，加剧了锅炉负荷变化对水位的影响。

（3）提高了锅炉的工作压力，使给水调节阀和给水管道系统相应复杂，调节阀的流量特性更不易满足控制系统的要求。由此可见，随着锅炉向高参数、大容量方向发展，给水系统必然采用自动控制，并且这个给水控制系统非常复杂而完善。

对大容量机组来说多采用由单冲量和三冲量调节系统组成的给水控制系统。单冲量调节系统主要用于锅炉点火、升温升压和带低负荷时。由于此时锅炉汽水流量不平衡，给水与主蒸汽流量测量误差大，投三冲量调节系统有困难，因而投入仅引进水位冲量，根据水位变化调整给水流量的单冲量调节系统。当机组负荷升至额定负荷的25%～30%时，单冲量调节系统自动切至三冲量调节系统，实现给水全程自动控制。三冲量调节系统中的给水流量包括给水流量测量值与一、二级减温水流量。这样，水位信号、蒸汽流量信号、给水流量信号构成三冲量调节系统的三个调节信号，利用蒸汽流量作为先行信号，给水流量作为反馈信号，进行粗调，然后用水位信号进行校正。

投入给水自动控制系统后，也应加强对水位的监视，若水位自动调节失灵，应迅速切换为手动调节。手动调节时应注意以下几点。

（1）运行中应注意"虚假水位"现象。若出现"虚假水位"，应根据产生"虚假水位"的原因及时采取措施处理。

（2）在监视水位时，必须注意使给水流量与蒸汽流量保持平衡，采用双路给水的锅炉，还应注意保持两侧的给水流量一致。

（3）应掌握水位变化的规律和给水调节门的调节特性，达到均匀、平稳，以防水位波动过大。

（4）注意给水压力的变化，防止给水泵工作点落入下限特性区或超压。

（5）在定期排污、给水泵切换及给水系统工况变动、安全阀动作、燃烧工况变动时，都应加强对水位的监视与调整。

（四）燃烧调节

1. 燃烧调节的任务和目的

燃烧调节的任务是在满足外界电负荷需要的蒸汽流量和合格的蒸汽质量的基础上，保证锅炉运行的安全性和经济性。

燃烧调节的目的主要有以下几点：

（1）保证锅炉按设计的汽温、汽压和蒸发量稳定运行，满足汽轮机的需要。

（2）保证着火稳定，燃烧中心适当，火焰分布均匀，不烧损燃烧器、过热器等设备，避免积灰和结焦。

（3）使锅炉运行保持最高的经济性。

（4）保证锅炉安全可靠运行，防止设备损坏。

2. 加减负荷时的燃料量调整

燃料量的调整方法与负荷增减的幅度和制粉燃烧系统的形式有关。

（1）对配有中间储仓式制粉系统的锅炉，在负荷变化不大时，可采用调节给粉机的转速来改变进入锅炉的燃料量。当负荷变化较大，超出给粉机正常调节范围时，则应先采用改变给粉机的运行台数，即投、停给粉机，以大幅度地调整燃料量，对燃烧进行粗调，然后用改变给粉机的转速对燃烧进行细调。但此时应注意燃烧器的运行方式的改变应以保持炉内燃烧中心和稳燃为前提。如运行的燃烧器相隔太远，中间又无油枪助燃，可能导致燃烧不稳定，甚至灭火。这就要求投、停的燃烧器要尽量对称，尽量投下层或中层燃烧器，停运上层燃烧器。

调整给粉机的转速时，应尽量保持同层燃烧器的粉量一致，以便于配风。给粉机转速的调节范围不宜太大。若给粉机转速过高，则不但会因煤粉浓度过大堵塞一次风管，而且容易使给粉机超负荷和引起不完全燃烧；若给粉机转速过低，则在炉膛温度不太高的情况下，由于煤粉浓度小，着火不稳，易发生炉膛灭火。

当投运备用燃烧器时，应先开一次风门至所需开度，对一次风管进行吹扫，待风压正常后，方可启动给粉机，并开启二次风门，观察着火情况是否正常。在停运燃烧器时，应先停止给粉机并关闭二次风门，一次风吹扫数分钟后再关闭一次风门，以防止一次风管内产生煤粉沉积。

（2）对配有直吹式制粉系统的锅炉，若锅炉负荷变化不大，则可通过调节运行制粉系统的出力来满足；当负荷变化较大，则需投、停制粉系统才能满足负荷要求。此时，必须考虑燃烧器组合运行工况的合理性，投运燃烧器应均衡，保持各燃烧器特别是切圆燃烧的燃烧器风粉均匀配合，防止燃烧不均或火焰偏斜。

当增加负荷时，应先增加一次风量，利用磨煤机内的存煤量作为增加负荷开始的缓冲调节，然后增加给煤量；当降低负荷时，应先降低一次风量，然后减少给煤量，以减少燃烧调节的惯性。

为了使锅炉有一定的适应负荷变化和调节汽压的能力，运行的给粉机或给煤机应保持一定的余盘，给煤量调节的速度也不宜过快，以减少对汽温和水位的冲击。

另外，当负荷变化较大，需投、停燃烧器时，对配有直吹式制粉系统的锅炉往往会引起机组负荷、主蒸汽压力和汽温的大幅度波动。这就要求在投、停制粉系统过程中加强对主蒸汽压力的监视，根据主蒸汽压力的变化趋势进行负荷调节。因为炉内燃烧工况的变化，首先反映在主蒸汽压力的变化上，待汽温和负荷大幅度升高或降低后才进行相应的调整必然造成汽温、机组负荷的大幅度波动。当主蒸汽压力变化趋势为向正方向变化时，说明燃料量过剩，需适当减少燃料量；当主蒸汽压力变化趋势为向负方向变化时，说明燃料量不足，应适当增加燃料量，直至主蒸汽压力的变化趋近于零。

3. 正常稳定运行中炉内燃烧工况

正常稳定运行中炉内燃烧工况是否正常，需通过对火焰的观察进行判断。正常稳定燃烧时，炉内具有光亮的金黄色火焰，火色稳定，火焰均匀且充满燃烧室，但不触及四周的蒸发受热面；火焰中心应在燃烧室中部，火焰中心焰色较其他区域明亮；着火点应在距燃烧器不远的地方；火焰中不应有煤粉离析，也不应有明显的星点；炉膛负压稳定。

4. 风量及炉膛负压的调节

在调整燃料量的同时，应相应调整送风机出力和引风机出力，以保证燃烧所需的风量和稳定的炉膛负压。

送风量的大小应与燃料量成比例，以维持最佳的炉内过量空气系数，保持炉内完全充分燃烧。一般过量空气系数随锅炉负荷大小变化而变化，低负荷时过量空气系数较大，高负荷时较小。在运行中可根据空气预热器入口烟气氧量表来修正送风量，有的锅炉还给出了不同负荷时的氧量值。

在机组负荷变化不大时，一般对送风量不作调整，以防止对炉内燃烧造成较大的扰动，当负荷变化较大时，才对送风作相应的调整。

炉膛负压是监视炉内燃烧工况的重要参数。炉膛负压维持过大，会增加炉膛和烟道的漏风，引起燃烧恶化，甚至导致灭火。反之，若炉膛负压维持过小，则部分烟道要向外冒灰，不但影响卫生，还可能烧坏设备。

当炉内燃烧工况发生变化或炉内受热面发生爆破时，必将立即引起炉膛压力发生变化。如磨煤机跳闸或部分燃烧器灭火，炉膛压力要立即向负方向变化；启动磨煤机或投运燃烧器时，炉膛压力要立即变正。

炉膛负压的调节主要是通过改变引风机出力进行的。为避免炉膛出现正压和风量里不足，在增加负荷时，应先增加引风机出力，再增加送风机出力和燃料量；在减少负荷时，则应先减少燃料量和送风量，再减少引风机出力。

5. 燃烧器的运行方式

燃烧工况的好坏，不仅受配风工况的影响，而且与炉膛热负荷及燃烧器的运行方式有关。

为了保持燃烧稳定，在低负荷时要少投入燃烧器，并尽可能投入相邻的燃烧器，使火焰集中。单台燃烧器的热负荷不能太低，因为低负荷时，炉膛内温度低，容易灭火，在必要时可投油助燃。在负荷较高时，应尽可能投入较多的燃烧器。这样做一方面可使燃料最均匀分布，使火焰充满炉膛，避免因局部热负荷过高发生结渣或烧损燃烧器；另一方面使每个燃烧器都有一定的调节余量，以适应负荷变化的需要。

为了保持燃烧在燃烧室中心位置和避免发生火焰偏斜等现象，各燃烧器应尽可能均衡对称地投运，各燃烧器的燃料量、风量应尽可能均匀一致。但有时为了适应锅炉负荷和减少热偏差允许有意识地改变各燃烧器之间的负荷分配和风量配比。

（五）直流锅炉调节特点

直流锅炉没有汽包作为汽水分界面，所以给水量或燃料量单独变化时将引起加热、蒸发、过热三区段受热面积比例的变化，导致过热器汽温的大幅度变化。所以，直流锅炉在运行中要严格地保持给水量与燃料量的比例。

当进行汽压或机组负荷调节时，一般先通过给水量的调节来满足要求，同时调节燃料量，以保证合适的给水量与燃料量的比例，维持汽温稳定。

由于在实际运行中，要严格地保持给水量与燃料量的比例是很不容易的，所以直流锅炉也配有喷水减温装置，用保持燃料量和给水量的比例对过热器汽温进行粗调，用喷水减温作为细调，以严格保证精确的过热器汽温。

为了保证较精确的燃水比，通常在受热面过热区段的起始部分选择一个合适的工况点，用该点的工质温度来控制燃水比，一般称该点为中间点。由于负荷改变时，炉内辐射传热量、对流传热量的比例以及加热热量、过热热量的比例发生变化，所以中间点的温度一般不是定值，而是随机组负荷的改变而改变。

1. 过热器汽温调节

保持燃水比不变，则可维持过热器汽温不变。燃水比的变化是汽温变化的基本原因。当过热器汽温偏低时，首先应适当增加燃料量或减小给水量，使汽温升高，然后用喷水减温方法精确保持汽温。

受不稳定动态过程及过热器管壁金属储热的影响，过热器汽温有较大的迟延，而且越近过热器出口迟延越大，必须用中间点汽温作为超前信号，使调节提前，才能得到较稳定的汽温值。中间点越靠近过热器的入口端，汽温调节的灵敏度越高。中间点的工质状态在维持额定汽温的负荷范围内为微过热状态，其过热度一般要求保持在20℃以上。

2. 汽压调节

汽压调节的任务是调节并保持锅炉蒸发量与汽轮机所需蒸汽量的平衡。对于汽包锅炉，蒸发量的改变主要是通过燃烧调节来达到，与给水量无直接关系。也就是说，在燃烧不变的情况下，只改变给水盘的大小，锅炉蒸发量不会改变。对于直流锅炉，蒸发量由给水量决定，燃料的变化不能直接引起锅炉蒸发量的变化，只有在锅炉给水量变化时才使锅炉蒸发量变化。

当调节给水量以保持汽压稳定时，必然要引起汽温的变化，所以在调压过程中必须校正过热器汽温。

二、汽轮机运行的监视和调整

（一）主蒸汽压力的监视和调整

当主蒸汽温度不变的情况下，进入汽轮机的主蒸汽压力升高的幅度在运行规程规定范围之内时，可提高机组的经济性。因为压力升高可使热降增大，在同样的负荷下进汽流里就会减少，对机组的运行经济性有好处。

但是，如果主蒸汽压力升高超过规定范围时，将会直接威胁机组的安全。因此制造厂及现场运行规程明文规定不允许汽轮机的进汽压力超过极限值。主蒸汽压力过高的危害有以下三方面。

（1）最危险的是引起调速级叶片过负荷。尤其当喷嘴调节的机组第一调速汽门全开，而第二调速汽门将要开启时，调速级热降增大，动叶片上所承受的弯应力也达到最大，而动叶片的弯应力与蒸汽量和调速级热降的乘积成正比，所以即使蒸汽量不超过设计值，也会因热降增大引起动叶片超负荷。

（2）蒸汽温度正常而压力升高时，机组末几级叶片的蒸汽湿度要增大，使末几级动叶片工作条件恶化，水冲刷严重。对高温高压机组来说，主蒸汽压力升高 0.5MPa，最末级叶片的湿度大约增加 2%。目前大型机组末几级叶片的蒸汽湿度一般控制在 15% 以内。

（3）主蒸汽压力过高会引起主蒸汽管道、自动主汽门、调速汽门、汽缸法兰盘及螺栓等处的内应力增高。这些承压部件及紧固件在应力增高的条件下运行，会缩短使用寿命，甚至会造成部件的损坏或变形、松弛。

基于上述理由，当主蒸汽压力超过允许值时，必须采取措施，否则不允许运行。采取的措施有：通知锅炉恢复汽压或开启旁路系统降压，如果机组没有带到满负荷时，可暂时增大负荷加大进汽量。必要时可开启锅炉安全阀，达到降压目的等。

当主蒸汽温度不变，压力降低时，汽轮机内可用热降减少，使汽耗量增加，经济性降低。若调速汽门开度不变，进汽量将成比例地减少，如果汽压降低过多则带不到满负荷。当汽压降低超过允许值时，应通过调整锅炉燃烧及时恢复正常汽压，必要时可降低负荷，减少耗汽量，来恢复正常汽压。

（二）主蒸汽温度的监视

在实际运行中主蒸汽温度变化的可能性较大，而主蒸汽温度变化对汽轮机安全、经济运行影响十分严重，因而要加强对主蒸汽温度的监视。

主蒸汽温度升高，汽轮机的热降和功率会稍有升高，热耗降低，汽温每升高 5℃，热耗可降低 0.12%～0.14%。主蒸汽温度的升高超过允许范围对汽轮机设备的主要危害有以下三方面：

（1）首先使调速级段内热降增加，从而使该段的动叶片发生过负荷。

（2）使金属材料的机械强度降低，蠕变速度增加。如主蒸汽管道和汽缸等高温部件工作温度超过允许的工作温度，将导致设备损坏或缩短部件的使用寿命；使汽缸、汽门、高压轴封等的紧固件发生松弛现象，乃至减小紧力或松脱。这些紧固件的松弛现象，随着在高温下工作的时间增加而增加。

（3）使各部件受热变形和受热膨胀加大，如膨胀受阻有可能使机组的振动加剧。

因此，在运行规程中严格地规定了主蒸汽温度允许升高的极限数值。例如，一般对额定汽温为 535℃ 的机组，允许温度变化 $-10\sim+5℃$。因此，在电网允许的情况下，当主蒸汽温度超过规定时应进行锅炉调整，加强汽轮机监视，同时配合做好各项工作。如果锅炉调整无效，当主蒸汽温度达到停机条件时，应按规程规定停机或紧急停机。

主蒸汽温度降低不但影响机组的经济性，降温速度过快，还会威胁设备的安全，必须果断迅速处理。主蒸汽温度降低的危害主要有以下三方面。

（1）主蒸汽温度下降缓慢时，温度应力不是主要矛盾，但若要保持电负荷不变就要增加进汽量，使机组经济性降低。一般地说，主蒸汽温度每降 10℃，汽耗将增加 1.3%～1.5%，而热耗约增加 0.3%。

（2）主蒸汽温度降低而汽压不变时，末几级叶片的蒸汽湿度将增大，对末几级动叶片的叶顶冲刷加剧，将缩短叶片的使用寿命。

（3）当主蒸汽温度急剧下降时，将使轴封等套装部件的温度迅速降低，产生很大的热应力，汽缸等高温部件会产生不均匀变形，使轴向推力增大。汽温急剧下降时，往往又是发生水冲击事故的征兆。

对于额定汽温为 535℃ 的机组，当主蒸汽温度降至 500℃ 时，应停机；当汽温直线下降 50℃ 或 10min 内下降 50℃ 时，应紧急停机。

（三）再热蒸汽参数的监视

蒸汽从高压缸排出后，经过再热器管道进入中压缸，压力将会有不同程度的降低，这个压力损失，通常称为再热器压损。再热器压损为蒸汽通过再热器系统的压力损失与高压缸排汽压力之比，一般以百分数表示。

在正常运行中，再热蒸汽压力是随蒸汽流量的变化而变化的。再热器压损的大小，对汽轮机的经济性有着显著的影响。

如果发现再热蒸汽压力不正常的升高，说明进入中压缸的蒸汽阻力增加，应及时查明原因并采取相应的措施。如果再热蒸汽压力升高达到安全门动作的程度，一般是由调节和保护系统方面的故障引起的。遇到此种情况，要首先检查中压自动主汽门和调速汽门是否关闭，并迅速采取处理措施，使之恢复正常。

再热蒸汽温度通常随着主蒸汽温度和汽轮机负荷的改变而发生变化。同主蒸汽温度一样，再热蒸汽温度的变化，也直接影响着设备的安全和经济性。

再热蒸汽温度超过额定值时，会造成汽轮机和锅炉部件损坏或缩短使用寿命。

当再热蒸汽温度升高时，最好不使用喷水减温装置。因为此时向再热器喷水，将直接增加中、低压缸的蒸汽量，一方面会引起中、低压缸各级前的压力升高，造成隔板和动叶片的应力增加和轴向推力的增加，另一方面对经济性也很不利。

再热蒸汽温度低于额定值时，不仅会使末级叶片应力增大，还会引起末几级叶片的湿度增加，若长期在低温下运行，将加剧叶片的侵蚀。在运行中，如果发现再热蒸汽汽温下降情况与负荷的变化不相适应，要检查锅炉再热器减温水门是否关闭严密。

（四）凝汽器真空的监视和调整

凝汽器真空的变化，对汽轮机的安全与经济运行有很大的影响。凝汽器真空高即汽轮机排汽压力低，可以使汽轮机减小耗汽量提高经济性。一般情况下真空降低 1%，汽轮机的热耗将增加 0.7%～0.8%。正因为如此，所以对凝汽式机组来讲通常要维持较高的真空。

凝汽器的真空是依靠汽轮机的排汽在凝汽器内迅速凝结成水，体积急剧缩小而造成的。

如排汽冷却而凝结成 30℃ 左右的凝结水，相应的饱和压力只有 4kPa，这时如果蒸汽干度为 90%，每公斤蒸汽的容积为 $31.9m^3$，则蒸汽凝结成水后容积只有 $0.001m^3$；即缩小到原来蒸汽容积的三万分之一左右。汽轮机带负荷运行中，抽气器的作用是抽出凝汽器中不凝结的气体，以利于蒸汽的凝结。

为使汽轮机的排汽能够迅速冷却，需要向凝汽器通入冷却水（即循环水）。若要维持较高的真空，在冷却水温度相同的情况下必须通入更多的冷却水，也即要耗费更多的电量。凝汽器真空分为经济真空（最佳真空）和极限真空。提高真空度将增大机组的输出功率和供水电耗。当净效益（两者之差）最大时的真空值称为经济真空。极限真空，是指受汽轮机末级喷嘴的膨胀能力限制，当真空继续提高时，机组负荷将不再增加的真空值。

汽轮机的真空下降（即排汽室温度升高）时会有如下危害：

(1) 使低压缸及轴承座部件受热膨胀，引起机组中心变化，使汽轮机产生振动。

(2) 由于热膨胀和热变形，可能使端部轴封径向间隙减小乃至消失。

(3) 如果排汽温度过分升高，可能引起凝汽器管板上的铜管胀口松弛，破坏了凝汽器的严密性。

(4) 由于排汽压力升高，汽轮机的可用热降减小，除了不经济外，出力也将降低，还有可能引起轴向推力变化。

在实际运行中，真空下降的原因很多，但经常造成真空下降的原因是真空系统的严密性受到破坏。为保证真空系统的严密性，运行中要定期检查，发现问题及时消除。真空严密性的指标规定为：当负荷稳定在额定负荷的 80% 以上，关闭空气门或停止射水泵 3~5min，凝汽器真空下降速度不大于 0.4kPa/min。

真空下降，应及时采取措施，若真空继续下降，应按规程规定减负荷，直至将负荷减为零。凝汽器真空下降达低真空保护整定值时保护应动作停机。在低真空的条件下运行，对末级叶片或较长叶片，由于偏离空气动力学设计点很远，汽流的冲击或颤动，易使叶片发生损坏。

第四节　给水加热器对机组经济运行的影响

一、给水加热器对发电厂安全经济运行的影响

给水加热器就是利用汽轮机抽汽对给水进行加热的设备。由于采用了抽汽对给水进行加热的方式，锅炉中的传热温差要比用锅炉烟气加热给水小得多，因而减少了给水加热过程的不可逆性，提高了循环效率。另外，将在汽轮机内已作过一部分功的蒸汽抽出来加热锅炉给水，而不进入凝汽器，那么这部分蒸汽在汽轮机中做了功但没有冷源损失，这也就提高了发电厂的热效率。

热力学已证明，无论参数如何选择，给水回热加热总是能提高汽轮机装置的热效率的。所以现代的火力发电厂都设置有给水加热器。无论是凝汽式发电厂或热电厂，采用给水回热加热一般可降低燃料消耗 10%~15%。由于回热循环效率的提高程度在很大范围内决定于回热抽汽的压力和与之相应的给水加热温度，因此，给水回热加热过程主要参数的选择对发电厂的经济性有很大影响。

为提高循环效率而设置的给水加热器，作为发电厂的一种主要辅助设备，其运行状况不

仅影响机组的经济性，还影响到机组的稳发、满发和安全运行。

二、高压加热器投运率的统计计算

1. 高压加热器投运率计算公式

高压加热器投运率的定义是在机组运行时间内，高压加热器参与机组运行时间的百分比。其计算公式为

$$高加投运率 = \frac{高加运行小时数}{机组运行小时数} \times 100\%$$

上式中的机组运行小时数，是从机组并入电网到机组从电网中解列所经历的小时数；高压加热器运行小时数是从高压加热器蒸汽侧阀门全部打开到开始关闭蒸汽侧阀门所经历的小时数。

对于只有整组高压加热器给水大旁路而没有各个高压加热器给水小旁路的高压加热器系统，一个高压加热器故障，机组的整组高压加热器必须停运，机组只有一个高压加热器投运率。对设有小旁路的高压加热器系统，一个高压加热器故障，可以只停这个高压加热器，其他各个高压加热器可以继续运行，各个高压加热器各有其投运率。这时，机组的高压加热器投运率就要按各高压加热器投运率平均计算。例如，某机组年运行 6500h，其 1 号高压加热器投运 2000h，其 2、3 号高压加热器分别运行 6000h 和 5000h，则

$$高加投运率 = \frac{2000 + 6000 + 5000}{6500 \times 3} \times 100\% = 66.67\%$$

在实际统计中，不仅要计算单台机组的高压加热器投运率，有时还需要计算若干台机组的，或一个电厂的，或某一类机组的投运率。这时采取算术平均值的方法来计算与采用加权平均值的方法来计算，会得到不相同的结果。

按照前能源部可靠性管理中心《关于统一使用高压加热器投运率计算方法的通知》的规定，高压加热器投运率统一计算方法如下：

高压加热器投入运行小时数与其相应的汽轮机组（主机）运行小时数之比的百分数称为高压加热器投运率，其计算公式为

$$GJSR = \frac{\sum\limits_{1}^{z} GJSH}{SH \times Z} \times 100\% \tag{7-5}$$

对于若干台机组：

$$\sum\limits_{1}^{z} GJSR = \frac{\sum\limits_{1}^{m}\sum\limits_{1}^{z} GJSH}{\sum\limits_{1}^{m} SH \times Z} \times 100\% \tag{7-6}$$

式中：$GJSR$ 为每台高压加热器的运行小时数，h；SH 为主机的运行小时数，h；Z 为该台机组的高压加热器个数；m 为发电厂或统计区域所统计的主机台数。

2. 几点说明

（1）每个高压加热器运行小时数的规定：当高压加热器不随主机滑启滑停时，按每台高压加热器的进汽门开启至关闭的小时数计算；当高压加热器随主机滑启滑停时，把主机与电网并列、解列的时间作为高压加热器进汽门开启、关闭的时间。

（2）主机的运行小时数按主机与电网并列至解列的小时数计算。

（3）统计计算高压加热器投运率，同时应测定记录给水温度。

三、高压加热器停运对机组煤耗影响的计算

如上所述，火力发电厂设置给水加热器的目的是降低热耗，提高热效率，降低煤耗。除了在电厂设计时要做详细的优化计算外，发电厂在运行中也要考虑各给水加热器对机组经济运行的影响，尤其是要考虑高压加热器停运对机组热耗和煤耗的影响。通过计算和考核，明确在高压加热器上进行优化或改进，能得到多少经济效益，以促进工作。

高压加热器对机组经济性的影响可以从两个方面进行分析：

（1）汽耗量变化。当机组输出功率不变时，高压加热器投运后，由于抽汽只做了一部分功即被抽出加热给水，因此汽耗量将增加。

（2）单位蒸汽在锅炉内的吸热量由于投高压加热器后给水温度升高而降低。因此，投高压加热器后汽轮机的热耗量减少。表 7-1 列出了一些机组不投高压加热器时的热耗、煤耗增加值。

表 7-1　　　　　　　　　　一些机组不投高压加热器时的热耗、煤耗增加值

机组型号	给水温度（℃）	热耗增加（%）	标准煤耗增加（g/kWh）	每年多耗标准煤（g/kWh）	发电标准煤耗（g/kWh）
N6-35-1	164.5	1.0	4.8	200	480
N12-35-1	164.6	1.9	8.5	715	450
N25-35	164.2	3.5	15.0	2630	430
51-50-3	169.5	2.33	8.4	2940	360
N100-90/535	222.0	1.9	7.0	4900	360
N125-135/550/550	239.0	2.3	7.4	6500	320
N200-130/535/535	240.0	2.57	8.3	11 600	320
N300-165/550/550	263.1	4.6	11.0	29 400	310

根据 1990 年 4 月前能源部电力可靠性管理中心确定的高压加热器停运时比高压加热器运行时热耗和煤耗增加值的计算方法进行高压加热器停运对机组煤耗影响的计算。计算公式如下：

（1）机组的热耗率：

$$HR_{cp} = \frac{d_0 \left[(h_0 - h_{fw}) + \alpha_{rh} \Delta h_{rh} \right]}{\eta_b \eta_p} \tag{7-7}$$

式中：HR_{cp} 为机组热耗率，kJ/kWh；h_0、h_{fw} 分别为主蒸汽焓值和给水焓值，kJ/kg；d_0 为机组汽耗率，kg/kWh；α_{rh} 为再热蒸汽份额；Δh_{rh} 为再热焓升，kJ/kg。

（2）机组的热效率：

$$\eta_{cp} = \frac{3600}{HR_{cp}} \tag{7-8}$$

（3）机组的发电标准煤耗率：

$$b^s = \frac{3600}{29270 \eta_{cp}} \tag{7-9}$$

（4）机组的供电标准煤耗率：

$$b_n^s = \frac{3600}{29\,270\eta_{cp}(1 - \zeta_{ap})} \tag{7-10}$$

式中：ζ_{ap} 为厂用电率。

（5）发电煤耗差：

$$\Delta b^s = b^{s\prime} - b^s \tag{7-11}$$

式中：$b^{s\prime}$ 为变化后的发电标准煤耗率，g/kWh。

（6）供电煤耗差：

$$\Delta b_n^s = \frac{b_n^{s\prime} - b_n^s}{1 - \zeta} \tag{7-12}$$

综上所述，高压加热器停运后，机组供电标准煤耗率的增加值，200MW 机组约为 13g/kWh，300MW 机组约为 18g/kWh，该数值可作为一般应用参考。若对电厂某一机组，要求有准确数值，可以结合实际运行参数，参照上述方法，进行详细计算或测定。

四、给水温度与热耗的关系曲线

制造厂提供的给水温度与机组热耗的关系曲线是一条直线，对于不同机组，这直线的斜率往往是不同的。例如，华能大连发电厂日本进口 350MW 机组的实际给水温度和设计温度差值与机组热耗修正的关系曲线如图 7-2 所示。若给水温度与其设计值相差±10℃，则热耗与其设计值相差 0.25%。

哈尔滨汽轮机厂制造的 200MW 机组提供的实际给水温度和设计温度差值与机组热耗修正的关系曲线如图 7-3 所示。该机组设计给水温度 240℃，不投高压加热器时，给水温度为 160℃，热耗增加 2.6%，即给水温度与其设计值相差±10℃时，其热耗与其设计值相差 0.325%。

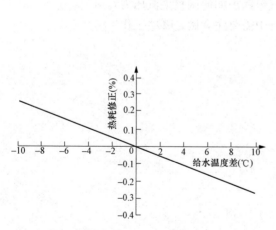

图 7-2 350MW 机组热耗修正和给水温度差的关系

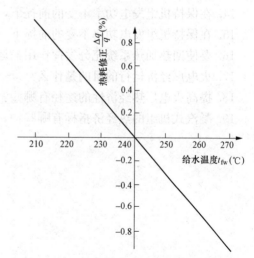

图 7-3 200MW 机组热耗修正和
给水温度差的关系

给水温度可在现场实际测得，假定机组热耗性能符合设计性能，根据修正曲线，就可计算出设计热耗值，可以与实际测得的热耗值比较，再根据上述计算方法，可以计算出供电标准煤耗率的增加值。

练 习 题

1. 发电厂有哪些经济指标？其定义是什么？

2. 热电厂有哪些经济指标？其定义是什么？

3. 单元机组的运行报表包括哪些技术参数和经济指标？

4. 按时间序列编排的运行报表可以用来开展哪方面的分析？

5. 哪些参数与运行安全性有关？哪些参数与运行经济性有关？哪些参数属于可控参数？

6. 如何判断主蒸汽管道暖管已经充分？

7. 如何判断汽轮机暖机已经完成？

8. 如何判断盘车已经充分？

9. 试定性说明，在给定发电功率并处于功率控制运行方式下，汽轮机耗汽量、送风机耗电量、引风机耗电量、凝结水泵耗电量和循环水泵耗电量随循环冷却水量变化（增加或减少）的变化趋势（增加或减少）。

10. 试定性说明，某回热加热器水位升高埋没了部分受热面管之后，对机组热经济性的影响，以及端差、出口水温、疏水温度、回热抽汽量、回热做功量和汽轮机排汽量的变化趋势。

11. 对于仅设一级扩容回收的连续排污系统，连续排污扩容蒸汽流入哪一级回热加热器热经济性最高？

12. 如何判断高压加热器水旁路是否漏泄？

13. 如何判断汽轮机高压旁路或低压旁路是否漏泄？

14. 在保持机组发电功率不变的前提下，直流锅炉如何调整主汽压力？

15. 在保持机组发电功率不变的前提下，汽包锅炉如何调整主汽压力？

16. 要使回热加热系统充分发挥作用，运行中需要注意做好哪些工作？

17. 火电厂经济运行的目的是什么？

18. 提高火电厂热经济性的途径有哪些？

19. 凝汽式机组的热经济指标有哪些？

第八章　典型火电厂运行优化系统

火电厂的运行优化系统，大部分都是通过计算机组系统或单独的实时性能参数，并与对应负荷下的设计值进行比较，观察机组或设备是否运行在最优点，给出实际值与设计值偏差，评估此运行状态的经济性指标，发现问题并相应对机组及设备采取措施。各种软件间差异较大，主要是功能涉及的范围和深度不同。由于在我国的机组运行中，发电运行部门与效率分析统计部门间的职能差别，另外电厂将机组运行的安全性放在第一位，而对机组运行经济性的管理并不是很重视，这种软件使用起来并不是很方便，因此目前在国内的机组上运行成功并具有实际指导意义的并不多。例如，ABB 公司的以模型为基础的诊断模块 Optimax-MODI 系统，其运行的环境与平台集成在 INFI-90DCS 上，进入本系统需要热工人员的钥匙和口令，同时，要煤质分析人员不断的录入煤质分析数据。总之，提供给运行人员的不是一个直观的界面，并且对应提出的优化措施并不能提供给运行操作人员，与统计及运行效率管理的部门存在系统软件平台的差异，所对应的数据资源无法实现共享，在实时性很强的在线应用中，系统的作用大打折扣。

电站计算机性能诊断系统是对以往传统的电站热工过程试验方法的一次革新。首先，不同于传统的热工试验需要在现场调试和整定电站参数，它只需要在计算机上简单地组合模型和配置模型参数，便可以仿真得到热工试验的所有数据结果，并能针对试验结果进行热力系统的仿真与性能分析。从某种意义上说，这种计算机试验研究系统就是虚拟现实技术在工程中的应用。这种研究系统的灵活性、开放性以及经济性是传统热工试验方法无法比拟的。其次，该系统不仅可以作为热工人员专业技术培训的平台，其更重要的价值在于能够为热工专业技术人员提供电站设计、试验、开发研究的实时环境，对实际电站的各种工况进行分析，通过试验为实际电站运行提供咨询和指导，这是培训仿真机所不具备的。

第一节　大型火电机组性能分析系统 XPAS

目前，国内大型火电厂和机组基本实现了控制系统的 DCS 化，一股"DCS"的浪潮正在席卷各种类型的电厂和机组。在电厂和机组计算机控制的基础上，越来越多的电厂开始重视运行经济性问题，优化运行逐步成为电厂运行管理的一项重要内容。

性能计算是 DCS 的一个重要功能，但是传统的性能计算功能主要是为生产管理服务的，对计算的实时性要求不高（通常是 10min 或更长时间计算一次），而且除了性能计算功能之外，没有性能分析和运行指导功能。显然这样的性能计算功能对优化运行的指导作用是非常有限的。

随着计算机技术的迅速发展，以新型 DCS 平台（如新华公司的 XDPS-400 系统）为基础，完全可以实现性能计算以及更复杂的分析和计算功能的实时在线计算。以实时在线性能计算功能为基础开发出的性能分析系统，与 DCS 结合在一起，将能够更充分的发挥 DCS 的潜力，使 DCS 发挥优化运行的作用。新华公司"大型火电机组性能分析系统" XPAS 是新华公司在 XDPS 系统基础上开发的面向运行的软件系统。该系统提供了性能计算、能损分析、故障诊断和运行指导三种分析和诊断功能，是电厂辅助优化运行和优化管理的有效工具。

一、XPAS 系统的指标计算功能

DCS 配置 XPAS 的指标计算软件后，能提供机组及主要辅机的性能值和机组性能的长期变化趋势。利用此功能，运行人员和管理人员将能够知道机组当前运行的性能指标；通过 DCS 的报表功能和历史记录功能，管理人员能够知道各个运行班组的平均运行性能指标和机组性能的长期变化趋势，为运行考核和设备维修提供依据。性能计算功能提供了许多不能直接测量的机组和主要设备的性能指标：

（1）机组性能如机组热耗率、汽耗率、循环热效率、厂用电率、发电煤耗、供电煤耗等。

（2）锅炉性能如燃烧效率、排烟热损失和其他各项燃烧损失等。

（3）空气预热器性能如空气预热器漏风率、烟气侧效率、空气侧效率等。

（4）汽轮机性能如汽缸进汽流量、排汽流量、效率、输出内功、低压缸排汽干度、低压缸排汽焓等。

（5）小汽轮机和给水泵性能如小汽轮机效率、给水泵效率、给水泵给水焓升等。

（6）加热器性能如进汽流量、端差、抽汽管道压损、给水焓升等。

（7）除氧器性能如进汽流量、抽汽管道压损、过冷度等。

（8）凝汽器性能如过冷度、传热端差、循环水温升、传热系数、清洁度系数、循环水流量（热平衡法计算）等。

二、XPAS 的能损分析功能

XPAS 的计算功能提供了机组的当前性能值，但是运行和管理人员并不能知道在满足机组当前发电量指标前提下的可能最佳性能指标，也不知道各参数偏差对于性能指标偏差（最佳性能指标与当前性能指标之差）的贡献量（称为能损），优化运行和安排检修仍然无从下手。能损分析功能试图解决这个问题，它是为优化运行和优化设备检修而开发的软件。首先，性能分析系统的能损分析模块计算出当前机组的标准工况（此工况为与当前机组总给水流量相同情况下机组可能的最佳性能工况）；然后将机组的当前运行工况与这个标准工况相比较，利用等效热降理论计算出具体参数偏差对于性能指标偏差的贡献（参数偏差引起的能损），这样运行人员可以有针对性地进行运行调整，管理人员可以有针对性的安排检修，达到优化运行和优化设备检修的目的。

能损分析项目有以下内容：

（1）主蒸汽压力偏差引起的能损。

（2）主蒸汽温度偏差引起的能损。

（3）再热蒸汽温度偏差引起的能损。

（4）过热器喷水减温引起的能损。

（5）再热器喷水减温引起的能损。

（6）加热器端差增大引起的能损（各个加热器）。

（7）管道散热增大引起的能损（各个抽汽管道、主蒸汽管道、再热蒸汽管道、主给水管道）。

（8）管道压损增大引起的能损（各个抽汽管道、主蒸汽管道、再热蒸汽管道、主给水管道）。

（9）凝汽器真空降低引起的能损。

（10）凝汽器过冷度增大引起的能损。

三、XPAS 的故障诊断和运行指导功能

XPAS 的能损分析模块能够实时定量算出各种参数偏差引起的能损，但是能损的产生可能是由于运行的原因所引起，也可能是由于设备的原因所引起。当机组运行时，参数的变化可能是某种事故的先兆。如何区分是运行原因引起的能损还是由于设备原因引起的能损？如何通过运行调整减小能损？设备引起能损的可能原因是什么？参数变化可能是哪种事故的先兆？定位故障后应采取什么处理措施？XPAS 的能损分析模块试图回答这些问题。该模块包含以下内容：

（1）运行指导和设备状况诊断指导。给出参数偏差引起能损增加的可能原因和解决方案。

（2）故障预报、故障诊断和故障处理指导。参数变化所表征的设备故障，有经验的运行人员可能较早发现。但由于机组运行时需要监测的参数很多，或由于运行人员的疏忽，都有可能不能及早发现故障。利用计算机软件辅助故障预报和故障诊断是解决这个问题的有力工具。计算机软件还能够提出故障处理的指导性意见，起到"运行专家"的作用，减轻真正运行专家的劳动强度，这更是一般人力所不及的。

该模块利用专家系统原理，吸收了许多电厂运行专家的知识。为使得软件更为"人性化"、更为切合具体机组的实际，可以将具体机组的炉、机、电运行规程的相关内容都做进软件中，并按照具体电厂专家的意见设计人机界面。

四、XPAS 系统的优点和与 MIS 系统的区别

（1）XPAS 系统是面向运行的软件系统，与 MIS 系统面向管理的开发取向不同。

（2）XPAS 系统是在新华公司 XDPS 系统基础上开发的软件系统，其分析和计算结果可在所有 DCS 操作员站上调阅，直接起到指导运行的作用；MIS 系统只能从 DCS 获取数据，不能直接指导运行。

（3）XPAS 系统秉承了新华公司 XDPS 系统软件的全部优点（实时性、灵活性、易学习性、自主知识产权），适用于新华公司 XDPS 的 DCS，也可适应其他的 DCS。

第二节　发电厂实时信息分析与运行优化系统（SIS）

基于发电厂实时数据库平台开发的发电厂实时信息分析与运行优化系统（SIS），可以与该发电厂其他一些管理子系统实现数据连接，通过切合企业自身特点的功能模块帮助企业生产解决切实问题。

（1）主要技术经济指标的计算。帮助核定计算机组总体参数、锅炉效率、排烟热损失及汽轮机循环方面的参数计算等。

（2）机组运行可控损失分析。系统先根据外界条件计算参数应达的最佳值，再根据实际值和最佳值之差计算可控参数偏离最佳值引起的可控损失。

（3）设备健康状态分析。该功能主要反映设备的当前状态，为检修提供必要的信息。

（4）机组关键性能指标变化趋势分析。对关键指标以趋势图反映它们的变化情况，为跟踪机组性能及运行质量的变化提供依据。

（5）浓缩的机组运行日报。传统的运行日报是运行人员对一些运行参数每隔一小时记录一次，没有真正反映机组总体性能优劣的煤耗率、热耗率等参数。结合 PI 系统进行能损分析后则不同了，将运行人员关心的一些关键参数，如供电煤耗率、发电煤耗率、锅炉效率、汽轮机热耗率以及各项可控损失汇总成浓缩后的运行日报，并计算出各参数的小时平均值、班平均值、日平均值，对运行人员一目了然，同时也为计划处、生产处进行运行考核、经济活动分析、制定生产计划提供科学依据。

（6）汽轮机在线热力试验。过去由于热力试验需投入较多的人力、物力，一般只在大修前后为了检验检修效果进行此项试验。该系统可以随时进行热力试验，并且可以进行参数的自动修正及热力试验报告的自动编制与打印。

（7）各班运行质量考核。系统通过各班在 8h 内累计的运行可控损失来考核各班运行质量的好坏，加强了考核的科学性，也为运行人员的奖惩提供了依据。运行质量考核结果可以通过报表得到反映。

（8）运行优化与指导系统。由于外界负荷、煤种的不断变化，这就要求不断对机组进行调整以适应此变化。然而由于机组系统构成复杂，可采用的调整方案和与运行方式很多，究竟采用哪一种方案最优，过去往往是通过运行人员的经验或简单地按运行规程进行。有了该系统以后，可以帮助运行人员找到最优的操作方案。

（9）机组耗量特性的在线确定。过去由于缺乏先进的计算机监测系统，难以提供实时准确的机组耗量特性曲线。目前，通过该系统可以实现以一天为一个周期，提供最新的机组耗量特性曲线，为最优经济调度提供科学依据。

系统投用后，弥补了工厂的信息断层，将分散的信息资源集成起来，尤其是将管理系统和控制系统的信息有机地结合起来，形成了真正意义上的全厂实时生产信息系统集成。厂领导和各级管理人员、技术人员、操作工都可以随时察看生产现场的重要参数，通过 PI 的 ProcessBook 察看总流程图，可以对整个工厂的生产情况一目了然。有关人员通过 PI 的 DataLink 软件可以在 Excel 中直接调用生产数据，大大提高了报表和数据计算的效率以及准确性。通过对工艺历史数据的分析对比，工艺工程师以及工艺专家可以对生产情况进行分析，找出生产瓶颈，提出解决方案，优化生产，提高效益；通过该系统，设备工程师可以分析设备过去的运行状况，提供设备检修计划，最大限度地发挥设备潜力。通过该系统，可以有效监督公用系统的运行状态，减少浪费，及时发现问题，避免大的隐患。

一、SIS 系统概述

厂级监控信息系统（Supervisory Information System in plant level，SIS）是处于火电厂集散控制系统（DCS）以及相关辅助程控系统与全厂管理信息系统（MIS）之间的一套实时厂级监控信息系统。SIS 系统以机组的经济性诊断、厂级经济性分析、厂级负荷分配以及机组的经济运行为主要目的。SIS 系统是实现火电厂信息化、知识化的重要环节，实时性、厂级分析与优化经济运行是 SIS 系统的突出特点。SIS 系统的实时性体现在 SIS 系统实时分析机组的运行参数，通过系统强大的数据挖掘、数据处理与优化的功能，对机组乃至全厂的运行状况进行准确的分析、诊断与优化；SIS 系统的厂级特性体现在 SIS 系统涵盖了全厂的

DCS 数据信息以及辅助控制系统的数据信息，并在分析全厂运行经济性的基础上，实现全厂的运行优化。SIS 系统是一个以提高机组乃至全厂运行经济性为目的的信息系统，它不仅要对设备、机组乃至全厂的运行经济性进行准确的诊断，SIS 系统的高级应用模块和子系统还为提高运行经济性提供了有效的技术手段。

二、SIS 系统完整的解决方案

SIS 系统完整的解决方案包括以下三个重要组成部分：

（1）稳健的实时数据平台。

（2）设备、机组、全厂三级经济性诊断。

（3）以优化经济运行为目的的高级应用模块和子系统。

1. 稳健的数据平台

SIS 系统采用 1000Mbit/s 的以太网作为信息传递和数据传输的媒体，主干网的通信介质和各下层控制系统与主干网的连接采用光纤，各功能站与网络的连接采用双绞线或光纤，网络连接设备选用网络交换机。SIS 系统网络拓扑结构如图 8-1 所示。

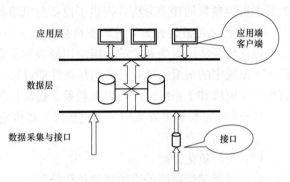

图 8-1　SIS 系统网络拓扑结构图

过程实时信息数据库服务器要求具有较大的存储容量和先进的数据压缩方式，用于保存所有生产过程的实时数据和 SIS 系统对这些数据的计算、分析结果，使全厂的运行管理和经营管理建立在统一的过程数据基础上。

作为面向生产过程的信息系统，数据服务是其一个非常重要的功能，它要求 SIS 不仅能将全厂生产过程的实时数据采集上来，还要将它们以其基本形式（控制系统采集的时间间隔、精度等）保存下来，并且满足不同的授权用户和应用程序为实现不同目的而进行的各种调用，可以满足如下功能：

（1）服务器采用标准的 Microsoft 集群技术和 Microsoft 负载均衡技术。

（2）系统采集包括与 SIS 联网的所有系统的实时数据，所采集的模拟量点的精度均为实数，开关量点均为 2 字节整数，完全能够满足任何工程要求。

（3）存储时，近期数据进行线性数值压缩，以保证解压缩恢复时间小于 15ms；远期数据进行非线性压缩，以提高存储效率。"近期"和"远期"时间长短可以根据用户的服务器硬盘大小进行调整。实践证明，当用户硬盘为 12GB 时，"近期"可以取值为 1 年，"远期"可以取值为 10 年。服务器硬盘至少为 20G，"近期"取值可以为 4 年，"远期"取值超过 10 年。其中，"近期"和"远期"数据全部是在线保存的，从而满足基于历史数据工况分析的需要。

（4）数据库服务器的硬盘系统采用业界广泛采用的标准的 RAID5 级 SCSI 冗余磁盘阵列，阵列中的任意一个硬盘失效完全不影响系统的正常运行。

2. 经济性诊断

经济性诊断是 SIS 系统的基本功能，电厂的经济性诊断包括厂级性能计算、机组性能计算以及基于耗差分析的设备、机组的经济性诊断。耗差分析分为两个步骤：首先是通过等熵焓降法或循环函数法分析机组参数对机组效率的影响，从而确定该参数对机组运行经济性的影响程度；其次，耗差分析工具还能够在线分析由实际运行工况与理想工况之间的偏差给机组运行经济性带来的定量耗差。机组的运行模式是影响机组运行经济性的重要因素，机组的运行工况可以分为可控参数和不可控参数两大类，可控参数包括锅炉排烟温度、飞灰含碳量、过热器喷水、再热器喷水、过热蒸汽温度和压力、再热蒸汽温度以及凝汽器真空等；不可控耗差包括再热器压损、空气预热器漏风、高、中压汽缸的效率、轴封漏汽量、凝汽器过冷度、加热器端差等。可控参数的耗差分析是优化机组运行工况、有效降低可控耗差和提高机组运行经济性的基础。在可控耗差分析的基础上，通过运行操作指导与闭环反馈控制两种模式，SIS 系统提供了高级应用模块及子系统，有效地降低了可控耗差。SIS 系统还通过可控及不可控参数的耗差分析，提供了设备与机组状态诊断的重要工具。

3. 以优化经济运行为目的的高级应用模块和子系统

以优化经济运行为目的的高级应用模块和子系统是 SIS 完整解决方案中的重要环节，大陆 SIS 系统中的机组的耗差分析与厂级性能计算是以经济性诊断为主要目的的应用模块，而高级应用模块和子系统是降低可控耗差、提高机组乃至全厂运行经济性的重要工具。

SIS 系统完整解决方案中主要包括以下高级应用模块与子系统：

（1）机组工况优化。

（2）全厂负荷分配。

（3）基于神经网络的锅炉燃烧优化控制。

（4）优化吹灰。

（5）凝汽器状态诊断与经济运行。

（6）循环水水务管理。

（7）制粉系统经济运行。

三、SIS 高级应用系统功能介绍

1. 机组工况优化

机组工况优化是提高机组运行经济性的关键环节，以往通常的做法是以设计工况作为理想工况，由于机组的制造误差、特性的变迁以及煤质的变化等因素的影响，一方面设计工况并不一定是机组的最优工况，另一方面，设计工况并不一定是机组的能达最优工况。机组的能达最优工况是指在机组当前条件下，在均衡锅炉效率、汽轮机效率、厂用电以及大气污染物排放等多种经济性指标的前提下，利用各种优化方法得到的最优运行工况。这里，我们综合利用热力实验、基于神经网络的多变量机组静态特性模拟、动态特性模拟、以及遗传算法等先进的优化方法对机组的运行工况进行优化，以寻求机组以综合经济效益为目标的能达到的最优工况。

2. 全厂负荷分配

全厂负荷分配建立在对机组运行特性的综合分析基础之上，系统通过机组的实时运行数据，对机组运行的负荷—效率曲线进行动态回归，对机组燃烧特性、动态响应特性进行在线分析。全厂负荷分配系统在综合机组负荷—效率特性、低负荷稳燃特性以及机组负荷跟随动态响应特性基础上，通过全厂机组间的负荷优化分配实现全厂经济运行、安全运行，并实现 AGC 的快速跟随，保证全厂的供电品质。

3. 基于神经网络的锅炉燃烧优化控制

锅炉燃烧优化是降低炉侧可控耗差的重要技术手段，锅炉燃烧优化控制系统是以提高锅炉燃烧的经济性、降低大气污染物排放为目的的高级应用系统。锅炉燃烧优化控制系统是一套闭环反馈控制系统，系统基于锅炉可控参数反馈（如飞灰含碳量、排烟温度、氮氧化物排放等），利用基于神经网络的多变量非线性预测控制方法，通过对锅炉燃烧操作变量（例如，一次风、二次风等）的优化闭环控制，实现锅炉经济运行。

4. 优化吹灰

吹灰对机组运行经济性的影响有很多方面：积灰会影响锅炉受热面的正常换热，使排烟温度升高，进而影响锅炉的运行效率；过度吹灰不仅会造成大量的能量损耗，而且还会损伤锅炉受热面。优化吹灰是在综合分析锅炉运行效率、吹灰能量损失以及锅炉受热面损伤的基础上，通过实时的积灰诊断与吹灰自学习控制实现吹灰系统的优化运行。吹灰优化系统通过对吹灰过程的监控，可以分别对锅炉各个受热面的吹灰过程进行优化，与吹灰程控系统构成闭环控制。

5. 凝汽器状态诊断与经济运行

凝汽器的状态诊断与经济运行包括凝汽器的状态诊断、循环水系统的经济运行两个主要环节。凝汽器的状态诊断是凝汽器运行优化的基础，SIS 系统利用基于神经网络的软测量技术，通过对凝汽器实时运行数据的动态分析与诊断，实现了凝汽器清洁系数与空气渗入的分离与实时诊断。凝汽器的状态诊断一方面为凝汽器的经济运行提供了基础数据，另一方面通过凝汽器状态诊断可以实现胶球清洗系统的优化运行，并实现真空系统的状态检修。循环水系统的经济运行建立在凝汽器状态诊断的基础之上，以寻求汽轮机效率、循环水泵厂用电、循环水蒸发损失等多目标综合经济性最优为目的的实时优化决策系统。这里采用了基于凝汽器状态诊断的凝汽器神经网络多变量特性模型以及有效的实时优化方法。

6. 循环水水务管理

循环水水务管理系统通过建立循环水蒸发模型、通过对循环水系统的实时水量、水质数据分析，建立循环水系统的动态水平衡，从而实现循环水系统的状态诊断、动态水量预测，为冷却水塔的管理、循环水补给水系统的经济运行以及循环水排污控制提供优化运行指导。

7. 制粉系统经济运行

制粉系统运行优化建立在煤质可磨特性分析、制粉系统状态诊断以及锅炉燃烧特性分析的基础之上，是寻求锅炉效率与磨煤机电耗综合经济效益最佳的制粉系统经济运行模式的高级应用系统。大部分 SIS 系统提供了从煤质可磨特性分析、煤粉细度实时检测到制粉系统的状态诊断与经济运行的完整解决方案。

第三节　火电厂经济运行决策支持系统

火力发电厂经济运行主要指在保证安全性和供电质量的前提下，在电能生产过程中以经济性为主要目标，使总的运行费用最小。其决策支持系统指根据生产过程的实时数据信息为安全和经济运行提供决策分析。

一、系统简介

火电厂经济运行决策支持系统是一套集生产运行、经济管理于一体的集成化决策支持系统。它以企业内部网为依托，以能损分析、成本管理和辅助决策为核心，在对大量生产、经营实时和历史数据信息进行有效组织和控制，运用最新的计算机、优化控制、人工智能、数据库仓库等技术实现了生产经营指标动态分析的功能，在保证电厂安全生产的前提下，实现经济运行，降低机组的煤耗率，提高机组的运行的经济性，同时为电厂的运行人员和领导的生产决策提供全面、真实的依据。火电厂经济运行决策支持系统包括五个子系统：

（1）经济运行辅助决策系统。及时准确地生成各种报表及技术经济指标和效益分析，使有关部门及时了解生产情况，以指导生产。并及时、准确地为厂级领导及各级管理人员提供生产、综合分析和辅助决策信息。包括：实时数据采集、实时数据显示、生产统计、运行管理、综合查询等模块。

（2）经济指标竞赛系统。为了提高电厂运行的经济性，在操作管理方面，对主要经济指标进行考核，在运行各值之间进行竞赛评分，压红线运行。

（3）在线能损分析系统。锅炉能损分析：排烟损失计算与分析，化学不完全燃烧损失计算与分析，机械不完全燃烧损失计算与分析，散热损失计算与分析，灰渣物理热损失计算与分析，锅炉热效率，过量空气系数计算和漏风计算等。汽轮机能损分析：热力系统计算，机组等效热降计算，热系统设备的定量分析，热力系统的定量分析。

（4）燃料优化管理系统。加强燃料管理是节能降耗的关键，在燃料管理方面，从计划、组织、运输、计量、质量验收、质价审核、存储盘点直至配煤进行科学的管理，可提高燃料质量，降低燃料成本和消耗，在保证安全经济运行的基础上，提高总体经济效益。

1）计划管理。根据发电的实际需要，参考库存燃料的实际情况以及去年燃料的供应情况，合理制订出年度计划和月计划，并对计划的实施进行跟踪分析。

2）检斤管理。按车次记录进厂的燃料情况，对于有轨道衡的提供数据接口。并且和发货单的数据进行比较计算。同时，根据矿别和煤种（油在此可看作煤种的一种）自动给出采样密码，使化验时消除人为因素。

3）化验管理。对入厂煤和入炉煤进行化验分析，并给出化验结果作为核算的依据，包括入厂煤和入炉煤的采样、制样和化验管理。

4）统计分析。对燃料的库存、消耗进行统计，由此可知燃料当月和当日的状况以及燃料的消耗情况。包括进煤、油数据处理、燃料耗用数据处理、燃料库存和盈亏情况统计以及入炉煤计量数据统计。

5）合同管理。检索以往的燃料合同，录入新合同，对合同进行修改，对于作废的合同作上标记，查询已有合同有关的情况，并对合同的执行情况进行统计分析。

6）核算管理。根据检斤和化验的情况以及所对应的合同结算燃料价格。并按月统计入厂和入炉的燃料价格情况。

7）经理查询。提供燃料管理部门领导对整个燃料情况进行多方位的综合查询，随时了解燃料的运行状况。下设计划合同查询、检斤化验查询、核算查询。

8）系统维护。系统维护包括对各种数据库表的维护，记录的删减。下设数据的录入、数据的修改、数据的删除和数据的备份。

（5）竞价上网分析决策系统。竞价上网分析决策系统包括实时发电成本分析和上网报价辅助决策。实时发电成本分析系统能根据实时采集程序采集的数据，计算出发电厂的实时成本，使发电厂在作报价时心中有数。上网报价辅助决策系统依据实时成本，结合调度发布的全网负荷，应用经济学原理为企业的报价提供多种各有侧重的报价建议。

二、参数的实时计算和显示

通过系统的人机界面，可以实现对参数测量值、参数基准值、机组性能参数计算值、各参数的耗差值等进行动态的实时显示。

1. 基准曲线的获得及实时显示

通过对设计数据、历次试验数据尤其是机组的循环效率试验数据，以及运行统计数据的分析和整理，获得了参数的基准曲线，并在实时系统的人机界面上实现基准值的实时显示。如机组供电煤耗、锅炉效率、高压缸效率、中压缸效率、主汽压力、主汽温度、热再温度、汽轮机真空、排烟温度、锅炉出口氧量、再热器压降、各级回热加热器的上端差和下端差等。随着优化工作的深入，基准曲线将不断得到充实和完善。

2. 机组性能参数的在线检测

利用在线性能计算软件，对机组的供电煤耗、汽轮机热耗、厂用电率、锅炉效率、汽轮机高压缸效率、中压缸效率、各级回热加热器的上端差和下端差、抽汽量等性能参数进行实时计算，并把计算结果送到 MIS 网，实现动态显示。

3. 耗差计算结果的在线检测

参数偏离基准以后，对经济性的影响以耗差的形式显示在监视器画面上，用以指导运行人员对运行参数的调节可控制，确保机组能始终在最佳工况下运行。

三、优化操作指导

利用在线能损分析系统，可以对运行人员的调整操作进行在线指导。即通过偏差控制和耗差控制，达到经济运行的目的。运行操作优化的核心是耗差分析（或称能损分析）。通过耗差计算，对机组的运行总耗差进行分割、解剖，找出机组能量损失的分布情况，给出各项损失的大小及其原因，并进行正确的调节指导。

1. 偏差控制

参数（运行参数和性能参数）的基准值、运行实际值以及两者的偏差值同时显示在计算机画面上，集控人员根据偏差的大小，及时进行调整，使机组在电厂已有设备条件下保持最佳工况运行。

2. 耗差计算及耗差指导

耗差分析（在线能损分析）给出了机组能量损失的分布情况和大小，是提高运行经济性的核心技术，是火电机组节能技术从粗放型向科学精细型转变的根本方法。

四、优化运行分析手段

运行工程师和有关技术人员可以通过查阅实时数据，参数的波幅监视（通道监视），结合历史数据查询和相关分析，实现运行分析的优化功能。具体地说，主要有以下几个方面：

1. 实时数据分析

对运行参数、性能参数（尤其是耗差数据）的查阅，找出异常现象，及时分析其深层原因，并提出相应的处理意见。

2. 重要参数的波幅监视

根据运行统计规律，对一些重要参数的波幅随负荷的变化情况进行统计分析，做出波峰基准曲线和波谷基准曲线。把这两条曲线输入计算软件，计算出波峰和波谷的基准值，并把计算结果送至实时显示画面。这样，在实时画面上就有了一个由波峰和波谷的基准值形成的通道，运行人员只要监视某一参数的实际运行值是否在这个通道内波动，就可以进行直观的判别。如实际值在波峰线以上波动，应及时分析原因，并作相应的调整处理。

3. 趋势分析

利用实时系统的历史曲线画面，对运行参数（包括性能参数）进行实时、历史趋势分析。

4. 历史数据查询

利用实时系统的历史曲线画面以及统计报表数据，实现历史数据的查询。

5. 相关曲线分析

在历史曲线画面中，可以同时放入 8 个监视参数，即有 8 条曲线，并可随意组合。当需要对某个异常参数进行分析时，只要把与之相关的参数放在同一幅画面上，就可以分析各参数间的相互变化关系，非常方便、灵活。

五、考核指标的自动统计

经济指标竞赛系统在实时服务器实现历史数据的存储。管理人员只要键入统计起止时间，就能自动产生相应的电子报表。并使报表上网，实现报表的网上打印。它与传统的小指标考核办法相比，具有以下特点：

1. 连续、动态的考核方法

由于可控耗差的计算每时每刻都在进行，它记录了运行人员从上班到下班的整个操作过程，比较准确地反映了运行人员的操作控制水平和责任心。

2. 自动计算和统计

由于耗差计算和统计是在计算机内自动完成的，克服了手工抄表、手工计算带来的弊病。使结果更加准确，并减轻了劳动量，消除了一些不必要的人为因素。

3. 科学、合理的耗差计算

考核方式更接近机组实际运行的要求。不同的负荷，要求的基准值也不同。调峰负荷下的参数，不能以额定负荷时的基准值进行考核。由于耗差计算中的基准值是以曲线方式存在的，其结果也就更接近机组实际运行的要求，比较科学、合理。

4. 更加合理的考核结果

用可控耗差月平均进行考核的方法，免去了对小指标项目进行人为加权的工作，减少了人为因素，也使考核结果更加合理。

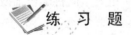

练 习 题

1. SIS 系统的主要功能是什么？
2. XPAS 系统指标计算功能可以提供哪些不能直接测量的性能指标？
3. XPAS 系统的能损分析功能包括哪些项目？
4. XPAS 系统有哪些故障诊断和运行指导功能？

参 考 文 献

[1] KUBIK W J, SPENCER E. Improved steam turbine condenser gas removal system. USA: The American society of mechanical Engineers, 1990.

[2] HUANG Z Y, EDWARDS E. Power generation efficient improvement through auxiliary system modification. IEEE Transactions On Energy Conversion, 2003, 18 (4): 525-529.

[3] SCHOENAUER M, XANTHAKIS S. Constrained GA Optimization. in Proceedings of the 5th International Conference on Genetic Algorithms, 1993, Urbana Champaign.

[4] KROMHOUT I J, GOUDAPPE I E, PECHTLD P. Economic optimization of the cooling water flow of A540Mwel coal fired power plant using thermodynamic simulation. Powergen conference, 1997, MADRID.

[5] 贾俊颖. 供热机组间热电负荷调度优化算法研究. 东南大学硕士学位论文, 2002.

[6] 喜奕. 利港电厂经济性分析与优化计算模型的研究. 东南大学硕士学位论文, 2001.

[7] 严俊杰, 邢秦安, 林万超, 等. 火电厂热力系统经济性诊断原理及应用. 西安: 西安交通大学出版社, 2000.

[8] 崔峨, 尹洪超. 热能系统分析与最优综合. 大连: 大连理工大学出版社, 1994.

[9] 张文修, 梁怡. 遗传算法的数学基础. 西安: 西安交通大学出版社, 2000.

[10] 何小荣. 化工过程最优化. 北京: 清华大学出版社, 2003.

[11] 范鸣玉, 张莹. 最优化技术基础. 北京: 清华大学出版社, 1981.

[12] 郭丙然. 最优化技术在电厂热力工程中的应用. 北京: 水利电力出版社, 1986.

[13] 郑体宽. 热力发电厂. 北京: 水利电力出版社, 1995.

[14] 曹祖庆. 汽轮机变工况特性. 北京: 水利电力出版社, 1992.

[15] 杨善让. 汽轮机凝汽设备和运行管理. 北京: 水利电力出版社, 1990.

[16] 李勇, 陈梅倩. 汽轮机运行性能诊断技术及应用. 北京: 科学出版社, 1999.

[17] 林万超. 火电厂热系统定量分析. 西安: 西安交通大学出版社, 1985.

[18] 王孟乐. 火电厂热力系统分析. 北京: 水利电力出版社, 1992.

[19] 山西省电力工业局. 发电厂集控运行. 北京: 中国电力出版社, 1997.

[20] 董卫国, 徐则民. 火电厂给水加热器的运行、维护和检修. 北京: 中国电力出版社, 1997.

[21] 杨玉恒. 发电厂热电联合生产及供热. 北京: 水利电力出版社, 1989.

[22] 山西省电力工业局. 汽轮机设备运行. 北京: 中国电力出版社, 1997.

[23] 金菊良, 杨晓华, 丁晶. 基于实数编码的加速遗传算法. 四川大学学报, 2000, 32 (4): 20-24.

[24] 张蔚霞, 李长清. 调峰运行与机组负荷最优分配. 四川电力技术, 1996 (4): 7-14.

[25] 孙兰英. 用"煤耗法"进行火力发电机组"冷端"优化的研究. 电力建设, 1997 (11): 17-21.

[26] 沈玉华. 机组负荷经济调度的研究分析. 中国电力, 1998, 31 (1): 23-26.

[27] 林丹, 李敏强, 寇纪淞. 基于实数编码的遗传算法的收敛性研究. 计算机研究与发展, 2000, 37 (11): 1321-1327.

[28] 李勇, 曹祖庆. 凝汽器清洁率的概念及测试方法. 汽轮机技术, 1995, 37 (2): 73-76.

[29] 李勇, 董玉亮, 曹祖庆. 考虑节水因素的凝汽器最佳真空的确定方法. 动力工程, 2001, 21 (4): 1338-1341.

[30] 万文军, 周克毅, 胥建群. 火电厂优化技术发展趋势. 中国电力, 2003, 36 (7): 44-47.

[31] 曹丽华, 金建国, 李勇. 背压变化对汽轮发电机组电功率影响的计算方法研究. 汽轮机技术, 2006,

48 (1)：11-13.

[32] 李勇，曹丽华，赵金峰．考虑更多因素的凝汽器最佳真空确定方法．中国电机工程学报，2006，26 (4)：71-75.

[33] 李勇，孟芳群，曹丽华．凝汽器最佳真空确定方法的改进．汽轮机技术，2005，47 (2)：84-86.

[34] 李勇，曹丽华，林文彬．等效热降法的改进计算方法．中国电机工程学报，2004，24 (12)：243-247.

[35] 李勇，曹丽华，栾忠兴，等．CCl2 型汽轮机低真空供热的安全经济性分析．化工机械，2003，30 (5)：268-271.

[36] 李勇，曹丽华，张欣刚．汽轮机凝汽器真空应达值的确定方法及其应用．汽轮机技术，2002，44 (4)：207-209.

[37] 张艾萍，张卫红，曹丽华，等．汽轮机冷端系统运行优化及故障诊断系统．汽轮机技术，2006，48 (5)：383-385.

[38] 张彦春，葛成林，鲁宝全．网络图在火电机组优化启动中的运用．全国火电机组优化运行技术研讨会论文集，2005，成都．